KB036219

PHYSICAL GEOGRAPHY:

핵심 개념 자연지리학

리처드 허깃 지음
이민부 · 한주엽 옮김

한울
아카데미

이 도서의 국립중앙도서관 출판시도서목록(CIP)은 서지정보유통지원시스템 홈페이지(http://seoji.nl.go.kr)와
국가자료공동목록시스템(http://www.nl.go.kr/kolisnet)에서 이용하실 수 있습니다.
(CIP제어번호 : CIP2013012943)

Physical Geography

The Key Concepts

Richard Huggett

Routledge
Taylor & Francis Group
London and New York

Physical Geography

The Key Concepts

옮긴이의 말

이 책은 영국 맨체스터 대학의 리처드 허깃Richard Huggett 교수가 자연지리학에서 100개의 개념을 선정해 해설하고, 각 개념의 학술적 의미와 그 역사적 연원, 그리고 최근의 관련 연구 동향을 기술한 것이다. 자연지리학에서 오랫동안 사용된 용어들은 물론이고, 인접 학문인 생물학, 지질학, 기상학 등의 개념 중에서 지리학에 적용 가능한 것들도 선보이고 있다. 자연지리학의 융합적 특성을 살리려는 저자의 노력이 돋보인다. 눈에 띄는 것으로는 자연지리학에서 덜 다룬 진화와 군집, 생태 등 생물학 관련 개념이 많이 등장한다는 점이다. 이는 생물과 생태 역시 공간을 바탕으로 하며, 지리적 특성 자체가 각 개념에서 핵심의 한 부분을 이루고 있다는 점을 보여주는 것이다.

저자는 방대한 영역인 자연지리학에서 100개의 개념만을 선정하는 데 고민이 많았음을 자신의 서문에서 밝히고 있다. 개념에 관한 설명이 압축적이고 쉽지 않은 최신 연구 내용에 대한 소개가 때로는 너무 간단해서, 이해를 위해서는 추가 자료 섭렵이 필요하기도 하다. 또 선정된 개념들 간의 연관성까지 기술되어 있어, 쉬운 책은 아니다. 그렇지만 이러한 특성 자체가 이 책의 매력이라는 점을 이해할 필요가 있다.

따라서 독자 입장에서는 각 개념의 압축된 설명에 대해 추가 자료와 참고문헌을 분석하는 상세화 작업을 통해 정독함으로써 깊은 이해의 즐거움을 얻을 수 있을 것으로 보며, 학부생이라도 관심을 가지고 집중한다면 지리학에 대한 재미를 얻을 수 있을 것이다. 비록 자연지리학의 개념들이지만 과학적인 상상력을 통해 도시지리, 경제지리, 문화지리 등 인문지리학과 지역지리학에까지 그 개념들을 적용할 수 있을 것이라는 것이 역자들의 생각이다.

역자들은 저자가 기술하고 뜻한 바를 최선을 다해 정확하게 옮기려고 노력했다. 그러나 번역의 모든 책임은 대표 역자에게 있으며, 문의 사항이 있다면 알려주기 바란다. 아무쪼록 이 책이 지리학의 발전과 연구의 풍요로움에 도움이 되기를 바란다. 궁극적으로는 자연지리학의 개별 영역의 발전은 물론이고, 자연지리학 분야 간의 융합, 나아가 자연지리학과 인문지리학, 지역지리학의 발전에도 기여하기를 바라는 마음이다.

2013년 여름, 청람벌 연구실에서

옮긴이 대표 이민부(minblee@knue.ac.kr)

머리말

자연지리학physical geography은 다루는 폭이 넓은 학문이다. 오늘날 자연지리학 전공 학자 중에서 인문지리학과 구분할 때를 제외하고는 스스로를 자연지리학자라고 일컫는 경우가 매우 드물다. 자연지리학은 대부분 전문화된 분야, 즉 생물지리학biogeography, 기후학climatology과 기상학meteorology, 생태학ecology, 지형학geomorphology, 수문학hydrology, 토양학pedology 등으로 특화되어 있다. 이 책이 추구하는 주요 목표는 자연지리학과 그 세부 전공의 핵심 용어들에 대해 폭넓은 정의를 제공하여, 관심 있는 독자 외에 대학생까지도 충분히 개념을 이해할 수 있도록 돕는 것이다. 이를 위해 모든 표제어에 대해 분명하고 완전한 정의를 내리려고 노력했다. '동일과정설uniformitarianism'과 같이 논쟁의 소지가 있는 일부 표제어의 경우에도 개념 자체에 대해서는 간결하나마 비판적 평가를 제시하려고 했다.

용어를 선정하는 데에는 세 가지 기준이 적용되었다. 첫째, 자연지리학 전체를 포함하는 것(예를 들면, 에너지energy, 평형equilibrium, 피드백feedback), 둘째, 자연지리학 개별 분야에서 중심이 되는 것(예를 들면, 산포dispersal, 삭박평원화etchplanation, 자연선택natural selection), 셋째, 자연지리학의 특정 분야에서 중추적인 역할을 하면서 다른 학문 분야에서 차용한 것(예를 들면, 판구조론plate tectonics)이다. 자연지리학 분야에서 실질적으로 '핵심'이라고 간주되는 개념 가운데 100개를 고르기란 참으로 어려운 일이었다. 용어로 삼기에 아직은 정리가 부족해서 제외된 개념도 있다. 물론 필자가 선정한 핵심 개념에 대해 지리학자에 따라 그 중요도가 다를 수 있으며, 다른 핵심 개념을 제시할 수도 있다. 이런 현상은 매우 방대한 영역을 가진 자연지리학과 자연지리학자들의 입장을 보여주는 것이다. 그럼에도 필자는 독자들이 이 책에서 제시하는 개념에 대한 논의에 흥미를 느낄 것이며, 필자가 연구하고 저술하는 동안 얻은 즐거움을 독자들도 책을 읽으면서 충분히 느낄 것이라고 믿는다.

이 책이 출판되기까지 도움을 준 많은 분들에게 감사를 드린다. 닉 스칼Nick Scarle은 그림을 도와주었고, 이언 더글러스Ian Douglas는 핵심 개념의 목록을 친절하게 정리해주었다. 전에 루트리지Routledge 출판사에서 일했던 앤드리아 하트힐Andrea Harthill은 이 책의 저술을 요청했으며, 루트리지 출판사의 데이비드 아비탈David Avital과 캐서린 옹Katherine Ong은 저술 작업 후반에 많은 도움을 주었다. 언제나 그러하듯 늘 컴퓨터 앞에만 붙어 있도록 허락해준 아내와 두 아이에게도 감사한다.

2008년 11월 포인턴에서

리처드 허깃

감사의 말

이 책에서 다음과 같은 자료를 사용할 수 있도록 허락해준 영국의 테일러 앤드 프랜시스 출판사Taylor and Francis Books에 감사드린다.

그림 1, 21: R. J. Huggett(2004) *Fundamentals of Biogeography*, 2nd edn, London: Routledge, Figures 2.3(p.19) and 10.7(p.171).

그림 6, 32: R. J. Huggett(2007) Climate, in I. Douglas, R. Huggett, and C. Perkins(eds.) *Companion Encyclopedia of Geography: From Local to Global*, pp.109~128, Abingdon: Routledge, Figures 8.1(p.111) and 8.4(p.121).

그림 11: R. J. Huggett(2007) Drivers of global change, in I. Douglas, R. Huggett, and C. Perkins(eds.) *Companion Encyclopedia of Geography: From Local to Global*, pp.75~91, Abingdon: Routledge, Figure 6.1(p.83).

그림 25, 29, 30, 37: R. J. Huggett(2007) *Fundamentals of Geomorphology*, 2nd edn, London: Routledge, Figures 1.7(p.16), 1.8(p.17), 1.9(p.18), and 2.2(p.37).

차례

가이아설 GAIA HYPOTHESIS

가이아설Gaia hypothesis은 처음 등장하면서부터 생물은 지구**환경**terrestrial environment에 대한 주도권을 가지고 있어 거의 완전하고 항상적인homeostatic 통제력을 행사한다고 주장했다. 더 구체적으로는, 생물은 대기의 구성에 강력한 영향력을 행사해, 활성 대기 산소의 고농도에서 보이듯이 화학적 불균형chemical disequilibrium을 만들어내는데, 광합성이 대기에서 이산화탄소를 제거하고 산소를 방출하면서 이러한 화학적 불균형을 지속시킨다는 것이다. 대기화학자인 제임스 러브로크James Lovelock는 이러한 불균형 상태가 다른 행성의 생물 존재에 대한 지표 기능을 할 수 있을 것이라는 생각을 하게 되었다(Lovelock, 1965). 이러한 일련의 사고는 러브로크가 미생물학자 린 마굴리스Lynn Margulis와 협력해 가이아설을 설계하게 만들었으며(Lovelock, 1972, 1979, 1988; Lovelock and Margulis, 1974), 소설가 윌리엄 골딩William Golding은 '가이아'라는 이름을 제안했다. 가이아설의 주요 내용은 생물권은 주로 역방향 **피드백**negative feedback을 통해 대기의 **항상성**homeostasis을 유지하며, 그렇게 함으로써 생물에 도움이 되도록 환경 조건을 지속한다는 것이다. 이 같은 간단한 개념은 과학적 논쟁으로까지 발전했으며, 더 큰 논쟁의 대상이 되어 왔다.

가이아설의 중심 전제는 두 가지 형태로, 강한 가이아설과 약한 가이아설이 있다(Kirchner, 1991). 강한 가이아설은 생물권이 환경을 변화시켜 생물에 적합하게 만들 수 있다는 것이며, 약한 가이아설은 생물권이 생물에 적합한 제한 범위 내에서 환경을 견디어낸다는 것이다. 약한 가이아설에 따르면, 생물은 주로 **생지화학적 순환**biogeochemical cycle에서 중추적인 역할을 함으로써 비생물 세계에 상당한 영향력을 행사한다. 생물의 영향력은 충분한 힘을 가지면서, 지구와 비슷한 환경을 가진 인접 행성인 금성과 화성과 비교했을 때 매우 예외적인 환경 조건을 생성해왔다는 것이다. 그중에서 주목할 만한 예외 사항은 매우 활성적인 기체들(산소·수소·메탄)이 대기에 오랫동안 공존해온 점, 태양광도solar luminosity의 증가에 직면해서도 지구의 온도가 안정적인 점, 해양의 상대적인 알칼리성 등이다. 생물은 지표면 물질과 상호작용함으로써 온도, 화학 조성, 염기도 등에서 비정상적 환경 조건을 지질시간의 상당 부분 동안 유지해왔다. 약한 가이아설은 **육지 진화**terrestrial evolution를 설명하는 데 기계론적 작용을 주로 논하고 있는바, 생물권이 생태권의 비생물 부분을 유지시켜왔다고 주장한다. 강한 가이아는 지구가 초개체超個體이며 생물 환경을 그 개체의 목적에 맞도록 제어한다는, 관점에 따라서는 지나치게 치우쳐 보이는 목적론적 개념이다. 러브로크는 자신의 초기 글에서는 강한 가이아를 더 편애한 듯하다. 그는 지구라는 행성을 지질 작용을 받는 암석·액체·기체로 구성된 비생물적 구체로 보는 것이 아니라 어떤 생물적 초개체이자 생물체, 즉 살아 있는 행성 생물체로 보아야 하며, 이 행성 생물체는 주위 환경 조건을 자신의 필요에 맞도록 조정한다고 믿었다(Lovelock, 1991). 최근의 저서에서 러브로크(Lovelock, 2000)는 자신이 주장했던 초기의 '어느 정도 도가 지나친 진술'에서 한발 물러섰다. 그는 방치된 아동이 그러하듯 자신의 주장을 여러 사람에게 전하기 위해 버릇없이 굴어 주의를 끌려고 했던 것으로, 살아 있는 지구라는 단순한 비유를 사용한 것은 딱딱한 생물학자들에게 지구가 살아 있고 재생산까지 한다는 의미를 믿도록 할 의도였을 뿐, 사실 자신은 지구를 생물체로까지는 생각하지 않는다고 해명했다.

가이아 이론가들은 고전적 생물학과 지질학이 행성 유기체를 연구하는 데 비효과적인 방법을 제공하고 있다고 주장한다. 그들은 이런 작업에서 올바른 방법을 제공하는 분야는 지구생리학 — 생리 작용 이론을 전체 행성 규모로 적용하거나 적어도 생물권을 포함하는 지구 외피에 적용한 분야 — 이라고 주장한다. 이들 학문 간에는 접근법과 강조점에서 근본적 차이가 있다. 만약 강한 가이아설이 맞다면 지구는 실재하는 완전한 초개체이며, 생물권은 사람의 몸이 주위 환경에 적응되는 것과 똑같이 항상적 기제의 복잡한 체계를 통해 스스로 조정하고 지속해왔다고 볼 수 있다. 결과적으로 생물권은 생각하는 것보다 훨씬 더 활발하고 복원력 있는 유기체라는 것이다. 예를 들면, 항상적 기제가 존재해 오존층의 구멍을 치유하거나 지구 온도계가 최고점까지 올라가는 것을 막는다는 것이다.

러브로크(Lovelock, 1991)는 가이아설에 관해 세 가지 중요한 문제의식을 나타낸다. 첫째, 생물은 전 지구적 현상이지, 국지적 현상이 아니라는 것이다. 생물이 낮은 밀도의 상태로 행성에 서식하는 것은 불가능하다. 반드시 전 지구적 생물 서식피막film이 존재해야 하는데, 생물체는 그들 행성을 서식하기 어렵게 만드는 물리화학적 작용의 불가항력을 극복하기 위해 행성의 환경 조건을 조정하기 때문이다. 둘째, 가이아설은 환경 진화로부터 종의 진화를 구분할 필요성을 부정함으로써 찰스 다윈Charles Darwin의 통찰력에 부합한다. 생물 세계와 비생물 세계의 진화는 너무나 촘촘히 결합되어 개별적 작용이라고 볼 수 없다. 생물체와 물질 환경 간의 이러한 긴밀한 결합은, 적자생존에서뿐만 아니라 진화에서의 성공 척도가 된다. 셋째, 가이아설은 행성에 대한 수학적 분석 방법이 가능하다는 것이다. 다시 말해 "복잡한 역학의 혼돈chaos 때문에 발생한 제한점에 방해되지 않으면서 기꺼이 자연의 비선형성을 받아들일 수 있다"는 것이다(Lovelock, 1991: 10).

가이아설의 주요 결점은 실험에 부적절하다는 것이다. 이 문제점을 극복하기 위해 악셀 클레이돈Axel Kleidon은 실험 가능한 영null가설을 통해 가이아설을 설명하려 했다(Kleidon, 2002). 그는 총일차생산량gross primary production이라는 용어를 사용했는데, 이 개념은 생물체가 흡수하는 탄소의 총량으로 생물 활동을 표현하는 것이다. 총일차생산량은 생물에 대한 환경 조건의 유리함에 대한 올바른 척도를 나타내며, 환경 조건이 유리해질수록 총일차생산량도 높아진다. 이러한 정의와 함께 그는 몇 가지 가설을 제시했는데, 그 가설들은 생물적 효과를 포함한 총일차생산량과 생물적 효과를 포함하지 않는 총일차생산량의 값을 이론적으로 비교하는 방식 – 실제로는 생물이 있는 행성과 생물이 없는 행성을 비교하는 방식 – 에 초점을 두고 있다. 이러한 방법은 특정 생물 피드백이 순방향이냐 역방향이냐에 초점을 두지 않으며, 모든 생물적 효과에 대한 합계sum에 초점을 둔다. 생물 효과가 없는 환경 조건 모형을 만드는 것은 실제 세계에서는 매우 어려운 작업이지만 수리적 모의실험은 그런 환경 조건을 만드는 수단을 제공한다. 식생 조건에 대한 극단적인 기후의 모의모형을 사용함으로써 – 사막 세계와 녹색 세계(클레이돈은 녹색 행성Green Planet이라 부른다) – 클레이돈(Kleidon, 2002)은 육상 식생이 일반적으로 탄소 흡입을 더욱 쉽게 할 수 있는 기후를 이끌어낸다는 것을 보여주었다. 그는 "생물은 전반적 이득(즉, 탄소 흡입)을 증진시키는 방식으로 지구에 강한 영향을 주려 한다"라고 결론을 내렸다(Kleidon, 2002). 이 흥미로운 가이아설의 연구 분야는 많은 비평을 받았고, 논쟁이 진행 중이지만(Lovelock, 2003; Kleidon, 2004, 2007; Volk, 2007; Phillips, 2008), 가이아설이 흥미를 야기하는 개념이면서 강한 인상을 주는 토론거리를 제공했음은 부정할 수 없다.

▸ **더 읽어볼 자료:** Lovelock(1988).

개체군 POPULATION / 초개체군 METAPOPULATION

개체군population 개념은 생물학 및 생태학 분야에서 매우 중요하게 다루어진다. 개체군이란 같은 종 개체들의 느슨한 형태의 집합이다. 영국의 붉은 사슴Cervus elaphus은 개체군을 형성하고 있으며, 기회가 주어진다면 모든 붉은 사슴종은 상호 교배가 가능하다. 실제로 대부분의 개체군은 영국의 붉은 사슴 개체군처럼 지방 개체군 또는 최소 교배 단위deme로 존재한다. 영국 체셔의 라임파크 지역에 사는 붉은 사슴 지방 개체군은 구성원이 서로 밀접하게 연결되어 있고 상호 교배를 통해 집단을 형성하고 있다. 개체군 생물학자들은 복잡한 모형을 개발했는데, 초기 개체군에서의 각 연령대와 성별에 따른 나이 구조, 출생률과 생존율 등이 주어지면 개체군 변화를 예측할 수 있는 것이다. 이런 모형들은 종의 보존과 관리 문제에 유익하게 이용되었다. 예를 들면, 캐나다 동부 지역의 멸종 위기종인 피리물떼새Charadrius melodus melodus 개체군의 종 보존을 위한 최선의 방책으로 평가되었다(Calvert et al., 2006).

개체군에 대한 고전적 모형들이 유용하더라도, 생태학자들은 더 나아가 경관상의 개체군 분포까지 고려할 필요가 있음을 인식했다. 1969년 리처드 레빈스Richard Levins는 초개체군metapopulation이라는 개념을 만들었다. 초개체군은 기본적으로 같은 종의 아개체군subpopulation으로 이루어져 있으며, 한 경관의 여러 지역에서 다양한 상호작용을 하며 살아간다. 다양한 상호작용의 정도와 특성에 따라 4개의 주요 초개체군으로 분류되는데, 이들은 '넓은 범위로 정의된'(또는 진성), '좁은 범위로 정의된', '소멸과 이입', '육지와 섬'의 초개체군으로 나뉜다(Gutierrez and Harrison, 1996). 넓은 또는 좁은 범

그림 1. 서식지 조각 크기와 산포 거리에 따라 분류된 초개체군의 유형

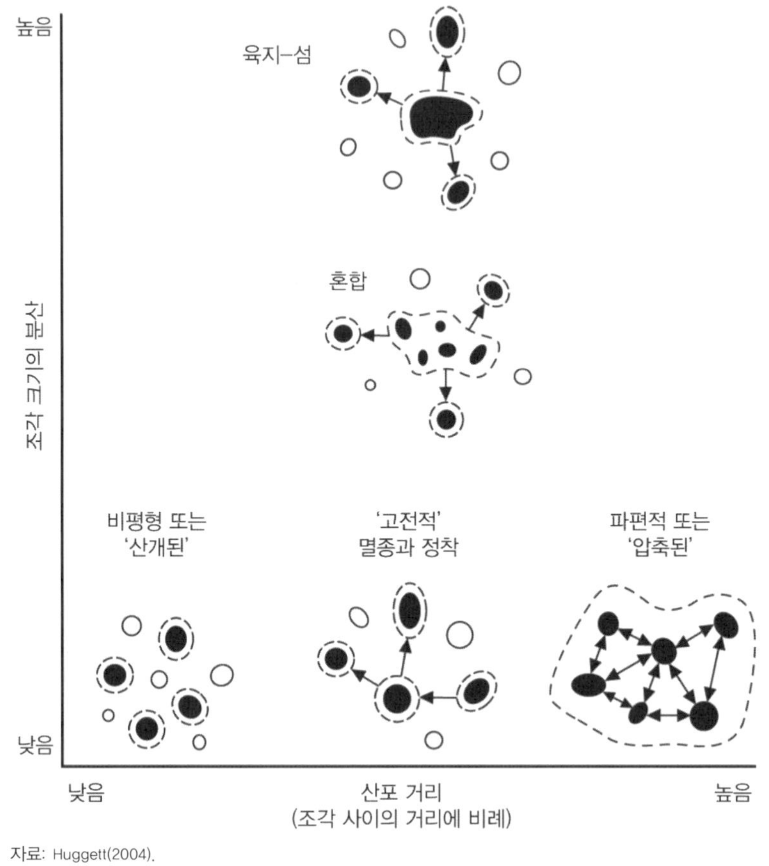

자료: Huggett(2004).

위의 초개체군 부류는 좀 더 간명하게 각각 '산개된loose' 또는 '압축된tight' 초개체군으로 불리기도 한다(그림 1).

산개된 초개체군은 동종의 아개체군의 하나로 소멸extirpation(국지적 **멸종** local extinction)에 취약하다. 교배의 속도, 경쟁, 상호작용은 아개체군 사이에서보다 아개체군 내에서 더 많이 일어난다. 이들 아개체군은 지리적 사건에 의해서도 발생할 수 있다. 즉, 종들의 정상적인 **산포** 거리dispersal distance보다

훨씬 더 떨어진 **서식지** 조각habitat patch에 아개체군들이 사는 경우, 그들은 서로 연결될 수도 있고 연결되지 않을 수도 있다. 이 정의에 따르면, 대규모이면서 불연속적인 분포를 가진 종 대부분은 초개체군을 형성한다. 만약에 서식지 조각들이 서로 인접해 있으면 대부분의 개체는 자신들의 생애 동안 수많은 다른 서식지 조각으로 이동할 수 있으며, 아개체군들은 하나의 개체군으로 작용하면서 구성 개체들이 효과적으로 함께 살게 되고 상호작용하게 된다. 서식지 조각들이 어느 정도 분산 배치되어 있으면 서로 간의 이동 현상은 거의 발생하지 않으며, 따라서 아개체군들은 사실상 분리된 개체군으로 행동하게 된다. 이런 상황은 미국 대륙 남서부 사막 지역의 산지 정상에 서식하는 포유류 개체군에서 볼 수 있다(Brown, 1971).

압축된 또는 좁은 범위로 정의된 초개체군은 동종의 아개체군으로서 모자이크와 같은 서식지 조각에서 서식하며, 개체들이 서식지 조각 간 상호작용에 중요한 역할을 한다. 아개체군 간의 이동과 산포는 국지적 개체군의 변동을 안정화시킨다. 이론적으로 보자면 압축된 초개체군 구조는 서식지 조각 간의 거리가 종들이 역학적으로 이동할 수 있는 능력 범위보다 훨씬 가까울 때, 그리고 각각의 개체가 생애 기간에 이동할 수 있는 거리보다 길 때 발생한다. 그 예로 유럽산 동고비Sitta europaea를 들 수 있다. 동고비는 성숙된 활엽수림 또는 혼합림에서 살아가는데, 서유럽의 농업 경관에서는 단절된 분포를 보이고 있다(Verboom et al., 1991). 동고비는 압축된 초개체군의 특징을 모두 보여준다. 즉, 시공간을 통한 분포는 역동적이고, 소멸 속도가 서식지 조각 크기와 서식 환경의 질에 달려 있으며, 서식지 조각으로의 이입 속도는 동고비들에게 점령된 주변의 조각들의 밀도에 따라 달라진다.

가장 협소한 의미에서, 원래의 정의처럼(Levins, 1970), 초개체군은 빈번한 교체 현상이 특징인 아개체군들로 구성되어 있다. 이러한 '소멸 – 이입' 초개체군들은 모두 국지적 멸종에 취약하다. 그러므로 종들의 잔존은 충분한 아개체군, 충분한 서식지 조각, 적당한 속도로 재정착을 보장하는 충분한 산포에 달려 있다. 이런 아개체군 구조는 스웨덴 중동부 지역의 발트 해안에 사는 금개구리Rana lessonae에 적용된다(Sjögren, 1991). 개구리의 이입은 대규모 개체군의 변동과 상호 교배를 경감시키고 국지적 개체군들을 멸종 위기에서 '구해준다'. 또 소멸 - 이입 초개체군 구조는 단편화된 경관 속에 사는 표범나비Melitaea cinxia와 같은 멸종 위기의 나비에게도 적용된다(Hanski et al., 1995).

어떤 경우 멸종되기 쉬운 아개체군과 대규모이며 지속적인 개체군의 혼합군이 존재할 수도 있다. '육지 · 섬mainland · island' 또는 '핵심지 · 위성지core · satellite' 개체군들의 생존 능력은 다른 형태의 초개체군과 달리 경관 구조에 좀 덜 민감한데, 왜냐하면 적어도 한 아개체군은 소멸에 면역되어 있기 때문이다. 그 예로 독일 라인란트 북부 지역에서 4개의 인근 번식 지역을 가진 내트잭 두꺼비Bufo calamita 초개체군(Sinsch, 1992)과 미국 캘리포니아 주의 체커스폿 나비Euphydryas editha bayensis를 들 수 있다(Harrison et al., 1988).

초개체군 이론은 현재 보존생물학에서 널리 응용되고 있으며 **서식지 단편화**habitat fragmentation 현상이 주요 관심사인 지역에서 중요한 개념이다. 고전적 예로 미국의 점박이 올빼미를 들 수 있는데, 이 새를 관리하는 데 초개체군적 접근법이 효과가 있었다는 것이 밝혀졌다(예: Noon and Franklin, 2002).

▸ **더 읽어볼 자료**: Hanski(1999), Neal(2004).

건조도 ARIDITY

건조도aridity는 **환경**의 건조한 정도와 연관이 있으며, 동물과 식물에 많은 영향을 미친다. 건조도는 기온, 증발, 연평균 강수량, 강수의 계절적 분포, 그리고 **토양** 인자soil factor들이 결합되어 나타난다. 고도로 건조한 지역에서는 사막이 형성되는데, 미약한 강우가 삼림이나 수목을 지탱할 수 없기 때문이다.

사막desert은 강수량이 매우 낮고(연평균 300mm 이하), 식생 피복이 거의 없이 암반이 드러난 산지나 대지, 또는 선상지가 펼쳐진 지역을 모두 말한다. 일반적으로 면적도 광대한 편이다. 사막은 지구 표면의 거의 3분의 1을 차지한다. 사막은 주로 더운 열대 지방에서 나타나지만, 남극과 같은 일부 극지방에서도 나타나는데, 이 지역 역시 건조하기 때문이다. 건조도는 사막을 분류하는 기초가 된다. 사막의 분류는 강수일, 연평균 강수량, 기온, 습도, 그리고 다른 요소들이 결합되어 나타난다. 1953년 페버릴 메이그스Peveril Meigs는 지구상의 사막 지역을 강수량의 정도에 따라 다음과 같이 세 가지 범주로 구분했다. 먼저, 극건조 지역으로서의 사막은 적어도 12개월 연속적으로 강우가 없는 지역이다. 다음으로, 건조 지역은 연평균 강수량이 250mm 이하인 지역이다. 마지막으로, 반건조 지역은 연평균 강수량이 250~500mm인 지역으로, 대부분 프레리와 스텝이다. 오늘날에는 일반적으로 건조도 지표aridity index에 기반을 둔 네 가지 건조 지역drylands 구분법을 사용하는데, 이에 따르면 지표면의 41%가 사막에 해당된다.

$$AI = PE / P$$

표 1. 건조도 지표로 정의된 건조 정도

건조도 유형	건조도 지표	범주별 대지 면적(%)
극건조(Hyperarid)	〈 0.05	7.5
건조(Arid)	0.05~0.20	12.1
반건조(Semi-arid)	0.20~0.50	17.7
건기 아습윤(Dry subhumid)	0.50~0.65	9.9

자료: United Nations Environmental Programme(Middleton and Thomas, 1997).

여기서 PE는 잠재 증발산량, P는 연평균 강수량을 뜻한다(표 1). 건조 지역 가운데 많은 곳은 심각한 **토지 악화**land degradation에 직면해 있다.

▸ 더 읽어볼 자료: Laity(2008).

격변론 CATASTROPHISM

격변론catastrophism은 1932년에 윌리엄 휴얼William Whewell이 도입한 용어로, **점진론**gradualism에 반대되는 사상이다. 격변론자들의 주장은 과거의 지질학적·생물학적 작용의 속도는 현재의 속도와 매우 다르며, 현재 상황에서의 수준으로는 상상할 수 없을 정도로 갑작스럽고도 격렬하게 변화가 발생해 대변동이 일어났다는 것이다.

비생물 세계에서는 격변론을 간편하게 두 가지 유형, 즉 구격변론과 신격변론으로 분류한다. 구격변론은 1830년 이전까지 지구사의 지배적인 이론이었다. 이 이론은 여러 방식의 개념으로 구체화되어 나타났지만, 공통적으로 통하는 맥락은 한 번 또는 여러 번의 전 지구적 대변동을 인정하는 것이다. 그리고 이러한 대변동은 세계적인 홍수나 지각의 붕괴 및 파괴 등과 연관된다고 보는 것이다. 19세기 중반에는 점진론의 등장으로 격변론이 오히려 좋은 평판을 얻지 못했다. 격변론은 20세기에 다시 부활했는데, 일부 학자들이 지역적·지구적 지질 변화의 동인으로 격변적 작용을 다시 주장한 것이다. 이들은 대변동으로 대량의 물이 방류되어 발생한 미줄라Missoula 호수의 홍수와 같은 육상 기원과, 소행성이나 혜성에 의한 **유성 충격**bombardment과 같은 외계 기원을 들고 있다. 1980년에 들어서는 우주 기원 격변설cosmic catastrophism이 등장했다. 백악기와 제3기 경계대에서 두드러진 이리듐층이 발견되자 소행성, 혜성, 유성 등에 의한 유성 충격이 지구사에서 분명하면서도 갑작스럽고 격렬한 사건으로 설명되었고, 이에 따라 신격변론이 널리 받아들여졌다. 오늘날 일부 연구자들은 유성 충격이 **판구조론**plate tectonics, 지구자기장 역전, 진북극의 이동, 지진, 화산, 기후 변화, 일부 지형형성 등에 큰 영향을 미쳤을 가능성도 받아들이고 있다.

생물학계에서 조르주 퀴비에Georges Cuvier(1769~1832) 같은 일부 구격변론자들은 전 지구적 대변동 때문에 거의 모든 생물체가 절멸했으며 이로써 생물상biotas(동식물 서식지와 군집 등)이 완전히 바뀌게 되었다고 여겼다. 20세기 후반 일부 신격변론자들은 생물의 역사가 두 가지 수준에서 갑작스럽고도 완전한 변화를 겪게 되었다는 의견을 제시했다. 종의 수준에서는 격변적 유형의 변화, 즉 갑작스럽지만 격렬하지는 않은 **종 분화**speciation를 겪었으며, 생물상 수준에서는 격변적 변화, 즉 갑작스럽고도 격렬한 대량 **멸종**mass extinction을 겪었다는 것이다. 엘드레지와 굴드(Eldredge and Gould, 1972)는 진화에 대한 단기 급변적 모형punctuational model of evolution을 구축했다. 그들은 대규모의 진화적 변화는 매우 빠르게 진행되는 불연속적인 종 분화적 사건으로 응축되며, 새로운 종으로 진화된 후에는 크게 변화되지 않은 상태로 남는 경향이 있다고 주장했다. 그들의 주장에 따르면, 이러한 관점은 화석으로 남아 일반적으로 발견되는 종의 변화 패턴을 설명해준다. 생물상의 변화 측면을 보면 점진론이 지배하던 당시에도 일부에서는 많은 멸종 사건이 갑작스럽고도 격렬하며 파국적인 작용(우주 방사선의 폭발과 같은)의 결과로 나타난 것으로 보기도 했듯이, 역시 갑작스럽고도 파괴적인 전 지구적 변화를 만들었다는 견해에 대해서는 어느 정도 지지가 있었다. 오늘날 일부 육상의 작용을 보면 점진적이기는 하지만 충분히 대량 멸종을 야기할 정도로 생물권에 심각한 스트레스를 주고 있는 듯하다. 그러나 외계 우주상의 물체들에 의한 유성 충격은 상당히 타당한 원인으로 널리 받아들여지고 있다.

▸ 더 읽어볼 자료: Huggett(1997b, 2006).

경관생태학 LANDSCAPE ECOLOGY

경관생태학landscape ecology은 생태 **체계**system의 공간적 측면을 탐구하는 한 방법으로 크게 성공했다. 경관생태학은 생물 경관과 물리 경관의 구조와 기능에 관한 강력한 모형을 만들었다. 경관은 지형, **토양**, 수문학, 생태학을 어느 정도 통합하지만 일차적으로는 생태학적 개념이다. 경관생태학은 경관 상의 지리적 차이가 **에너지**, 물질, 유기체의 분포 및 이동과 같은 생태적 작용에 어떤 영향을 주는지를 조사하며, 환원적으로는 생태적 작용이 어떻게 경관에 영향을 주는지를 연구한다. 경관생태학자들은 고유의 용어와 개념을 제시했는데, **규모**scale, 이질성heterogeneity, 조각·통로·바탕patch-corridor-matrix, 연결성connectivity, 경계와 가장자리boundary and edge, **이행대移行帶**, ecotone(생태 구배ecocline, 생태 환경ecotope), **교란**disturbance, 단편화fragmentation 등이 주요 개념이다.

경관생태학의 고전적인 핵심 구성 요소는 조각·통로·바탕 모형인데, 이 모형은 **서식지** 섬habitat island들이 통로들로 연결되어 있고 '적대적인' **환경**으로 둘러싸여 있는 이질적 모자이크다. 이 모형은 종의 패턴과 역학의 여러 특성을 설명하는 데 큰 성공을 거두었다(예: Huggett and Cheesman, 2002). 조각·통로·바탕과 같은 경관 요소는 그 자체로 개개의 식물(수목·관목·초본), 작은 건물, 도로, 담장, 소규모 연못 등으로 이루어져 있다. 게다가 이 모형은 자연 경관 요소와 인공 경관 요소를 포함하고 있어서 경관의 생물적 측면과 물리적 측면을 통합한다. 조각은 상대적으로 등질 지역이며 주변 지역과는 다르다. 예를 들면, 수목, 경작지, 공원, 웅덩이, 암석 대지, 주거지, 정원 등을 일컫는다. 조각에 대한 설명을 위해 다양한 수량적 측정법이 제시되었는데, 최근에는 측정법이 매우 정교해졌으며, 이는 자연보존 문제와 자연보호구역 설계 분야에 적용되고 있다(예: Bogaert et al., 2001a, 2001b). 통로는 대지상의 기다란 조각으로 바깥 양쪽의 대지와 다르며, 조각들과 뚜렷하게 연결되어 있다. 통로는 수조형 통로(예를 들면, 도로와 도로측사면, 송전선, 가스선, 석유 수송관, 철도, 수로, 오솔길), 나무판형 통로(예를 들면, 생울타리, 담장), 냇가 및 하천(하안) 통로 등으로 구성된다. 산책로greenway는 혼합 통로로서 공원, 오솔길, 수로, 전망길, 자전거 도로로 구성된다. 경관생태학과 경관 관리 분야에서 중요한 기능을 하는 통로에는 많은 연구가 집중되었다. 예를 들면, 하안 통로는 수자원과 경관 계획에서 중요한 개념이며 수중aquatic 체계의 복원 사업에 큰 역할을 한다(Naiman and Decamps, 1997; Decamps, 2001). 바탕은 배경을 이루는 **생태계**ecosystem 또는 토지 이용 형태로, 이를 통해 경관 조각과 통로가 설정된다. 이 바탕은 기본적으로 한 지역에서의 지배적인 생태계 또는 토지 이용으로, 삼림, 초지, 히스 지대heathland, 경작지, 주거지, 온실 지역 등을 일컫는다. 한 경관에서 두 개 이상의 생태계가 동시에 지배적일 때에는 바탕의 확인 작업에 문제가 발생한다. 이런 경우에는 지역, 상호 연결성 등의 척도를 통해 바탕을 선별할 수 있다.

조각·통로·바탕 모형이 경관생태학의 유일한 모형은 아니다. 환경 구배environmental gradient에 의한 서식지와 생물종의 차이가 경관을 조각으로 나누지 않고 이질적으로 만들 경우 구배 모형gradient model이 더 적합할 수 있다. 다양화 모형variegation model은 경관상에 이입의 연속체를 형성하는 생물종들을 다루는데, 조각 또는 바탕에서 질적 차이 또는 기능적 차이를 보이지 않는다는 것이다(McIntyre and Barrett, 1992).

경관 요소 수준 이상에는 경관 모자이크가 존재하며, 모자이크 내에서는 여러 범위의 경관 구조로 나뉜다. 이들 구조는 생태계나 토지 이용으로 구성된 독특한 공간적 집단이다. 조각·통로·바탕이 조합되어 각양각색의 경관 모자이크가 생성될 수 있지만, 경관생태학자들은 6개의 기초 경관 형태를 인지하고 있다. 즉, 대규모 조각 경관, 소규모 조각 경관, 수지형 경관, 직선형 경관, 체커판형 경관, 깍지형 경관 등이다.

▸ **더 읽어볼 자료:** Hilty et al.(2006), Wiens et al.(2006), Wilson and Forman(2008).

교란 DISTURBANCE

교란disturbance은 1970년대 이후 생태학 연구에서 인기 있는 주제다(예: Barrett et al., 1976). 교란은 **생태계**의 일상적인 흐름을 방해하는 사건을 말한다. 교란 매개체로는 물리적인 것과 생물적인 것이 있는데, 강풍, 불, 홍수, 산사태, 번개 등은 물리적 교란의 원인이며, 해충, 병원체, 동물과 식물의 활동, **침입종**invasive species, 인간의 활동 등은 생물학적 교란 또는 생물과 관련된biotic 교란이다. 이런 교란 매개체들은 생태계에 극적인 영향을 미칠 수도 있고 생물 공동체의 특성을 바꿀 수도 있다. 일례로 병원체는 생태계의 강력한 교란 요인인데, 영국에서 발생한 네덜란드 느릅나무병Dutch elm disease과 미국 동부의 애팔래치아 지역에서 발생한 밤나무 줄기 마름병chestnut blight에서 그 영향을 찾아볼 수 있다.

어떤 교란은 경관 내에서 무작위로 작용해 교란 조각disturbance patch을 만들어내는데, 강풍이 보통 이러한 방식으로 작용한다. 무작위적 교란으로 만들어진 조각은 광범위하게 확대될 수 있다. 굴을 파고, 먹이를 위해 땅을 헤집고, 잘 만들어진 통로를 부수는 등 그리즐리 곰Ursus arctos horribilis에 의해 만들어지는 침식 **토양**의 조각이 적절한 사례다(Butler, 1992). 또한 불, 해충, 병원체와 같은 일부 교란은 경관 내의 한 점에서 시작해 다른 부분으로 확대되는 경향이 있다. 이러한 두 가지 사례 모두에서 교란은 이질적인 방식으로 전개되는데, 이는 경관 내에서 어떤 지점이 다른 지점보다 교란 매개체에 더 약할 수 있기 때문이다.

자연 교란natural disturbance이 교란 전前 공동체 종의 일부를 새로운 종으로 대체하는 것은 흔히 있는 일로, 이는 비생물적 조건의 변화와 경쟁의 저하 때문이다. 결과적으로 교란의 효과는 상당 기간 지속된다. 그렇지만 더 이상 교란이 없으면 생태계는 **천이**遷移, succession 과정을 거쳐서 원래의 상태로 돌아갈 수 있으며, 다시 교란에 취약한 상태가 되기도 한다. 이런 상황에서는 교란이 변화의 순환cycle of change을 작동시키는 경향이 있다. 북미 서부 지역에서 소나무 숲과 소나무좀 딱정벌레Dendroctonus ponderosae가 급증한 것이 그러한 변화 순환을 보여주는 좋은 사례다(Mock et al., 2007). 소나무좀 딱정벌레는 북미 서부의 삼림에 있는 로지폴 소나무Pinus contorta와 같은 소나무에 한정된다. 소나무좀은 고유의 풍토성endemic 상태와 전염성epidemic 상태에서 존재한다. 풍토성 상태에서는 소나무좀의 무리가 오래된 소나무들을 많이 죽여서 숲 내에 새로운 식생을 위한 열린 공간opening을 만든다. 딱정벌레가 가문비나무, 전나무, 어린 소나무는 공격하지 않기에, 이들 나무는 모두 수관이 없는 열린 공간canopy opening에서 번성한다. 결국 소나무는 수관을 다시 형성하면서 죽은 소나무를 대체하게 된다. 이와 같은 죽음과 재성장의 순환은 삼림에서 소나무의 시간적 모자이크를 만들어낸다. 이와 유사한 순환은 산불과 강풍 피해에서도 나타난다.

교란 매개체들은 병행하여 작용하기도 한다. 미국 남동부 삼림 경관에서는 소나무들이 번개에 맞아 교란되었다. 번개를 한번 맞으면 소나무는 나무좀bark beetle의 침입에 취약해지고, 나아가 나무좀은 전염성 상태로 번지게 되며, 간극기gap-phase 천이가 발생하는 삼림 조각을 만들어낸다. 따라서 나무좀은 번개로 인한 초기의 교란을 증폭시키는 것이다(Rykiel et al., 1988).

어떤 종은 교란 상태에서 번창하기도 한다. 숲에서 그늘을 싫어하는shade intolerant 종은 산불이나 풍도風倒 또는 인간의 간섭으로 만들어진 열린 공간을 급속히 채운다. 냉대림에서 수관화樹冠火, crown fire에 적응된 뱅크스 소나무Pinus banksiana와 일부 소나무는 산불로 발생하는 엄청난 열에만 열려 씨앗을 뿌리는 특화된 만성적晩成的 솔방울serotinous cone을 가지고 있다(Schwilk

그림 2. 교란의 규모

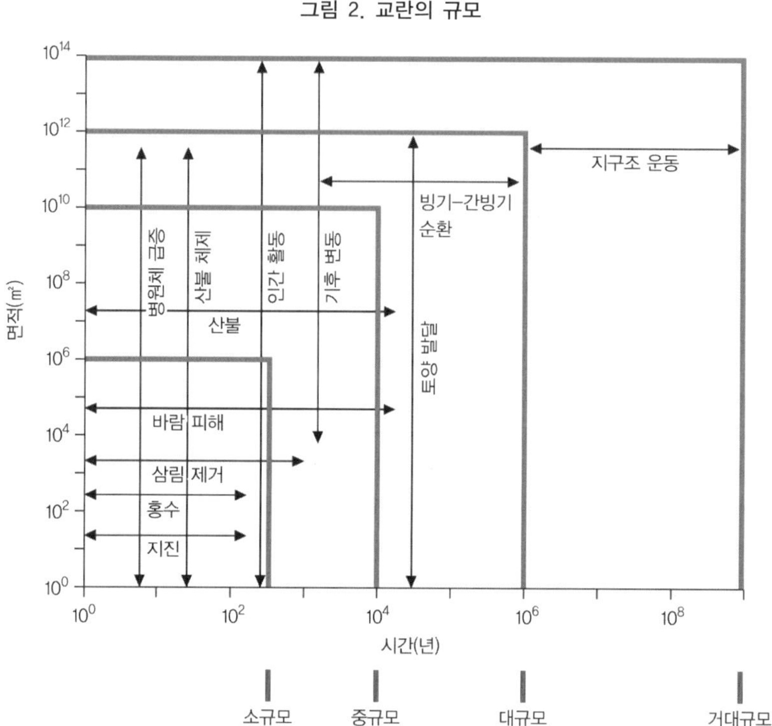

자료: Delcourt and Delcourt(1988).

and Ackerly, 2001). 때로는 공동체 전체가 교란 체제disturbance regime에 적응하기도 한다. 예를 들어, 개별 산불은 취약한 공동체를 파괴하거나 교란시킨다. 만일 산불 체제가 지속되면 식생은 산불에 적응하게 된다. 이 경우 공동체의 장기적인 존속을 위해 산불 자체가 산불에 적응되지 않은 침입자를 제거한다. 따라서 산불에 적응한 공동체는 산불을 체계의 일부로 통합한다. 역설적이게도 산불 교란fire disturbance이 개별 개체의 생물량biomass은 파괴하지만 개별 개체가 구성원인 공동체는 존속시키는 것이다. 남아프리카공화국 케이프 주의 스텔렌보스 근처에 있는 373ha에 이르는 스와트보스클루프 유역의 식생은 주로 중습성中濕性, mesic의 산지 핀보스fynbos이자 지중해성 생물 공동체로, 영구하천perennial stream 주변과 절벽 아래 거력사면boulder scree의 습윤한 곳에서 삼림과 함께 존재한다. 1927년, 1942년, 1958년에 대형 산불이 발생했고, 이들 산불은 유역 전체를 불태웠다. 1936년, 1973년, 1977년에 일어난 작은 산불들은 유역의 일부를 태웠다. 1977년 계획에 의한 산불을 제외하고는 모두 우연히 발생한 산불이었다. 연구에 따르면, 산불은 단일 종, 공동체, 유역 생태계 모두에 영향을 주었다(Richardson and van Wilgen, 1992).

교란은 경관의 모든 규모에 영향을 미친다(그림 2). 소규모(1~500년 및 $1m^2$~$1km^2$)에서는 산불, 강풍 피해, 삼림 제거, 홍수, 지진 등이 교란 사태의 주원인이다. 이런 **규모**에서의 식생 단위는 개별 식물과 임상forest stand에서부터이며, 경관은 표본구sample plot에서부터 1차 지류 **유역분지**drainage basin까지다. 국지적 교란은 개별적 식생 조각vegetation patches 내에서의 조각 동역학patch dynamics을 보여준다. 중규모(500~1만 년 및 1~1만 km^2)의 교란 사태는 간빙기의 시기에 해당하며, 경관은 2차 지류 유역분지에서부터 소규모 산맥에까지 이른다. 이 규모의 작은 쪽 끝 부분에서의 병원체 창궐이나 빈번한 산불과 같은 주된 교란 체제는 경관 모자이크상의 조각 동역학에 영향을 준다. 중규모의 큰 범위에서는 주된 교란 체제가 스스로 변화할 수 있어서 조각 내의, 그리고 조각들 간의 변화를 야기하며, 이로 인해 다시 경관 모자이크를 변화시킨다. 대규모(1만~100만 년, 1만~100만 km^2)의 교란은 한 번 또는 여러 번의 빙하-간빙기 순환을 거치며, 주州 단위의 지형physiographic provinces에서부터 아대륙subcontinents의 규모에 달하는 경관에 영향을 가한다. 이 규모의 경우 지역적·지구적 **환경 변화**environmental change가 주된 교란 체제의 변화를 야기한다. **판구조론**plate tectonics은 전 지구적 기후와 해수면에 대한 영향을 통해 대규모의 교란을 야기하며, 100만 년 이상의 시간과 대륙 또는 그 이상의 면적을 대상으로 한다. **유성 충격**과 화산 활동도 생태계를 교란한다. 유성 충격은 불과 몇 초 만에 생태계를 훼손하는데, 유성체의 크기에 따라 소규모 또는 대규모 지역을 파괴한다. 화산 활동도 유성 충격과 같이 영향을 미치는 속도가 매우 빠르며, 국지적인 경향이 크긴 하지만 전체 생태권역ecosphere을 교란시킬 수도 있다. 일정 기간 동안 화산 활동이 지속되면서 발생하는 반복적인 교란 현상이 일회성 화산 폭발보다 생태권에 더 심각한 스트레스를 주는 것은 분명하다.

▸ **더 읽어볼 자료:** Dale et al.(2001), Johnson and Miyanishi(2007), Whelan(2008).

국지기후 LOCAL CLIMATE (지형기후 TOPOCLIMATE)

수십 미터에서 약 100km 범위의 지형 차이는 독특한 국지기후local climate(지형기후라고도 불림)를 가지는 모자이크를 생성한다. 국지기후는 대류권troposphere의 하부 기후를 말하며, **지형**topography(기복, 고도, 사면 방향, 물, 인공물, 식생, **토양** 등)에 의해 영향을 받는다. 간단히 말하면, 국지기후는 자연적·인공적 지표의 피복물과 접촉하는 대기의 기후다.

모든 지형은 국지 **환경**의 복사량radiation flux, 열적 평형, 수분 정도, 공기역학의 충분한 조정을 받아 국지기후를 생성한다. 복사량 변화는 대체로 지표면의 방향과 경사, 건물의 벽과 지붕, 반사율(알베도albedo, 지형 식생 유형, 노출된 토양, 인공 지표면, 물 등의 햇빛 반사율), 그늘 효과 등에 달려 있으며, 어떤 경우에는 국지적 에너지원(가정용 불, 산업 공장 등)에 따라 변하기도 한다. 경관의 특정 부분은 다른 부분보다 더 많은 태양광선을 받으며, 다양한 수준의 장파복사량을 방출하거나 흡수한다. 다음으로 복사 평형의 조정에 의해 국지적 열의 평형이 변화되면서 경관 내에서도 국지적으로 더 덥거나 더 차가운 지역이 만들어진다. 습도는 강수 수용량precipitation receipt(차별적 저지 비율interception rate과 방수shelter 효과로 인한), 증발량, 토양 배수량 등의 공간적 다양성 때문에 차이가 난다. 공기역학적 조정 작용은 소규모 지형이 기류에 주는 물리적 효과와 관련된다.

일반적으로 도시 지역은 독특한 국지기후를 가진다. 도시 천개urban canopy 내의 대기는 주변 농촌 지역의 대기보다 항상 기온이 높아 도시 열섬urban heat island을 생성한다. 도시 열섬의 형태와 크기는 다양하며, 기상학적·입지적·도시적 요인에 따라 달라진다. 열섬은 열대는 물론이고 열대 외의 도시에서도 발생한다. 도시 열섬 강도urban heat-island intensity(도시 최고 온도와 농촌 배후 지역 온도 사이의 차이)는 여러 요인에 의해 결정되는데, 도시의 크기가 가장 중요한 요인이다. 더블린의 도시 최고 열섬 강도는 바르셀로나 사례처럼 약 8℃이며, 거대도시인 워싱턴은 약 10℃, 뉴욕은 17℃다.

▸ **더 읽어볼 자료:** Akbari(2009), Huggett and Cheesman(2002), Oke(1987).

군집 변화 COMMUNITY CHANGE

식생 **천이**vegetation **succession**와 **기후 극상 군집climatic climax community**에 대한 프레더릭 클레먼츠Frederic E. Clements의 견해는 20세기의 상당한 기간에 걸쳐 군집 변화community change에 대한 이론을 지배했다. 그러나 그 배경에는 헨리 글리슨Henry A. Gleason(Gleason, 1926)과 알렉산더 스튜어트 와트Alexander Stuart Watt(Watt, 1924)의 이론이 영향을 미쳤다. 이들은 군집과 **생태계**가 **평형equilibrium** 상태에 있는 것이 아니며, 적어도 클레먼츠식의 안정된 극상 군집 상태는 아니라고 주장했다. 이 불균형disequilibrium 이론은 1970년대 초기에 주류를 이루었으며, 일부 생태학자 사이에서는 특히 **천이**는 어떤 특정한 상태로 진행되는 것이 아니며, 따라서 오랫동안 지속하는 기후 군집은 존재하지 않는다는 과감한 주장까지 나왔다(특히 Drury and Nisbet, 1973). 그 대신 각 종은 '자신만의 작용'을 하며, 군집들은 항상 변화 상태에 있고, 개체 간의 일시적인 연합일 뿐이며, 군집의 천이는 여러 방향(단방향성이 아니라 다방향성)으로 진행된다고 주장했다. 이러한 불균형 이론은 종들의 개별적인 행동과 군집의 진화적 특성을 강조한다. 이 이론은 자연nature에서의 불균형imbalance, 부조화disharmony, **교란disturbance**, 비예측성unpredictability 등을 강조한다. 또한 이들은 생태계의 지리 — 경관 조각landscape patches, 경관 통로landscape corridors, 경관 바탕landscape matrix — 에 초점을 맞추면서 극상 형성과 극상 생태계 개념을 대체했으며, 경관 모자이크를 통해 균일한 극상과 생태계라는 개념도 대체했다.

개별 종의 출현과 퇴장은 군집 변화에 심각한 영향을 준다. 군집은 새로운 종이 나타나고 오래된 종이 사라지면서 변화한다. 새로운 종은 **종 분화**

speciation 발생과 유입immigration을 통해 출현하며, 오래된 종은 국지적 **멸종**local **extinction**(소멸)과 유출emigration을 통해 사라진다. 군집 내에서 어떤 종은 우점도abundance가 높아지고 어떤 종은 우점도가 낮아지면서 경쟁에 따른 균형competitive balance을 뒤집는다. 각 종은 **산포dispersal**, 침입invasion, **개체 수 증가population** expansion에 대한 고유의 성향을 가진다. 군집 결성community assembly은 개별적으로 전개되는 종의 도착, 지속, 증가, 감소, 멸종 등의 끝없는 과정이다. 다방향적 천이와 군집 일시성은 군집들이 이러한 방식으로 결성(그리고 해체disassemble)된다는 증거를 보여준다. 개별적 군집 결성의 결과를 보면 천이는 여러 방향으로 지속되며 미리 결정된 단일의 방향 속에 가두어지는 것이 아니라는 것이다. 즉, 단방향적인 것이 아니라 다방향적인 것이다. 일부 군집 변화의 역사에 대한 야외 연구 — 예를 들면, 알래스카의 글레이셔 만(Fastie, 1995), 인도네시아의 크라카타우 섬(Whittaker et al., 1989, 1992; Whittaker and Jones, 1994), 하와이의 마우나로아(Kitayama et al., 1995) — 는 다방향적 천이라는 이론을 강력하게 뒷받침하고 있다.

각 종이 '자신의 방향대로 행동'한다면 국지적 군집과 생물군계biome 모두가 **환경 변화**environmental change의 결과에 따라 나타나거나 사라질 것이다. 결과적으로 오늘날의 군집들이나 생물군계들이 특별한 존재가 아니라는 전환적 결론에 이르게 된다. 그러나 이처럼 과감한 단언과는 반대로 곤충 종과 군집은 제4기 기후 변동의 국면에서도 놀랄 만한 불변성을 보여주고 있다(Coope, 1994). 현재의 군집과 어떠한 유사성을 가지지 않는 군집 및 컴퓨터로 만들어낸 군집에 대한 연구는 모두 군집의 일시성을 보여준다. **비유사 군집**no-analogue community은 다른 곳에서도 다루어졌지만, 다시 간단히 말하자면 현재의 군집과 생물군계 가운데 일부는 과거의 것들과 유사하기도 하지만 현재의 군집과 생물군계 대부분은 정확하게 화석의 형태를 가진 과거의 것들과 유사한 점을 보여주는 사례가 없다. 역으로 많은 화석 군집과 화석

생물군계도 정확하게 현재와 유사한 군집과 생물군계를 가지지 못하고 있다. 미국의 미주리-아칸소 경계 지역의 사례를 보면, 1만 3,000~8,000년 전, 동부 서나무Ostyra virginiana와 아메리카 서나무Carpinus caroliniana는 중요한 식물 군집 요소였다(Delcourt and Delcourt, 1994). 이는 애팔래치아 산맥과 오자크 고원 사이 지역에 있는 군집으로, 북아메리카 동부에 있는 어떠한 현대의 군집과도 유사성이 없으며, 태양복사량에 대한 계절성과 봄철 최고치의 특성을 가지는 기후에 적응하여 진화한 것으로 보인다. 일부 수학 모형 역시 군집의 일시성과 군집 요소의 개별적 활동을 파악한다. 한 모형에서는 식물, 초식동물, 육식동물, 잡식동물 등 125개 종의 풀pool로 이루어져 있다(Drake, 1990). 이 모형은 한 번에 한 종씩 선택해서 군집 결성에 참여시킨다. 두 번째 기회는 첫 진입이 실패할 경우에 허용된다. 극단적으로 지속하는 군집은 15개 종으로 이루어질 때 나타났다. 동일한 종 풀로 재연했을 때 다시 극단적으로 지속하는 군집persistent community이 이루어졌으나, 첫 번째 군집과는 다른 종들로 구성되어 있었다. 군집의 종들 중에서 특별한 것은 없다. 모든 종이 적절한 환경에서 안정된 군집의 일원이 될 수 있다. 실질적인 종들의 출현은 우발성에 달려 있다. 지속적 군집의 동역학은 매우 특별하다. 15종만 이용하여 대략 15종의 지속적 군집을 재결성하는 것은 불가능하다. 이러한 발견은 군집은 특정한 종들로 인공적으로 구축할 수 있는 것이 아니라는 것을 암시한다. 즉, 군집은 수많은 종의 상호작용 속에서 진화하면서 스스로를 만든다는 것이다.

규모 SCALE

환경 변화environmental change는 세제곱센티미터(cm^3) 단위부터 전 지구적 범위까지의 모든 공간적 규모規模에서 발생하며, 초 단위부터 영년永年, eon까지의 모든 시간적 범위에서 일어난다. 공간과 시간은 연속적이다. 그러나 지구의 공간 차원과 시간 차원을 다루기 쉽도록 나누어 이름을 짓는 것은 일반적인 관습이다. 통일된 명명법은 존재하지 않는다. 소·중·대·거대 등의 접두어가 흔히 쓰이며, 간편하게 소규모·중규모·대규모·거대규모라는 용어도 사용한다. 이들 범주 간의 경계는 어느 정도 자의적이다. 중간은 어느 정도의 크기인가? 이런 분류에 대한 합의 노력에 의해 변화(기후·**토양**·사면·경관 등)의 정도에 따라 어느 정도 확정된 분류 방식이 도출되었다. 그림 3은 가능성 있는 방안으로서의 공간적 차원의 범위를 보여준다. 소규모는 $1km^2$까지, 중규모는 1~1만 km^2, 대규모는 1만~100만 km^2, 거대규모는 100만 km^2에서 지구의 모든 지표면까지다.

소·중·대·거대라는 명명법은 시간 차원에도 적용이 가능하다. 그러나 단기간·중기간·장기간·최장기간이라는 용어가 더 간편하다. 시간적 분류 방법도 공간적 분류 방법과 마찬가지여서 시간적 범위의 경계를 설정하는 것은 개인적 취향의 문제다. 가능한 방안을 들면, 단기간은 1,000년까지, 중기간은 1,000~100만 년, 장기간은 100만~1억 년, 최장기간은 1억~46억 년이다. 장기간이나 최장기간의 환경 변화를 논의할 때에는 메가이어megayear(100만 년), 기가이어gigayear(10억 년) 같은 용어가 유용하다.

환경의 여러 요소들은 이런 공간·시간 규모와 관련되어 있다. 각 요소에는 각각의 크기와 '존속 기간'이 있다. 그림 3은 환경 요소의 일부분을 보여

그림 3. 환경 변화의 규모

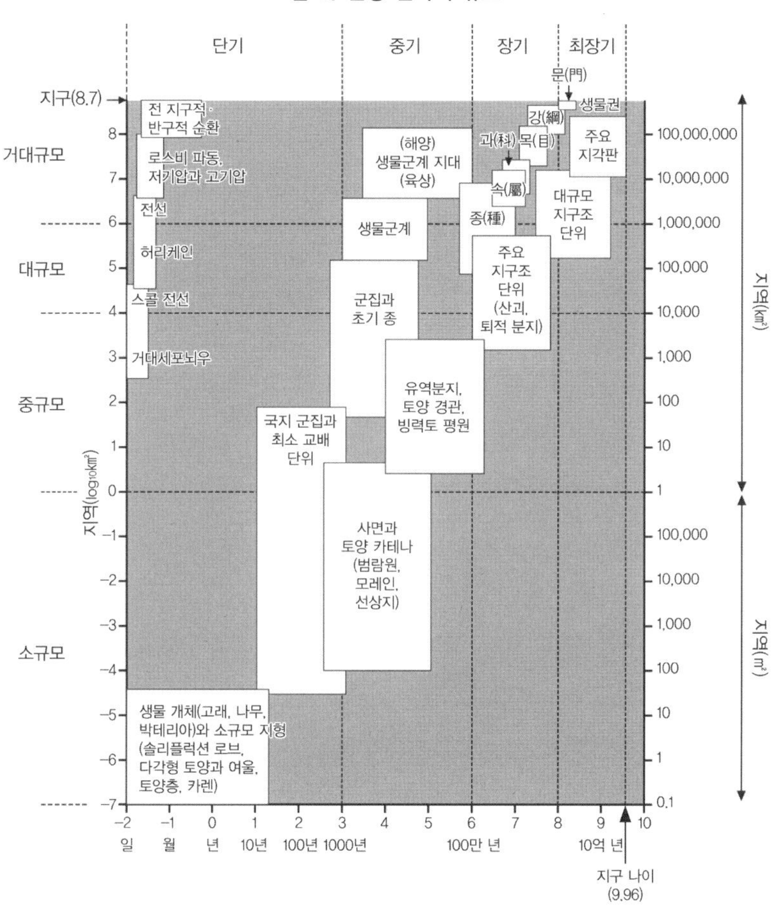

자료: Huggett(1991, 1997a).

준다. 주의 깊게 보면 대기 **체계** 부분은 국지적이든 지구적이든 1년 이내에만 존재한다. 이것은 실제 공기의 유체적 특성 때문이다. 암석권의 구조적 단위들은 수십억 년 동안에도 존재할 수 있다. 토양·경관·군집은 대기권과 암석권의 중간 단위를 가지며, 몇 세기부터 수억 년까지 지속할 수 있다.

극상 군집 CLIMAX COMMUNITY

극상 군집climax community 또는 기후 극상 군집climatic climax community은 **천이**를 통해 국지적·지역적 환경 조건에 대해 **평형**에 도달한 식물과 동물의 군집이다. 클레먼츠(Clements, 1916)는 헨리 챈들러 콜스Henry Chandler Cowles (Cowles, 1899)가 제시한 아이디어를 정교화해 지역 기후와 연계된 단일 기후 극상single climate climax 또는 단일극상monoclimax의 아이디어를 처음으로 제시함으로써 천이의 마지막 단계를 표현했다. 클레먼츠는 각 군집은 원칙적으로 단일한 극상 유형을 만들어간다고 믿었다. 그러나 특정 지역에서는 기후 극상이 제거된 상태로 유지되는 군집도 있음을 인정했다. 이와 같은 군집을 준극상準極相, proclimax이라 일컬으며, 이를 다시 아극상subclimax(극상 직전의 상태가 장기간 지속되는 상태), 방해극상妨害極相, disclimax 또는 편향극상plagioclimax(환경 **교란**으로 발생), 전극상preclimax(지역 평균보다 더 건조하거나 온도가 높은 경우), 후극상postclimax(지역 평균보다 더 한랭하거나 습윤한 경우), 이렇게 네 가지로 구분했다. 그러나 그는 이런 군집들이 불안정하다고 여겼다. 왜냐하면 극상 식생은 그 지역의 기후에 가장 잘 적응한 것이라고 정의하기 때문이다(Eliot, 2007). 이어서 탠슬리Arthur Tansley는 클레먼츠의 개념을 확장해 다극상polyclimax을 제안했다. 다극상은 동일한 지역 내에서도 여러 다른 극상이 존재하는 상태인데, 탠슬리는 이를 지역의 토양 수분, 영양 수준, 화재 빈도 등의 차이 때문으로 보았다(Tansley, 1939). 극상 패턴climax-pattern 가설(Whittaker, 1953)은 다극상 주제의 변용으로, 자연 군집이 모든 환경 요소에 적응한다고 본다. 그러나 매우 예민한 **이행대**ecotone를 통해 변화하는 불연속적 군집discrete community들을 형성하기보다는, 환경 구배environmental gradient

를 따라 단계별로 전환하는 연속적 극상 유형을 가지는 것으로 보았다.

최근 클레먼츠의 개념에 대한 재해석을 통해 클레먼츠에 대한 오해가 있었음이 밝혀졌다(Eliot, 2007). 클레먼츠는 극상 군집이 항상 존재해야 한다거나, 기후가 식생의 가장 주된 결정 요소라거나, 생태 군집에서의 다른 종들이 생리학적 단위로 단단하게 결합되어 있다거나, 식물 군집이 시간 또는 장소상의 뚜렷한 경계를 가지고 있다는 주장을 하지 않았다. 그 대신 그는 극상 군집의 개념을 주어진 지역에서의 식생을 설명하기 위한 이론적 출발점으로 삼았다. 어떤 조건들이 나타난다면 이에 대해 종들이 잘 적응한다고 믿는 몇 가지 적절한 이유가 있다. 그럼에도 클레먼츠 연구의 상당 부분은 이상적인 조건이 충족되지 않을 때에도 일어나는 현상의 특성을 설명하는 데 집중되었다. 이러한 경우에는 이상적인 극상이 아닌 식생이 대신 나타난다는 것이다. 그러나 클레먼츠는 이러한 다른 종류의 식생은 극상 이상climax ideal에서의 일탈로 설명될 수 있다는 견해를 제시했다. 결과적으로 그는 방대한 양의 이론적 용어들을 제시하면서 식생 존재 가능성의 이유와 식생의 여러 비극상 상태non-climax state에 대한 적응을 설명하고자 했다.

군집 간의 식생 구배vegetation gradient 증명에 대한 클레먼츠 개념 적용의 어려움과, 군집들의 일상적인 불안정성과 식생 정착의 일시성과 일부 천이 연속successional sequence(**군집 변화community change** 참조)의 다방향적 특성 등에 대한 클레먼츠 용어 적용의 어려움으로 기후 극상 군집 개념은 인기를 잃었다(Tobey, 1981). 생태학자들은 기후 극상 이론을 버렸지만, 클레먼츠 용어들은 1990년대 동안 이론생태학에서 재등장했다(특히 Roughgarden et al., 1989). 더욱이 수많은 저자와 열성적인 자연 애호가nature enthusiast들은 성숙한 군집 또는 오랫동안 성장을 거친 군집을 설명하기 위해 효력은 약해졌지만 '극상'이라는 용어를 여전히 사용한다.

기능·요인 접근법 FUNCTIONAL-FACTORIAL APPROACH

토양생성과 **생태계** 발생ecosystem genesis에 적용된 기능·요인 접근법functional-factorial approach은 환경과학 분야에 광범위한 영향을 주었으며, 토양학의 지배적 이론으로 최근까지도 생태학에 어느 정도 영향을 주었다(Johnson and Hole, 1994 참조). 이 접근법의 전제는 환경 요인이 토양과 식생의 특성을 결정짓는다는 것과 수학 함수가 토양과 식생의 특성을 환경 요인들과 관련지을 수 있다는 것이다. 한스 제니Hans Jenny는 처음으로 이러한 사고를 '토양형성 인자' 등식clorpt equation으로 효과적으로 표현했는데(Jenny, 1941), 이 등식은 생태권의 요소, 특히 토양과 생태계의 요소 간의 상호 관계를 연구하는 데 이론적인 분석 틀을 제공한다. 이 토양형성 인자 등식에서는 토양 특성 s가 토양형성 인자 함수function of soil-forming factor가 된다.

$$s = f(cl, o, r, p, t, \cdots\cdots)$$

여기서 cl은 환경 기후, o는 생물 개체(원래 체계 내에 있었거나 나중에 유입된 동물상과 식물상), r는 지하수면water table 등의 수문 요소를 포함하는 **지형**, p는 토양 모재인데, 이들은 **토양생성 작용**pedogenesis이 시작될 때인 토양의 초기 상태의 요인들이다. t는 토양의 연대年代 또는 토양이 생성된 절대 시간을 뜻하며, 그 외는 산불과 같은 부가적 요인들이다. 제니(Jenny, 1980: 203)는 토양생성 인자 등식이 육상 생태계에 대한 정보의 종합이라고 말했다. 그는 양호한 경관의 경우 다른 요인이 일정하다면 연구자들은 하나의 생태계 내에서 상태 인자state factor의 효과를 평가할 수 있다고 기술했다. 제니는 다섯 가지 상태 인자로 다섯 개의 함수 또는 수열을 제안했는데, 기후함수climo-function 또는 기후연속체climosequence, 생물함수biofunction 또는 생물연속체bio-sequence, 지형함수topofunction 또는 지형연속체toposequence, 암석함수lithofunction 또는 암석연속체lithosequence, 시간함수chronofunction 또는 **시간연속체chrono-sequence**가 그것이다. 또 그는 기타 함수dotfunction와 기타 연속체dotsequence 등의 효과도 고려했다.

이 토양형성 인자 등식은 수십 년 동안 효과적인 연구 수단이 되어왔다. 잭 메이저Jack Major는 이 공식을 확장해 토양, 식생, 동물까지 포함하는 전체 생태계에 적용했다(Major, 1951). 제니(Jenny, 1961, 1980)는 생태계(경관의 모든 부분)를 포함하는 확장 등식을 통해 다음과 같은 일반 상태 인자 등식을 도출했다.

$$l, s, v, a = f(L_0, P_x, t)$$

여기서 l은 탄소함유총량, 일차생산량, 호흡량 등의 생태계 특성, s는 수소이온농도지수, 조직, 부식량腐植量 등의 토양 특성, v는 생물량, 종 빈도, 나트륨 양과 같은 식생 특성, a는 크기, 성장 속도, 색깔과 같은 동물 특성, L_0는 체계의 초기 상태, 즉 발달이 시작되는 시간이 0일 때의 특성들의 모음(L은 생태계 또는 좀 더 큰 생태계를 뜻하며, 토양은 한 부분이다), P_x는 외부 유출입 가능량, t는 체계의 연대다. 상태 인자는 L_0 및 P_x와 관련된 여러 변수의 집합이다. 토양 모재 p, 원 지형과 지하수면 r는 체계의 초기 상태를 정의한다. 외부 유출입 가능량은 환경의 특성으로서, 체계 안과 밖으로의 물질과 **에너지**의 증감 작용으로 이어진다. 이것들에는 환경 기후 cl, 시간이 0일 때와 그 후의 생태계에 존재하는, 활성화되었거나 잠재적인 종의 풀 또는 유전자 풀인 동물상과 식물상으로 구성된 생물적 요인 o가 있다. 따라서 생물적 요인은 체계가 발달함에 따라 성장하는 식생과 뚜렷이 구별되는데, 이 요인은 등식의 왼편에서 체계의 속성으로 나타난다. 또 다른 외부 유출입 요인으로는 먼지폭풍, 홍수, 비료의 첨가 등이 있다. 확장된 형태의 일반 상태 인자 등식은 다음과 같다.

$$l, s, v, a = f(cl, o, r, p, t, \cdots\cdots)$$

이 수식은 다시 토양생성 인자 등식으로 되돌아간 것으로, 이번에는 토양뿐만 아니라 생태계에도 적용된 것이다. 토양형성 인자 등식의 최신 버전은 생태계의 상태 인자 이론에 인간의 입지를 고려한다(Amundson and Jenny, 1991). 생태계에 적용된 제니의 일반 상태 인자 공식은 토양은 물론, 동물과 식물도 체계 특성에 포함하고 있다. 이는 생물체와 생물체 **환경** 간의 관계에 대한 실용적인 사고방식을 제공한다. 특히 개념적 수단으로서의 가치가 매우 높다. 몇몇 토양학자와 생태학자는 아직도 변형된 형태로 이 공식을 인용하거나 사용하고 있다.

▸ 더 읽어볼 자료: Schaetzl and Anderson(2005).

기후 변화 CLIMATE CHANGE

기후 변화climate change는 특정 장소 또는 지역에서의 평균적인 대기 조건의 변화를 말한다. 기후 변화의 여러 요인이 서로 다른 시간 길이time-span에 걸쳐 나타나서 불확실한 점이 많지만, 과학자들은 기후 변화의 기본적인 작동 기제를 넓은 의미에서 이해하고 있다. 단기적으로(수년, 수십 년, 수백 년) 대기는 외부적인 강제력(우주·지질·인류) 또는 내부적인 대기 역학에 의해 변화한다. 중력의 변화로 인한 우주 강제력은 자기장의 변이와 태양이나 우주에서의 특정 파장대 복사의 변화, 행성과 혜성의 충돌 등에 의한 것이다. 중력 스트레스가 발생하는 원천은 세 가지, 즉 태양계, 은하계, 은하계 외 성운이다. 그러나 단기적으로는 태양계에 있는 행성의 전체 운동 또는 배열과 지구와 달의 상대적인 운동이 **에너지** 전달delivery of energy을 조정한다. 지질학적 강제력은 단기적으로 화산재와 기체의 성층권으로의 분출에 의한 것이다. 대기 체계의 내부적인 역학은 단기적·순환적 요소를 지닌다. 따라서 기후 변화는 외부 강제력의 영향 없이도 일어날 수 있다. 기후 변화에 대한 이런 잠재적 강제력의 원천에서 나오는 신호를 잘 분류하기란 매우 어려운 일이다. 인간도 **생지화학적 순환**biogeochemical cycle, 특히 탄소 순환carbon cycle에 개입하거나 지표 피복을 바꿈으로써 기후 변화에 많은 영향을 미친다.

역설적이게도 지금은 기후상의 변화를 파악하기가 더 어렵다. 단기간에 여러 번 수행되는 직접적 측정의 혼란에 의해 가려지기 때문이다. 이에 반해 과거의 기후 변화는 거의 정확하게 드러나는데, 암석, 퇴적물, **토양** 등의 대리 기후 지표climatic indicator에 대한 제한된 관찰로만 파악하기 때문이다. 고기후palaeoclimate는 현 기후를 정의하는 것보다 쉽지 않다. 역사 시대의 다양

표 2. 장기적 경향을 제외한 주요 기후 변동

변동	주기	주기의 특성	변동의 특성
단기 변동			
하루	1일	spike*	하루 동안의 기후 순환
주	3~7일	peak**	종관기후적인 교란, 주로 중위도
년	1년	spike	연간 기후 순환
유사 2년	~26개월	peak	열대 성층권에서의 풍향 변화(동풍 계열에서 서풍 계열로), 거의 2년 주기의 진동(quasi-biennial oscillation: QBO)
유사 5년	2~7년	peak	남태평양을 가로지르는 기압 분포의 급격한 전환, 동일한 지역에서의 기온 변화와 연계, 엘니뇨·남방진동(El Niño-Southern Oscillation: ENSO)과도 연계, 평균 주기는 4~5년, 2~7년은 변동 범위
10년	~11년	peak	태양 흑점 주기와 유사한 변동
유사 20년	~18.6년	peak	달의 교점 순환(lunar nodal cycle)과 유사한 변동
80년	~80년	peak	글라이스버그 순환(Gleissberg cycle)과 유사한 변동
200년	~200년	peak	태양 궤도 순환(solar orbit cycle)과 유사한 변동
2,000년	~2,000년	peak	불확실한 순환에 의한 유사 변동
중기 변동			
세차 변동	~19,000년	spike	지구 세차 순환의 주기 요소
세차 변동	~23,000년	spike	지구 세차 순환의 주기 요소
자전축 기울기	~41,000년	spike	지구 세차 운동의 주기 요소
짧은 이심률	~100,000년	spike	지구 궤도 이심률 순환의 주된 주기 요소
궤도면 기울기	~100,000년	spike	지구 공전 궤도의 주기 요소
긴 이심률	~400,000년	spike	지구 공전 궤도 순환의 주기 요소
장기 변동			
3,000만 년	~30,000,000년	peak	판구조 순환에 유사한 주기 진동
온난형-한랭형	~150,000,000년	peak	온난형과 한랭형 기후의 유사 주기 진동
더운집-얼음집	~300,000,000년	peak	더운집과 얼음집 조건의 유사 주기 진동

* 천문학적 강제력 순환에 의해 지시된, 주기가 엄격한 변동을 말한다.

** 사건 발생의 시간 규모를 선호하는 유사 주기 변동을 말한다.

자료: Huggett(1997a: 109).

한 기록물과 기구 관찰 기록은 가까운 과거의 기후 조건에 대한 실마리를 제공한다. 층서stratigraphy 기록은 역사 시대나 조금 더 오래된 기후들의 증거를 포함하고 있으나 이들이 항상 1년 단위의 변화를 기록한 것은 아니며, 고기후 사건이나 상황에 대한 연간 연대는 거의 제공하고 있지 않다. 또 다른 어려움은 과거의 모든 기후가 현재와 유사한 것은 아니라는 사실이다. 과거에는 육지와 해양 배치, 고지대 위치, 여러 물리적 조건이 현재와 달랐고, 경우에 따라서는 지금은 전혀 존재하지 않는 비유사 기후no-analogue climate도 나타났다. 가장 좋은 사례는 북반구 빙하대의 바로 남단에서 넓은 지대를 점유했던 '북방한대 초원boreal grassland'이다(**비유사 군집**no-analogue community 참조).

다양한 이유로 날씨와 기후 변화의 시간 범위는 매우 넓다. 짧게는 한 시간도 안 되는 동안에 발생하는 심각한 기상 현상에서부터, 길게는 수천만 년 동안 지속된 **지구 온난화**global warming와 지구 한랭화global cooling 같은 경우도 있다(표 2). 이에 더하여 날씨와 기후는 영속적으로 지속되는 장기적 경향secular trend을 따라간다.

▸ 더 읽어볼 자료: Burroughs(2007), Cowie(2007), Fry(2007).

내적 영력 ENDOGENIC(INTERNAL) FORCE

지구 내부 깊숙한 곳에는 거대한 열 발동기에 의해 생성되는 지구조적 힘 tectonic force과 화산의 힘이 존재한다. 이들 힘은 지표면의 여러 **체계** — 군집·**토양**·하천·수체·지형·대기 등 — 의 구성과 역학에 영향을 미친다. 매우 오랜 기간에 걸쳐 거대한 내적 영력endogenic force은 융기된 지각이나 다른 형태의 지각 변동, 습곡산지, 화산과 같이 지표면으로 그 힘을 드러낸다.

흥미롭게도 모든 지형 체계는 결론적으로 지구조적 힘에 의한 내적 작용과 기후의 힘으로 작동하는 외적 작용exogenic process 간의 기본적인 대립 구도로 만들어진다(Scheidegger, 1979). 간단히 말하면, 지구조 운동 및 화산 작용은 지형을 만들어내고, 기후의 영향은 풍화와 침식을 통해 지형을 파괴하는 것이다. 지형의 형성과 궁극적 파괴 사이의 여러 현상은 지형학자들의 관심 사항이다.

능동 경계대와 수동 경계대 ACTIVE AND PASSIVE MARGIN

능동 경계대active margin는 지각판들이 수렴(하나의 판이 다른 판 아래로 가라앉는 섭입대subduction zone를 형성)하거나, 서로 다른 지각판과 수평으로 갈라져 이동하면서(변환대transform zone) 형성된다(그림 4). 이들 경계대는 환태평양을 따라 주로 나타나 태평양형Pacific-type 경계대라고도 불린다. 북아메리카의 태평양 북서부 해안과 남아메리카의 서부 해안은 섭입대를 가진 능동 경계대이며, 캘리포니아 중남부 지역은 변환대를 가진 능동 경계대이다. **지구조적tectonic** 활동(지진·화산·융기, 새로운 화성암의 형성 등)은 능동 경계대가 갖는 특징이다. 수동 경계대passive margin는 두 대륙 지각판이 갈라지는 곳에서 형성된다(그림 4). 이 경계대는 지각판 간의 경계부에 위치하지 않으며, 대륙 지각이 해양 지각을 접한다 해도 이들은 동일한 지각판의 일부이며, 섭입이 일어나지 않는다. 남북 아메리카 대륙의 동부 해안 및 아프리카와 유럽의 서부 해안이 수동(또는 대서양형Atlantic-type)적 대륙 경계대에 속한다. 수동 경계대에서는 지각판의 충돌이나 섭입이 일어나지 않기 때문에 지구조 활동이 매우 미약하다.

능동 경계대와 수동 경계대의 구분은 대륙지형학의 여러 측면을 이해하는 데 매우 중요하다. 능동 경계대는 산맥(또는 호상열도island arcs)이 발달한 것이 특징인데, 연안 급사면을 이루는 섭입대 해구trench에서 해양 지각이 섭입하므로 하천이 짧고, 대륙붕continental shelf이 거의 없거나 매우 좁다. 수동적 경계대는 (산맥이 존재하지만) 일반적으로 기복이 적고, 하천이 길며(아마존·미시시피 등), 두꺼운 퇴적물을 가진 매우 넓은 면적의 대륙붕을 가진다. 그림 5는 산맥을 지닌 수동 경계대의 기본 지형을 보여준다. 지형이 형성된

그림 4. 지각판, 능동 경계대와 수동 경계대, 대단애

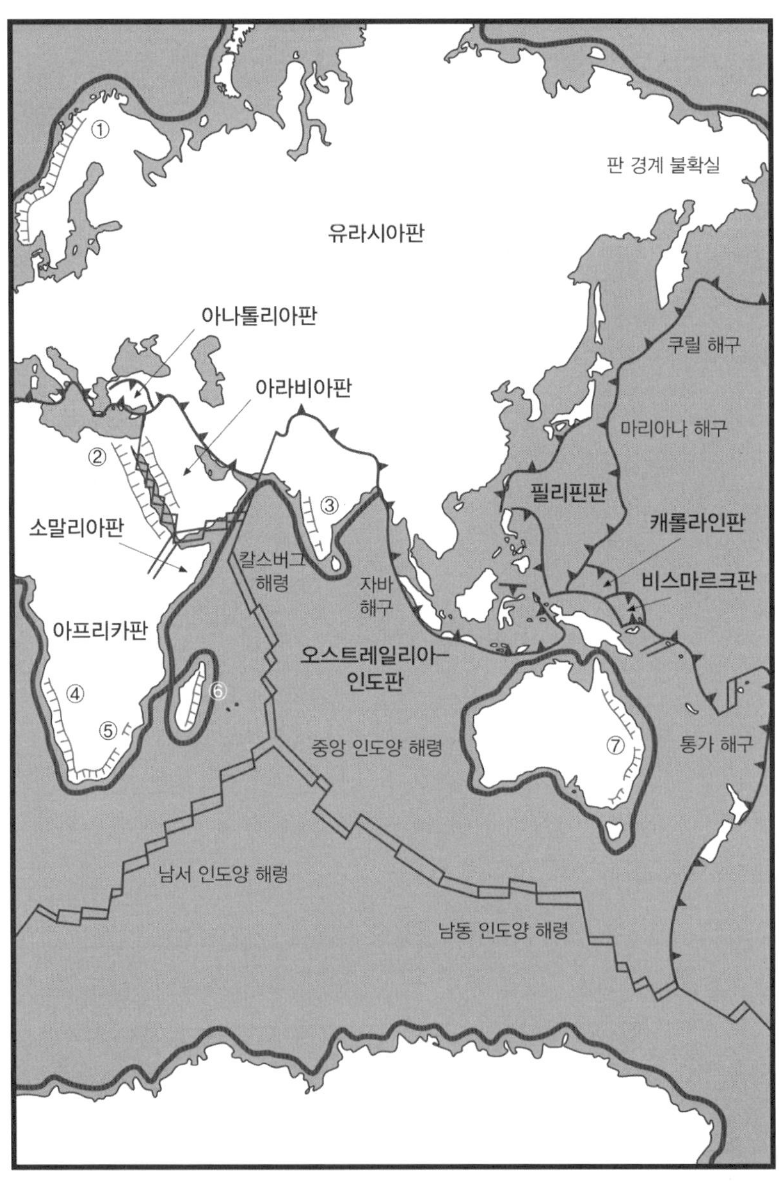

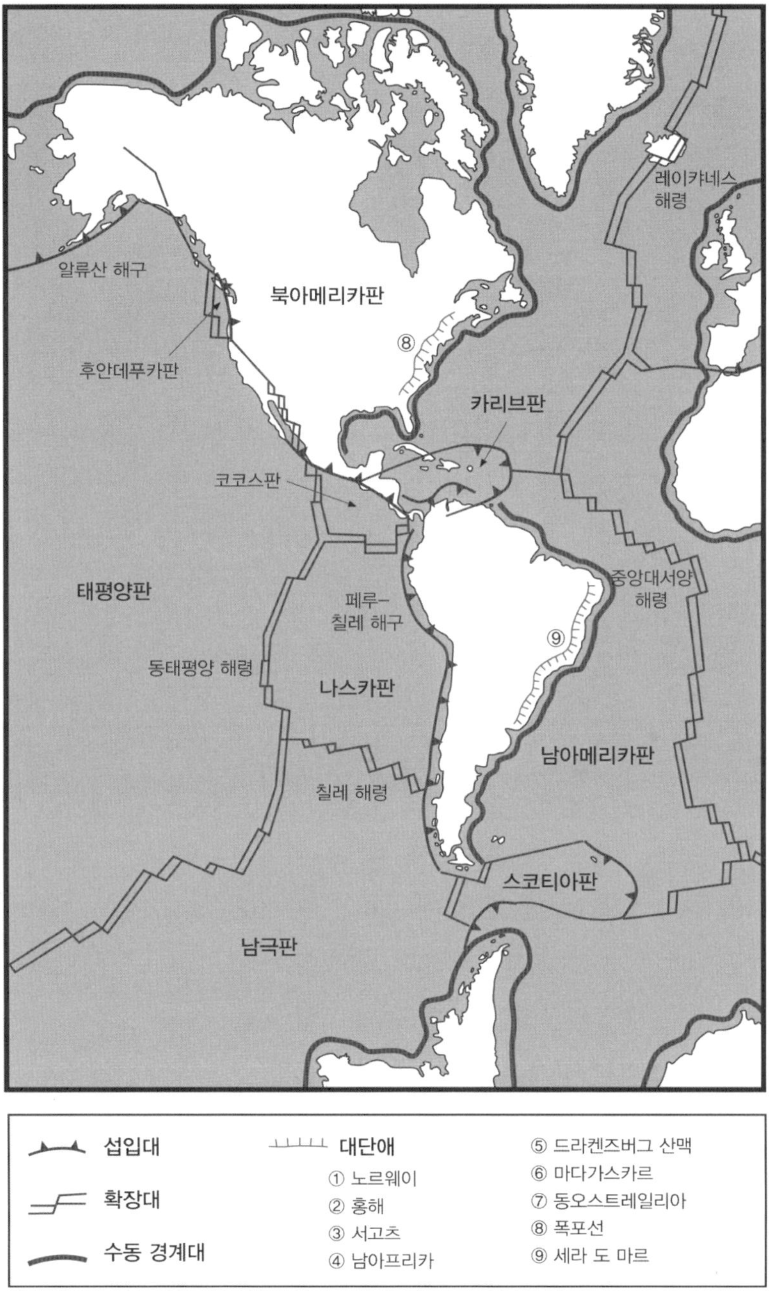

레이캬네스 해령
알류산 해구
북아메리카판
⑧
후안데푸카판
카리브판
코코스판
태평양판
페루-칠레 해구
중앙대서양 해령
⑨
동태평양 해령
나스카판
남아메리카판
칠레 해령
스코티아판
남극판
섭입대
확장대
수동 경계대
대단애
① 노르웨이
② 홍해
③ 서고츠
④ 남아프리카
⑤ 드라켄즈버그 산맥
⑥ 마다가스카르
⑦ 동오스트레일리아
⑧ 폭포선
⑨ 세라 도 마르

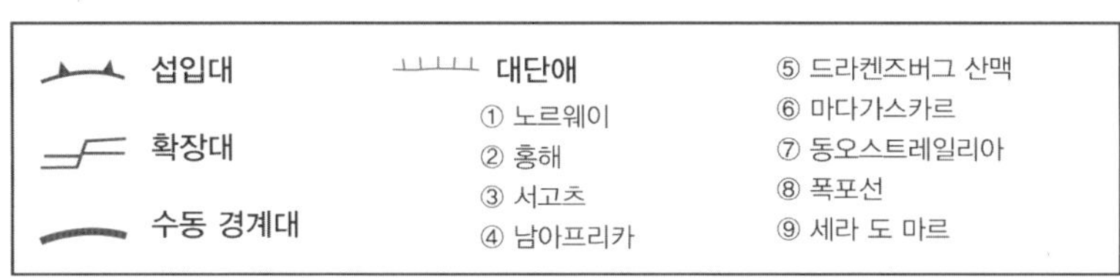

시기가 분명하지 않지만 그 출발점은 열곡rift valley을 따라 대륙 내부가 분리된 것으로, 대체로 오래된 평원(고평원paleoplain)이다(Ollier and Pain, 1997).

열곡 현상rifting으로 만들어진 고평원은 새로운 대륙의 주변에 자리를 잡으면서 하향요곡downwarp을 한다. 고평원은 침수되면서 해저 방향으로 경사진 기저 불연속을 형성하고, 열곡 이후 생성된 퇴적물들이 침수된 고평원 위에 쐐기 모양으로 쌓이면서 새로운 해양의 성장을 유도한다. 이것이 초대륙의 파편화와 연관되어 형성된 분열 부정합breakup unconformity이다(Ollier, 2004). 내륙에서는 고평원이 대지plateaux로 살아남는다. 일부 대지는 퇴적층을 가지지만, 대부분의 대지는 고평원이 융기되는 과정에서 형성된 침식면erosion surface을 가진다. 퇴적층이 습곡을 이룬 곳에서는 고지대가 기울어지면서 케스타cuesta을 이루기도 하고, 평탄면을 가진 주향 산지strike ridges를 형성하기도 한다. 대지는 매우 광대한 면적을 가지거나, 장기간 개석dissection을 받으면서 단단한 암석을 가진 곳들이 작은 면적으로 파편화되어 남기도 한다. 대지에서는 과거의 하계망을 흔적으로 남기기도 한다. 주변부의 구릉대는 해안 쪽이 약간 더 경사진(2°) 면을 가지면서 바다에 바로 잠기는 대륙 가장자리를 따라 전개된 비대칭적인 팽대부bulge다. 이들은 대지와 주요 곡지가 형성된 후에 발달한다. 대단애great escarpment는 많은 수동 경계대에서 매우 특징적으로 발달한 지형이다(그림 4). 뚜렷한 형태를 보여주는 대단애는 다양한 암석(습곡 퇴적암·화강암·현무암·변성암 등)에서 형성되며, 해안평야coastal plain와 대지를 구분하는 역할을 한다.

남아프리카의 대단애 중에는 위치에 따라 높이가 1,000m 이상인 것도 있다. 때로 대단애는 단애산록escarpment foot 너머의 개석이 많이 진전된 기복과 내륙 대지의 완만한 기복을 분리하기도 한다. 모든 수동 경계대가 대단애를 지니고 있지는 않지만, 노르웨이를 비롯한 많은 수동 경계대가 대단애를 지니고 있다. 물론 노르웨이 대단애는 깊은 하방침식을 받는 등 빙하에 의해

그림 5. 산맥을 지닌 수동 대륙 경계대의 주요 지구조 지형

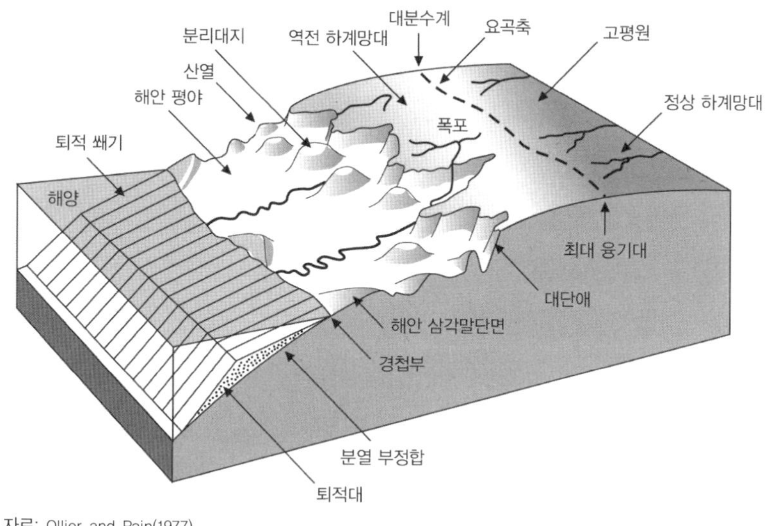

자료: Ollier and Pain(1977).

변형이 되었지만, 그 흔적을 아직도 찾아볼 수 있다(Lidmar-Bergstrom et al., 2000). 대단애가 없는 수동 경계대들도 뚜렷한 경사 급변대에 인접해 완만한 주변 상향요곡upwarp을 가진다. 북아메리카의 동부 해안을 따라 발달한 폭포선Fall Line에서는 하천의 경사도가 증가하고 있는 것이 분명하게 보이며, 장소에 따라서는 단애도 뚜렷이 나타난다. 대단애 아래 과거의 대지면에서는 심층 개석으로 기복이 심한 산지 지역이 형성된다. 세계적인 대규모 폭포 가운데 많은 수가 대단애를 가로지르는 하천을 따라 발달하는데, 오스트레일리아의 울로몸비 폭포가 좋은 사례다. 대단애의 해안 쪽에는 저지대 또는 해안 평야가 위치한다. 이들은 대체로 침식의 산물이다. 해안 평야의 연안 쪽에서는 퇴적 쐐기wedge of sediments가 발달하고, 그 아래 기저부에는 부정합이 나타나는데 바다 쪽으로 경사져 있다.

▸ 더 읽어볼 자료: Ollier(2004), Summerfield(1991).

대기 대순환 GENERAL CIRCULATION OF THE ATMOSPHERE

대기는 거침없이 이동한다. 대기 이동은 지구 기후를 이해하는 핵심이며, 수많은 지표면 패턴과 형성 과정을 이해하기 위한 단서다. 전 지구적 규모에서 극지와 열대 지역 간의 온도 구배temperature gradient는 대기를 이동시키는 첫 번째 추진력이다. 열 구배thermal gradient는 대기의 광범위한 역전을 가져오는데, 1686년 에드먼드 핼리Edmund Halley가 처음으로 제시하고 1735년에 조지 해들리George Hadley가 정교하게 다듬은 이 현상을 해들리 순환Hadley circulation이라고 부른다. 금성에는 하나의 거대한 해들리 세포Hadley cell가 각각의 반구에 위치하며, 금성 대기의 거대한 대류는 금성의 적도상에서 일어나 극 방향으로 이동해 극지방에서 가라앉은 후 금성 표면을 통해 적도 기원 지역으로 되돌아간다. 지구상에서의 해들리 순환은 각 반구마다 세 개의 구성 세포로 나뉜다(그림 6). 열대 해양에서 물이 증발하면서 방출된 열은 주로 적도수렴대Inter-Tropical Convergence Zone: ITCZ 또는 열대저기압골에서 압축되어 대개 열대 해들리 세포의 세력을 강화한다. 지표상에서는 대기가 적도수렴대로 되돌아가 무역풍貿易風, trade wind을 생성한다. 중위도 세포middle cell 또는 페렐 세포Ferrel cell는 역방향으로 흐른다. 즉, 적도 방향으로는 상공을 향하고 지표상에서는 극지방 쪽으로 이동한다. 극 세포polar cell라고 불리는 세 번째 세포는 상대적으로 약한 편이다.

지구가 자전하기 때문에 열대 지역의 바람은 북동쪽에서 남서쪽으로 불거나(북반구) 남동쪽에서 남서쪽으로 부는 경향이 있다(남반구). 중위도와 고위도 지역은 코리올리 힘Coriolis force이 강하게 작용하는 지역으로, 동에서 서로 부는 강력한 바람을 가진다. 또 동풍은 열대 지역의 대류권 상층부에서

그림 6. 대기의 대순환

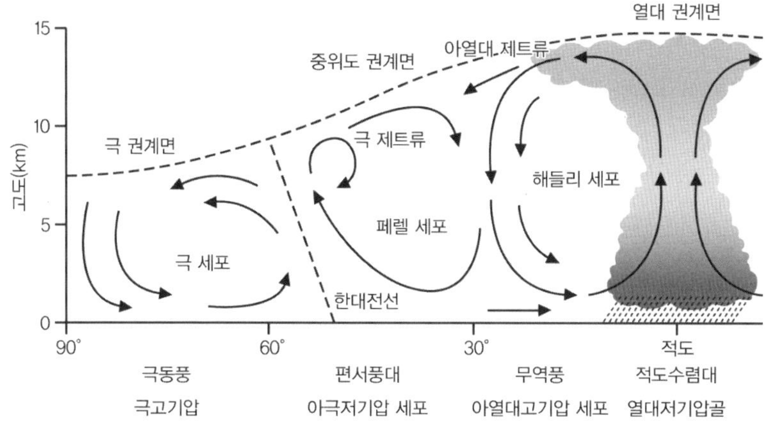

자료: Huggett(2007c).

탁월하며, 서풍은 그 외의 부분에서 지배적이다. 대기 상층 서풍은 대기권의 주요 공기 이동이다. 이 공기 이동은 극주변선회풍circumpolar vortex을 형성하는데, 이 선회풍의 가장 빠른 이동 띠가 제트류jet stream다. 이 소용돌이는 약한 대상적zonal 파동으로 시작해 서쪽에서 동쪽으로 전진하면서 대규모의 우회성 자오선 환상meridional loop이 된다. '지수 주기index cycle'의 완전 연속체로 이름이 지어진 이유는 대상 지수zonal index(33°~55°N의 반구 기압의 평균 구배)가 낮은 데에서 높은 곳으로 가며, 4주에서 6주까지의 기간에 다시 돌아오기 때문이다(Namias, 1950). 열대 동풍 또한 제트류를 형성할 수 있는데, 이는 주로 여름철에 발생한다.

세 개로 구성된 해들리 순환은 각 부분마다 소규모의 중첩적 '소용돌이eddy' 순환을 갖는다. 경압 불안정baroclinic instability과 정지파standing wave의 발달은 소용돌이 순환을 생성한다. 경압 불안정은 급경사의 온도 구배와 압력 구배가 교차할 때 발생한다. 이러한 현상의 결과로 경압파baroclinic wave가 발달하며, 중위도 지역의 특징인 이동성 저기압travelling cyclone과 이동성 고기압travelling anticyclone으로 알려진 교란 현상이 일어난다. 이런 교란 현상은 대류권 상층부와 극 지역으로의 열 이동에 주요 역할을 한다. 열대 지역에는 대규모의 강력한 파동저기압wave cyclone이 존재하지 않는데, 그 이유는 코리올리 힘이 약하기 때문이다. 그 대신 교란 현상은 동향파eastly waves의 형태를 띠면서 무역풍 지대trade wind belt 내를 천천히 이동하는 저기압골trough of low pressure이며(Dunn, 1940; Riehl, 1954), 약한 적도 저압대는 적도 저압골의 중앙부에서 형성되어 적도수렴대의 대류 폭우 현상의 중심지 역할을 한다. 그리고 강력한 열대성 저기압tropical cyclone의 기원지이기도 하다.

위도상 기온 구배와 일반 순환은 넓은 범위의 덥거나 춥거나 습하거나 건조한 지대를 형성하는 데 기여한다. 그러나 계절 기후의 특성, 특히 열대성 저기압과 하계 적도수렴대의 북쪽으로의 방향 전환과 관련된 특성 및 계절풍 순환monsoon circulation과 관련된 특성은 많은 지역의 기후를 정의하는 데 중요한 역할을 하며, 이들 지역은 인구가 조밀한 곳이다. 여름철 적도수렴대의 계절적 이동은 사바나의 여름철 강우, 지중해성 기후인 서안 지역의 겨울철 강우, 동안(중국) 기후의 여름철 강우, 인도와 오스트레일리아 북부 열대 경계 지대상의 여름철 강우 등의 계절적 강수 패턴을 설명해준다. 계절풍 순환은 일부 열대 지역에서 발달하는데, 적도수렴대의 북쪽 이동 또는 남쪽 이동과 연결되어 있다. 남아시아의 경우 계절풍은 겨울철 북동풍이 여름철 남서 계절풍으로 전환되는 것과 관련이 있다.

열대성 저기압 — 대서양에서는 허리케인hurricane, 인도양과 태평양에서는 태풍typhoon, 오스트레일리아에서는 윌리윌리willy-willy — 은 비록 계절적이지만 대규모 일반 순환 현상이다. 태풍은 처음에 북위 8°와 남위 15° 사이의 지역에서 매우 따뜻한 해양수(27℃ 이상) 위의 약한 저기압 세포로 출발하지만, 심층의 회전 저기압으로 성장한다. 열대성 저기압은 타이완, 루손, 여러 태평양 열도, 벵골 만, 플로리다, 카리브 해, 오스트레일리아의 북서부와 북동부 같은 지역의 특성을 결정짓는 경향이 있다. 열대성 저기압은 심각한 연안 손실을 초래하기도 하고, 2005년 9월 허리케인 카트리나와 뉴올리언스의 홍수처럼 오스트레일리아 내륙 지역에서 연중 주요 강수 발생 체계가 되기도 한다.

대규모의 산맥과 대지의 지형적 장애 및 해양과 대륙 간의 온도 차이로 인한 정체된 소용돌이(정지파)의 발생은 대기 순환 패턴에 영향을 준다. 예를 들어, 로키 산맥은 북미 대륙상의 서풍 제트류를 머물게 하려는 경향이 있다. 이와 유사하게 티베트 고원은 제트류의 위치에 영향을 주어서 남서 계절풍의 내습에 영향을 끼치는데, 이 현상은 제트류가 티베트 고원의 남부 또는 남쪽 가장자리에서 떨어져 이동될 때 발생한다.

계절적 기온 변화는 부분적으로는 대지와 해양 간의 열적 특성의 차이에 기인한다. 육괴陸塊는 같은 위도상에서 해양보다 더 더운 여름을 겪으며 더 한랭한 겨울을 가진다. 이것이 대륙도大陸度, continentality의 효과다. 이 효과는 대지의 열용량熱容量, heat capacity이 해양보다 2배 또는 3배로 많고 지표면에서 하방 열전도의 속도가 해수면의 난류혼합turbulent mixing의 속도보다 훨씬 느리기 때문에 발생한다. 이러한 이유로 지표와 대기 온도의 연교차와 일교차는 해양성 기후보다 대륙성 기후가 훨씬 크다. 해양과 근접한 대륙 지역으로의 해양의 영향은 확대되는데, 특히 서안의 산지가 없는 지역에서는 해양성 기단이 내륙으로 이동한다. 대륙도는 여러 지수로 기술될 수 있다. 북반구는 남반구보다 더 뚜렷한 대륙성 효과를 보이는데, 이는 북반구가 남반구보다 2배나 많은 육지를 갖고 있기 때문이다.

대기의 소규모 순환으로는 가을철 낙엽, 뇌우, 육지와 바다의 미풍 등으로 발현되는 소용돌이들이 있다. 이런 소규모 순환은 대규모의 허리케인, 전선, 저기압과 고기압, 그리고 반구적이거나 전 지구적인 순환 내에서 발생한다.

▸ **더 읽어볼 자료:** Barry and Chorley(2003).

대류 CONVECTION

대류convection는 넓은 의미로 유체fluid, 즉 액체·기체·레이드rheid(점성 흐름viscous flow으로 변형된 고체 물질) 내에서의 흐름에 따른 질량質量, mass 이동을 말한다. 이는 대기와 해양을 통한 열과 질량 전달의 주요 양식 중 하나로, 지구 내부에서도 일어난다(**판구조론**plate tectonics 참조).

대류는 다음과 같이 두 가지 조건에서 일어난다. 첫째, 평탄하지 않은 경계면 위를 유체가 흐르면서 이동할 때에 발생하는데, 불규칙한 소용돌이(강제된 대류forced convection 또는 기계적인 교란mechanical turbulence)를 만들어낸다. 둘째, 유체가 아래에서 가열될 때 일어난다. 가열이 되면 밀도가 낮아지고, 따라서 부력이 생긴 덩어리들이 상향 유체 흐름을 형성해서 오르게 되며(대기에서는 열기포thermal, 맨틀에서는 열기둥plume), 인접하여 하강하는 흐름들이 이를 보충하면서(자유 대류free convection) 대류 세포convective cell를 형성한다. 이러한 대류는 수직 이동과 연관되어 기상학적 **체계**에서의 규모가 구름 및 천둥 폭풍우에서부터 **대기 대순환**general circulation of the atmosphere까지 해당된다.

유체의 경우, 대류에 의한 열과 질량의 전달은 확산diffusion과 **이류移流**, advection에 의해 이루어진다. 확산은 유체 내에 있는 개별 입자들의 무작위적인 운동(또는 브라운 운동Brownian motion)이다. 그리고 이류는 유체 흐름의 형태로 물질과 열을 이동시키는 대규모 운동이다. 열과 질량 전달에서 '대류'라는 용어는 이류 전달과 확산 전달의 합을 의미한다. 또한 대류 용어는 이류되는(운반되는) 물체가 열heat인 경우에도 적용된다. 이 경우 열 자체가 유체 흐름(대류 세포에서와 같이)의 원인이 되며, 흐름에 의해 열이 운반되기도 한다. 그러면 열 운반의 문제(그리고 열 운반으로 인한 유체에서의 다른 물질의 운반도 관련)는 더욱 복잡해지기도 한다.

▸ **더 읽어볼 자료:** Davies(1999), Emanuel(1994).

대륙이동 CONTINENTAL DRIFT

대륙이동continental drift은 지구의 육지 지괴들landmasses이 서로 연관을 맺으면서 이동하는 것이다. 이 개념은 프랭크 테일러Frank Taylor에 의해 1908년에 제안되었는데(Taylor, 1910), 그는 제3기에 대륙들이 분리되었다고 주장했다. 알프레트 베게너Alfred Wegener는 '대륙이동'(그의 모국어인 독일어로는 die Verschiebung der Kontinente)이라는 용어를 처음으로 사용하면서 대륙들이 어떤 식으로든 분리되어 이동했다는 가설을 공식적으로 발표했다(Wegener, 1912, 1915, 1966). 그러나 그는 이러한 이동 원인의 물리적인 과정에 대해서는 설득력 있는 설명을 제시하지 못했다. 베게너는 지구의 자전에 의한 유사 원심력이 지구의 육지를 잡아당겨 대륙을 여러 조각으로 만들었다고 주장했고, 과학계는 그의 주장을 비현실적이라고 여겼다. 영국의 지질학자 아서 홈스Arthur Holmes와 남아프리카의 지질학자 알렉산더 뒤트와Alexander Du Toit의 강한 지지를 받았지만, 결과적으로 대륙이동설은 계속 논쟁의 대상이 되었다.

대륙이동설은 1950년대 말까지도 하나의 이론으로 널리 받아들여지지 않았다. 1960년대에 들어 로버트 디츠Robert Dietz, 브루스 히젠Bruce Heezen, 해리 헤스Harry Hess가 이끄는 지질 연구팀이 투조 윌슨Tuzo Wilson의 추진 작동 기제를 포함하는 이론을 다시 논의하는 과정에서 대륙이동설은 지질학자들에게 널리 받아들여졌고, **판구조론**plate tectonics이라는 총괄적인 이론의 일부가 되었다. 베게너는 이 모든 이론들을 시작한 주인공으로, 20세기의 가장 중요한 과학 혁신자 가운데 한 사람이다(Hallam, 1973: 114).

대상성 ZONALITY

대상帶狀 지대zone와 대상성zonality은 자연지리에서 많이 응용되는 개념이며, 지리학의 다른 여러 분야에서도 널리 사용된다. 전 지구적 규모에서 보면 기후대climate zone, 식생대vegetation zone, 토양대soil zone 등이 대표적이다. 지구의 기온과 바람의 장場, field에 따라 저위도의 열대torrid zone, 중위도의 온대temperate zone, 고위도의 한대frigid zone, 이렇게 세 가지 기본적인 기후대로 분류된다. 대륙과 해양의 분포, 그리고 주로 산지와 대지 같은 대규모 지형의 존재는 기후의 기본적인 대상 배열을 왜곡시킨다. 이러한 관계로 현재 학계에서는 연구자에 따라 조금씩 다르기는 하지만 이 세 가지 기본 기후대를 습윤 열대 기후(적도 우림 지대), 사바나 기후(여름철 우기를 가진 열대 경계 지역), 사막 기후(아열대 건조대), 지중해성 기후(겨울철 우기와 여름철 건기를 가진 아열대), 온대 기후[연중 강우를 가지는 온대 지역, 여기서 온대 기후는 다시 해양성 온대 기후(온난한 온대 지역), 온대림 기후nemoral climate(전형적인 온대 지역 - 단기간의 서리), 대륙성 기후(건조 지대 - 추운 겨울)로 나뉨]와 냉대 기후boreal climate, 툰드라 기후(아극 지대), 극기후(극 지대)의 일곱 가지 기후 지역으로 세분하기도 한다. 이러한 기후대는 대체로 대상토양군zonal soil group, 식생군집대zonobiome, 기후풍화대weathering zone의 분포를 결정한다. 어느 정도까지는 지형 유형까지 결정한다.

고도상의 지대altitudinal zone는 위도상의 지대latitudinal zone와 유사한 효과를 가진다. 고위도로 갈수록 일반적으로 기온이 떨어져 위도상의 지대를 형성하듯이, 고도가 높아질수록 기온이 떨어져 고도상의 기후대가 형성되는 것이다. 고도상 지대는 산의 기저mountain base에서부터 시작해 대개 아산지대submontane, 산지대montane, 아고산대subalpine, 고산대alpine, 빙설대nival로 구분된다. 열대 기후 지역에서는 고도 증가의 영향이 매우 커서 산 정상에 극기후가 생성되기도 한다. 적도상의 안데스, 뉴기니, 아프리카 산맥상의 만년설permanent snow, 킬리만자로 산의 빙하가 그러한 예다. 게다가 분지 지역depression의 기온 분포는 해발고도 2,000m 내외 또는 그 이상에 위치한 멕시코시티, 요하네스버그, 나이로비, 키토, 라파스 같은 주요 열대 지역의 특성을 가진다. 위도상의 지대와 마찬가지로 고도상의 지대도 토양·지형·식생에 영향을 미친다.

국지적 규모에서도 지대는 다양한 환경 **체계**를 보여준다. 지형·토양·식생 등의 다양한 속성feature의 대상적 성격을 가지고 있는데, 해변상의 지대 또는 사면상의 지대가 그 예다. 육지 방향으로 해변의 연안 지대nearshore zone는 흰 거품이 이는 쇄파인 백파白波, breaker 지대, 연안쇄파沿岸碎波, surf 지대, 세차게 물이 들이치는 사빈砂濱의 스워시swash 지대로 구성된다. 그린란드의 북극 고산 환경arctic-alpine environment에서의 전형적인 지형연속체는 4개의 동적 지형geomorphodynamic 지대를 형성하는데, 각 지대는 각각의 주된 지형형성 작용 체계process regime와 관련되어 있다(Stablein, 1984). 첫째는 산 정상peak, 고원 대지, 산등성이saddle 지대로, 서릿발 풍화frost weathering, 용해 풍화solution weathering, 사면세탈斜面洗脫, slope wash, 결빙교란 작용cryoturbation, 풍식風蝕, wind deflation 등이 주요 지형형성 작용이 되어 풍화 구덩이weathering pan, 용해 함몰지solution hollow, 풍화혈風化穴, tafoni(암석 표면의 반구형의 함몰소지형) 등이 형성된다. 또한 좀 더 엄폐된sheltered 곳에서는 서릿발 작용으로 생성된 암설과 수분이 충분히 집적되면 구조토構造土, patterned ground가 형성된다. 둘째는 산사면 상부upper slope 지대로, 서릿발 작용, 결빙 발생, 암석낙하cryogenic rockfall, 암설포행匍行, debris creep이 주요한 지형형성 작용이다. 사면세탈, 솔리플럭션solifluction, 설식雪蝕, nivation, 사면개석slope dissection은 산사면 중간 지대 또는 셋째 지대를 특징지으며, 지형으로는 젤리플럭션 로브gelifluction lobe, 솔리플럭션 로브solifluction lobe, 분급된 호상구조토縞狀構造土, stone stripe를 포함한다. 마지막으로 산사면 하부 지대는 결빙교란 작용, 동상凍上, frost heaving, 풍식이 지배적이며, 솔리플럭션과 젤리플럭션은 곡벽 물질을 곡저로 이동시킨다. 이 지대의 지형은 단구, 암석노두를 포함한다.

▸ 더 읽어볼 자료: Huggett and Cheesman(2002).

도서생물지리학 이론 THEORY OF ISLAND BIOGEOGRAPHY

도서(섬)생물지리학島嶼生物地理學, island biogeography 이론은 종의 다양성에 영향을 주는 지리적 요인과 종의 변화를 결합하며, 도서성 군집의 자연동력설dynamism을 강조한다. 프랭크 프레스턴Frank Preston(Preston, 1962)과 로버트 맥아더Robert MacArthur · 에드워드 윌슨Edward Wilson(MacArthur and Wilson, 1963, 1967)은 독자적으로 이 가설을 제안했다. 프레스턴은 도서생물종들이 **평형** 상태로 존재해왔다는 가설을 강조했다. 맥아더와 윌슨은 평형 모형을 명확하게 설명했다. 그들의 중점 논리는 도서의 종들(동물 또는 식물)의 평형 단계 개체 수는 섬에 존재하지 않았던 (가장 가까운 육지 지역에서) 새로운 종의 전입과 섬에 살던 종의 **멸종** 사이의 균형의 결과라는 것이다. 다르게 표현하면, 평형 상태의 개체 수는 종의 전입(이입)과 종의 전출(멸종) 간의 상호작용을 반영한다는 것이다. 즉, 평형 상태는 역동적이며, 종들의 끊임없는 교체의 결과라는 것이다. 간단한 형식으로 나타낼 경우 맥아더 · 윌슨 가설은 섬에 사는 종island species의 수가 증가할 때 이입과 멸종 속도에 어떤 영향을 가하는지에 대한 두 가지 핵심 가정을 제시했다.

첫째, 종의 이입 속도가 떨어진다(그림 7a). 평균적으로 좀 더 빠르게 확산되는 종들이 최초로 정착하게 되어 이입의 전체적인 속도에서 초기의 급격한 하락을 가져오며, 천천히 정착하는 종들이 나중에 도착하면 전체적인 속도는 계속 감소한다는 것이다. 둘째, 종의 멸종 속도가 증가한다(그림 7b). 좀 더 많은 종이 존재하면 단위 시간당 더 많은 종이 멸종되어간다는 것이다. 이입 속도선과 멸종 속도선이 교차하는 점은 하나의 섬에서의 종들의 평형 단계 수를 나타낸다(그림 7a).

그림 7. 맥아더·윌슨의 도서생물지리학 이론의 기초적 상관관계

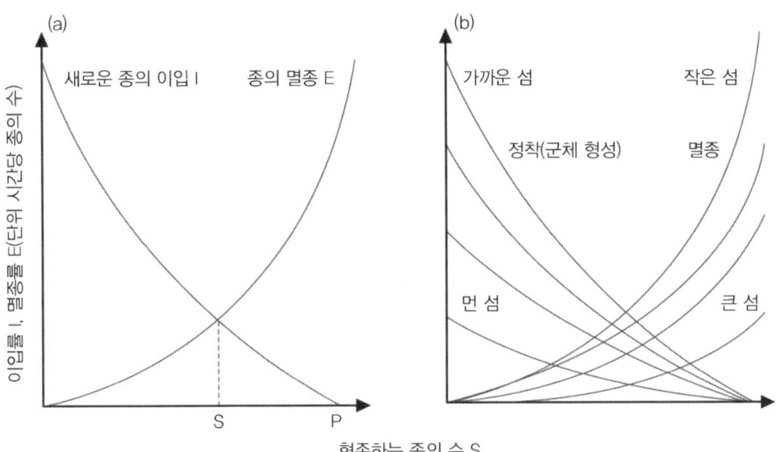

(a) 하나의 섬에서의 생물상에 대한 평형 모형. 종의 균형 개체 수는 섬에 거주하지 않았던 종의 전입 수를 나타내는 곡선 I와 섬에서 종이 멸종하는 속도 곡선 E가 서로 교차하는 점으로 정의된다.

(b) 종의 주 근원지로부터 다양한 거리와 크기를 가진 몇 개의 섬에서의 생물상에 대한 균형 모형. 거리의 증가(가까운 데서 먼 곳으로)는 이입 속도를 감소시키는 것으로, 면적의 증가(작은 면적에서 큰 면적으로)는 멸종 속도를 감소시키는 것으로 가정한다.

자료: MacArthur and Wilson(1963).

모형을 좀 더 정교하게 다듬기 위해 맥아더와 윌슨은 근원지에서 거리가 증가하면 이입 속도는 떨어지며, 이입 속도는 먼 거리의 섬보다 가까운 거리의 섬에서 더 높다고 가정했다(그림 7b). 이 경우 다른 요인들이 일정하다면 평형 상태에 있는 종의 개체 수는, 먼 거리의 섬보다는 가까운 거리의 섬에서 더 많다. 게다가 맥아더와 윌슨은 멸종 속도는 섬의 크기와 반비례하면서 변한다고 가정했다. 작은 섬에서의 멸종 속도가 큰 섬에서의 멸종 속도보다 더 빠르다는 것이다(그림 7b). 이 경우 다른 요인들이 일정하다면 작은 섬에 있는 평형 상태의 개체 수가 큰 섬보다 낮게 나올 것이다. 『도서생물지리학 이론The Theory of Island Biogeography』에서는 이 모형에 대한 정교한 작업이 몇 가지 더 논의되었다(MacArthur and Wilson, 1967).

생물지리학자들과 생태학자들은 도서생물지리학의 초기 이론에 반론을

제기했다(Shafer, 1990: 15~18 참조). 초기의 이론들은 너무나 간단해서 유용성이 떨어진다는 주장이었다. 큰 섬에서 제일 중요한 작용인 도서 지역의 **종분화**speciation on the island를 포함하지 않은 것, **서식지** 다양성habitat diversity을 고려하지 않은 것, 육지 종들의 혼합 형태와 상당히 다른 도서 내 종 간의 비정상적인 혼합 배열을 예상하지 않은 것 등을 비판했다. 도서생물지리학 이론은 이러한 비판에도 기초적 모형에 약간의 수정을 가함으로써 모든 문제점을 해결하면서 귀중한 논쟁을 생성했으며, 도서성의 효과에 대한 야외 조사를 촉진시켰다. 실제로 수많은 연구가 정상 상태에 있는 종의 개체 수는 지역 면적과 거리의 함수라는 기초적 전제를 옹호해왔다. 예를 들면, 핀란드 호수들 내의 섬들(Hanski, 1986)과 세인트로렌스 강(Lomolino, 1986)에 사는 포유류에 대한 연구는 이 종들이 멸종 속도와 이입 속도 간에 대략적인 균형 상태를 이루고 있음을 밝혔다.

도서생물지리학의 가설은 의심할 여지없이 실제 도서true island와 서식지 섬habitat island의 생물종에 대한 새로운 개념을 고무해왔다. 최근의 연구 결과물은 마크 로몰리노Mark Lomolino에게서 나왔는데, 그는 종과 지역 면적의 관계 모형을 개발했다. 이는 지리적 **규모**가 증가함에 따라 종의 풍부도를 결정하는 요인들에 변화가 생기는 것을 고려한 것이다(그림 8a)(Lomolino, 2000a; Lomolino and Weiser, 2001). 소규모 섬의 경우 종의 풍부도를 형성하는 지배적 요인은 허리케인과 같은 우연적인 사건이다. 커다란 섬이 '생태적 **임계치** ecological threshold'를 초과할 경우 맥아더와 윌슨이 고려했던 서식지의 다양성, **수용력**carrying capacity, 멸종과 이입의 역동성 같은 결정 요인들이 지배적이다. 큰 섬에서 '진화적 임계치'를 초과할 경우에는 섬 고유종들의 원위치 또는 기원지에서의 **진화**autochthonous evolution가 종의 개체 수를 지탱하는 유력한 추진력이 된다. 또 로몰리노는 맥아더·윌슨 가설의 대체 이론으로 종에 기반을 둔 도서생물지리학을 구축했다(Lomolino, 2000b). 그 이론의 전제

그림 8. 도서생물지리학의 새로운 모형

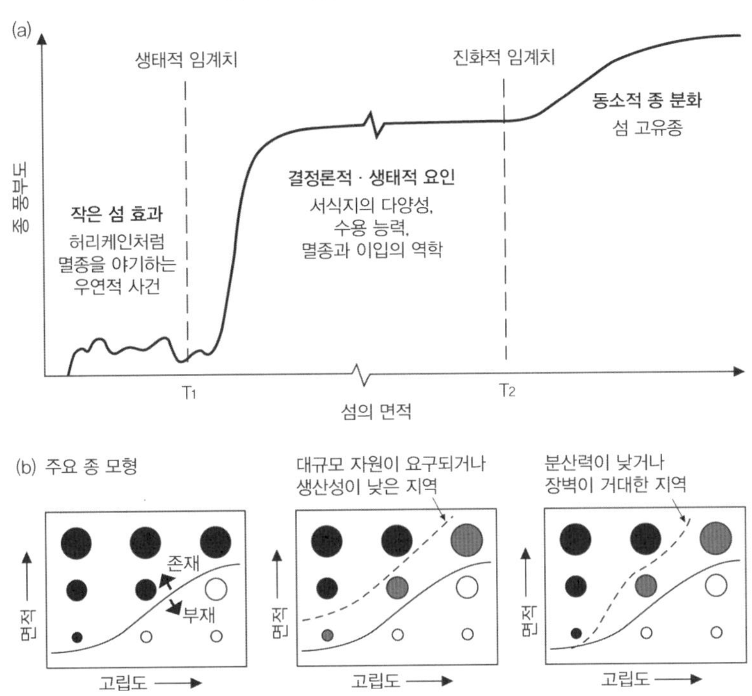

(a) 종과 면적의 상관관계에 대한 일반적 모형으로, 섬의 군집 형성에 영향을 주는 주요 요인상의 규모에 따르는 변화를 포함한다.

(b) 도서성 분포 함수로 도서의 면적과 도서의 고립성의 조합을 경계 지으며, 지속 시간은 이주 사이의 시간과 똑같다.

자료: (a) Lomolino(2000a), (b) Lomolino(2000b).

는 섬의 일반적인 조합 패턴은, 무시할 정도는 아니더라도, 종 간의 어느 정도 작위적인 변이에서 유래되었다는 것이다. 그는 '도서성 분포 함수insular distribution function'를 확인했는데, 이 함수는 도서의 크기와 섬의 고립 정도에 따라 종이 살 수 있는 섬과 살 수 없는 섬을 구분한 것이다(그림 8b).

▸ **더 읽어볼 자료:** Whittaker and Fernandez-Palacios(2006).

동일과정설 UNIFORMITARIANISM

많은 이들이 동일과정설同一過程說, uniformitarianism을 현대 자연지리학의 초석이라고 여긴다. 이와 같은 현상은 과학자들이 자신들의 연구를 수행하려면 과학 업무 실무자들scientific practitioners이 마련한 규칙 또는 지침을 따라야 하기 때문에 나타난다. 이 지침들은 과학자들에게 과학 연구를 어떻게 수행해야 하는지를 안내해준다. 달리 말하면, 과학적 방법론 또는 과학적 절차와 관련된 것이다. 첫 번째 규칙은 법칙의 동일성uniformity of law으로, 대부분의 과학자가 의심의 여지없이 따르는 것이다. 법칙의 동일성은 자연법칙은 시공간을 통해 불변한다는 가설supposition로, 다르게 표현하면 **에너지**와 물질의 특성이 과거에도 현재와 똑같았다는 가정이다. 법칙의 동일성은 과학자들의 신념을 구성하는 필요불가결한 요소다. 만약 법칙이 쉽게 변한다면 과학은 진전되지 않을 것인데, 이는 동일한 원인에 반드시 동일한 결과라는 결정론determinism이 성립하지 않기 때문이다. 19세기 지질학자인 찰스 라이엘Charles Lyell(1797~1875)은 법칙의 동일성과 함께 또 다른 세 가지 '동일성'을 설득력 있게 제창했다. 바로 과정process의 동일성(**동일실현주의**actualism), 속도rate의 동일성(**점진설**gradualism), 상태state의 동일성(정상 상태설steady-statism)이다. 이런 네 가지 규칙이 라이엘의 동일과정설을 구성하고 있다(Gould, 1977 참조).

흔히 저지르는 잘못 가운데 하나는 동일과정설과 동일실현주의를 동일시하는 것이다. 동일과정설은 지구 역사에 대한 가설들의 체계인데, 그중 하나가 동일실현주의(과정의 동일성)다. 라이엘의 동일과정설 도그마는 동일실현주의 이상의 의미가 요구되는, 지표면 형성 과정과 상태에 대한 신념의 집합이다. 라이엘은 현재의 형성 과정이 지구 역사를 통해 발생해왔고, 점진적인 속도로 진행되었으며, 지구가 어떤 특정 방향으로 변화되지 않게 했다고 주장했다. 다른 가설 체계도 가능하다. 라이엘의 동일과정설에 대한 정반대 가설 체계는 과정의 비동일성(비동일실현주의non-actualism), 속도의 비동일성(**격변설**catastrophism), 상태의 비동일성(**방향성주의**directionalism)일 것이다. 가설에 대한 어떤 조합도 가능하며, 이에 따라 또 다른 '지구사 체계'를 만들 수도 있을 것이다(Huggett, 1997b). 다양한 체계는 야외 증거를 통해 분석될 수 있다. 분명한 점은 특정 방향성주의가 라이엘이 세상을 뜨기 전에 받아들여졌다는 것이며, 비동일실현주의와 특히 격변설은 지구과학과 생물과학에서 여전히 논쟁의 대상이 되고 있다.

▸ 더 읽어볼 자료: Gould(1965), Huggett(1997b).

동일실현주의 ACTUALISM / 비동일실현주의 NON-ACTUALISM

동일실현주의actualism는 현재 가시적으로 전개되는 생물학적·지질학적 과정들이 지금과 환경이 달랐던 과거에도 작용했다는 가정을 기반으로 한다. 이런 믿음은 과정의 동일성이라고도 불리는데, 이는 라이엘의 지질학적 신념의 핵심이다. 라이엘은 — 창조론creation을 유일하게 예외로 두고 — 현재 진행되고 있는 자연Nature의 정상 과정들로써 과거의 모든 현상을 설명할 수 있다고 확신했다. 그는 지질학적 현상이 현재 진행되는 과정들의 관점에서의 설명을 허용하지 않을 때에는 지구 체계에 대한 무지함을 비난받아야 하며, 현재 일어나지 않는 과정들을 끌어들이는 것은 더 이상 필요하지 않다고 여겼다. 비동일실현주의non-actualism는 어떤 과거의 과정들이 오늘날에는 더 이상 작용하지 않는다는 것으로, 동일실현주의와 극단적으로 대척한다.

19세기 지질학계에서 라이엘과 여러 동일론자들uniformitarians은 과정의 동일성 원칙을 철저히 신봉했다. 그러나 **격변설**catastrophism(파국주의) 옹호자들은 여기에 대해 양면적인 입장을 지니고 있었다. 가능하다면 과거의 사건을 설명하는 데 현재의 과정을 이용해야 한다는 점에는 동의하지만, 더는 작동하지 않는 과정에 대해서는 필요하다면 버릴 준비를 해야 한다고 주장했다. 사실 동일실현주의자와 비동일실현주의자 간의 경계가 항상 엄격한 것은 아니었다. 예를 들면, 퀴비에는 지구 표면에서 현재 작동되고 있는 힘들은 지각에 기록되는 과거의 대변혁과 격변을 만들어내기에 충분하지 않다는 견해를 강하게 피력했다. 반면, 격변설의 영국 학파들 — 대니얼 코니베어Daniel Conybeare, 애덤 세지윅Adam Sedgewick, 윌리엄 버클랜드William Buckland — 은 현재 작동되고 있는 동일한 물리적 요인들(과정들)은 과거에 일어났던 현상을 설명할 수 있으며, 동일한 물리법칙으로 완만한 변화는 물론이고 갑작스럽고 격렬한 변화도 설명할 수 있다고 믿었다.

비동일실현주의적 신념은 19세기 **동일과정설**uniformitarianism이 최고의 전성기를 누리던 시기에도 사라지지 않았다. 이 신념은 당시 표면적으로는 주류가 아니었지만 이면에 잠복해 있었다. 오늘날 비동일실현주의는 지구과학과 고생태학paleoecology에서 다시 돌아오고 있다. 일부 지질학자와 지형학자는 과거에 일어났던 과정들이 현재와 다른 환경에서 나타났다는 견해에 동의하고 있다. 오늘날 대부분의 지질학자와 지형학자가 과거의 상황에 대해 물리적·화학적 법칙을 적용하는 데 주저하지 않는 것도 사실이다. 그들은 퇴적의 원칙은 지구사earth history를 통해 불변의 법칙이 되어야 한다는 사실을 받아들인다. 그 원칙은 과거에 존재했던 암석들의 물리적·화학적 풍화, 액체와 기체에 의한 풍화물들의 물리적 운반, 중력에 의한 낙하 또는 화학적 침전에 의한 최종적인 퇴적 등으로, 이 원칙을 언제나 동일한 법칙으로 받아들여야 한다는 것이다. 그러나 그들도 대기, 해양, 지각 상태가 돌이킬 수 없는 변화를 맞이한다면 이들 법칙에서 일부 요소가 바뀔 것이며, 이 때문에 현재의 지질적·지형적 현상들이 과거 어느 시점에서의 현상들과 완전히 동일하지는 않을 것이라는 사실을 인정한다(표 3). 예를 들면, 현대의 퇴적물은 초기 선캄브리아기의 퇴적물과 매우 다르다(Cocks and Parker, 1981: 59). 사실 선캄브리아기 지층에 대한 현대 연구의 일차적인 시도는 초기의 지구가 현재의 자연 질서와 어떻게 다른지를 확인하는 것이었다. 해럴드 리딩Harold G. Reading은 다음과 같은 글을 통해 비동일실현주의를 더욱 분명히 인정하고 있다.

> 현재가 과거의 모든 환경을 밝히는 만능열쇠는 아니다. 단지 어느 작은 부분에 대해서만 문을 열 수 있을 것이다. 과거 환경은 대부분 현대 환경과 상당히 다

표 3. 지구 역사의 비동일실현적 분야에 대한 개요

특성	시간(10억 년 전)				
	4.6~4.0	4.0~2.0	2.0~0.4	0.4~0.1	0.1~0
물	No	Yes	Yes	Yes	Yes
수생 생물	No	Yes	Yes	Yes	Yes
대기 산소	No	No	Yes	Yes	Yes
육지 생물	No	No	No	Yes	Yes
초지	No	No	No	No	Yes

注: 이런 분류가 타당하다면 현재 지표상에 전개되는 과정들은 과거의 모든 외인성 현상에 대한 열쇠가 될 수 없다. 다만 지난 1억 년 동안 형성된 과정들에 대해서만은 열쇠가 될 수도 있을 것이다. 그러나 현대의 내인적 과정들이 과거의 지각(地殼) 현상에 대한 사람들의 해석에 도움을 줄 수 있다는 것과 같은 방식으로, 현대의 외인적 과정들은 '전 동일실현적(pre-actualistic)' 단계에 있는 지구의 지표 현상을 설명하는 길잡이로 이용될 수 있다. 물론 과정들이 작동되는 상황이 변해왔다는 것을 이해한다는 전제하에 가능하다.

자료: Huggett(1997b: 148).

르다. 우리는 오늘날 존재하는 것과 다른 비동일실현주의 모형을 개발하기 위해 준비하는 용기를 가져야 할 것이다(Reading, 1978: 479).

과거 군집들에 대한 고생물학자들의 여러 연구도 물론 비동일실현적인 요소를 가지고 있다. **비유사 군집**no-analogue community의 발견은 오늘날 존재하지 않는 기후 조건을 제시해준다. 대략 1만 8,000~1만 2,000년 전까지 미국의 중북부에서는 가문비나무속spruce과 사초sedge들이 풍부한 북부 한랭초원 군집이 번성했다(Rhodes, 1984). 이들은 대륙빙하 말단의 바로 남쪽에 넓은 띠 모양으로 펼쳐져 있었으나, 오늘날에는 이와 같은 군집을 볼 수 없다. 다만 캐나다 퀘벡 북부에 위치한 언게이바 반도Ungava Peninsula의 남단 일부에서 이와 유사한 식생을 볼 수 있을 뿐이다. 이 존재는 태양복사량에 대해 더욱 높아진 계절성seasonality과 봄철에 계절성의 절정을 이루는 지역 기후 특징 때문이며, 현재는 어디에도 이런 기후 조건이 존재하지 않는다.

▸ 더 읽어볼 자료: Huggett(1997b).

등종국성 EQUIFINALITY

등종국성等終局性, equifinality은 방법이 다르더라도 결과는 같다는 의미다. 다시 말해 두 가지 또는 그 이상의 원인이 같은 결과를 만들어낼 수 있다는 것이다. 더 전문적인 용어로 표현하자면 열린 **체계**open **system**에서의 종말 상태는 한 가지 이상의 방식으로 도달될 수 있다는 것이다. 등종국성이라는 용어는 일반 체계 이론General System Theory의 창시자인 루트비히 폰 베르탈란피Ludwig von Bertalanffy에 의한 것이며, 리처드 촐리Richard Chorley(Chorley, 1962)가 이를 자연지리학에 도입했다. 닫힌 체계closed system에서는 시작 상태와 종말 상태 간에 직접적인 인과관계가 존재한다. 스위치를 누르면 불이 들어온다. 자연지리학자들이 관심을 가지는 모든 체계를 포함하는 열린 체계는 다르게 작용하며, 상이한 초기 조건(시작점)에서, 그리고 서로 다른 경로를 통해서도 유사한 종말 상태를 얻을 수 있다. 좋은 예가 하천에서 발견되는 곡류 패턴, 빙표상supraglacial 하천(빙하 위로 흐르는 하천), 해류, 대기 중의 제트기류 등이다. 이 모든 경우는 시작 상태가 다르고 연관된 작용들도 어느 정도 다르지만 만들어진 패턴(종말 상태)은 동일하다.

지형학자들은 서로 다른 지형 작용 체계들이 유사한 지형을 만들어낼 수 있다는 것을 보여주기 위해 등종국성이라는 용어(또는 유럽 문헌에서의 수렴convergence)를 사용한다. 그 사례 가운데 하나가 토어tor인데, 이는 열대의 풍화와 주빙하의 침식을 포함해 여러 방식으로 형성된다. 다른 사례로는 구조토가 있는데, 그 형성 과정이 복잡하다. 이 과정이 더 복잡해지는 것은 유사하게 보이는 구조토라도 서로 다른 작용(주빙하 환경과 사막에서처럼)들에 의해 생성되며, 동일한 작용이라도 서로 다른 종류의 구조토를 만들 수 있기 때문이다. 물론 지형학에서의 등종국성이 문제가 없는 것은 아니다. 때로는 등종국성에 대한 인식이 실질적으로 존재하기보다는 결과의 부정확성 때문에 등종국성이 나타나는 것일 수도 있다. 사실 여러 출발 조건에 작동하고 있는 동일한 작용 체계에서 동일한 지형이 만들어지기도 한다(Haines-Young and Petch, 1983).

수문학과 생태학의 경우 일부 모형화 연구에 따르면 두 개 또는 그 이상의 서로 다른 모형들은 자연 작용의 행태를 만족스럽게 모방할 수 있음을 보여준다. 등종국성 개념은 고고학에서도 유용하게 사용된다. 서로 다른 역사 작용이 때로는 유사한 결과를 가져오기도 한다. 농업의 발달 과정이 그러한데, 서로 다른 이유로 서로 다른 지역에서 독립적으로 발생한 농업이 서로 다른 역사 과정을 거치더라도 유사한 결과에 이르게 되는 것이다.

멸종 EXTINCTION

멸종extinction은 종(또는 속·과 등)의 최후의 파멸이다. 이 현상은 국지적·지구적으로 또는 대규모로 발생할 수 있다. 국지적 멸종 또는 소멸extirpation은 특정 장소에서의 종의 상실을 의미하며, 유전자 풀gene pool의 일부가 다른 곳에 생존해 있는 현상이다. 캘리포니아 콘도르Gymnogyps californianus는 과거에 분포했던 지역 대부분에서 멸종되었지만 인공 번식captive breeding 프로그램 때문에 재도입되어 캘리포니아 남부, 멕시코의 바하칼리포르니아, 그랜드캐니언 지역에서 살아남았다. 전 지구적 멸종은 특정 유전자 풀의 총제적 상실이다. 마지막 티라노사우루스 렉스Tyrannosaurus rex가 죽음으로써 이 종의 유일한 유전자 풀은 영원히 상실되었다. 초특수 생물군supraspecific group은 멸종을 겪을 수 있는데, 그 한 예가 바로 고양잇과의 주요 분과였던 검치호sabre-toothed cat의 전 지구적 멸종이다. 대량 멸종은 전 세계적으로 상당한 수의 종이 급변적으로 상실되는 현상이다. 대량 멸종은 멸종 속도가 기본background 또는 정상normal 멸종 속도보다 훨씬 빠를 때 화석 기록에서 눈에 띄는 현상이다. 그러나 멸종 사태의 99.9%는 정상 멸종이다. 대량 멸종을 초래하는 요인으로는 몇 가지가 있는데, 소행성 또는 혜성의 충돌, 초신성으로부터의 복사, 대규모의 태양 홍염紅焰, 지자기 역전, **대륙이동**continental drift(**기후 변화**를 동반), 화산 작용, **해수면 변화**sea-level change, 염도 변화, 무산소증과 저산소증, 메탄 얼음 방출, 질병 등이다.

정상 멸종 현상은 서로 상관된 여러 요인에 달려 있으며, 생물학적 요인, 진화적 요인, 비생물학적 요인 세 가지로 분류된다. 멸종에 대한 생물적 작용은 대부분 **개체군**의 크기population size(또는 밀도)에 달려 있다. 개체군이 클수록 이 요인은 더 효과적이다. 밀도 종속적 요인은 그 기원이 주로 생물적이다. 이들 요인에는 생물 개체와 개체군의 생물 특성(몸집 크기, 은신처 크기, 영역 크기, 개체군 크기, 세대 간 간격, **산포**dispersal 능력)과 관련된 것과 다른 종들과의 상호작용(경쟁 관계, 질병, 기생관계, 포식관계) 등이 있다. 대체로 몸집이 큰 동물이 몸집이 작은 동물보다 멸종되기 쉽다. 소규모 동물일수록 **환경 변화**에 따른 소규모의 **서식지** 환경 변화에 더 잘 적응할 수 있기 때문이다. 몸집이 큰 동물은 적당한 서식지를 쉽게 찾지 못하거나 먹이 장소를 찾지 못해 생존하기 힘들 수 있다. 서식 공간이 좁은 특화종specialist species은 넓은 범위의 서식 영역을 가진 일반종generalist species보다 멸종에 더 취약하다. 작은 개체군은 큰 개체군보다 가뭄과 같은 우연적 사건chance event을 통해 멸종되기 쉽다. 다르게 표현하면 많은 개체 수 속에 안정성이 있다. 세대 간 간격이 좁은 종일수록 멸종을 피할 가능성이 높다. 또 산포를 잘하는 종일수록 멸종을 피할 가능성이 높은데, 산포 기회를 더 많이 가진 종들도 멸종을 피할 가능성이 높다. 그리고 대규모의 유전자 풀을 가진 종은 작은 유전자 풀을 가진 종보다 **환경 변화**에 더 잘 적응할 수 있다. 지리는 중요한 역할을 한다. 널리 퍼진 종은 제한된 범위의 종보다 멸종될 가능성이 적다. 영역이 제한된 종은 혹한 또는 한발과 같은 우연적 사건에 더 취약하기 때문이다. 널리 퍼진 종은 심각한 자연현상에 의해 국지적으로 멸종될 수는 있으나 전 지구적 멸종global extinction이 초래될 가능성은 적다. 또한 널리 퍼진 종은 제한된 종보다 대량 멸종에 처할 위험성이 적다. 경쟁은 멸종의 잠재력이 될 수 있다. 경쟁자보다 앞서 나가지 못하거나 재빨리 진화하지 못하는 종은 멸종 위기에 처한다. 바이러스 같은 악성 병원균pathogen은 진화하거나 다른 곳에서 이주해 와서 종들을 파멸시킬 수 있다. 균류Phiostoma ulmi는 느릅나무좀Scolytus multistriatus에 의해 운반되어 느릅나무 입고병立枯病을 일으킨다. 먹이사슬 최상위 포식자는 초식류보다 먹이 자원의 상실에 더 민감하다. 호랑이의 개체 수가 감소한 주요인은 **서식지 상실**habitat loss이나 밀렵이 아니라 호랑이의 서식 범위 내에서 먹이가 되는 유제동물의 고갈일 수도 있다 (Karanth and Stith, 1999). 도서 지역의 포유류·조류·파충류 개체군은 모든 외래종 경쟁자와 도입종 포식자에 특히 취약하다. 1600년부터 (1980년대 후반까지) 113종의 조류가 멸종되었다. 이 총계 중 21종은 육지에서, 92종은 섬에서 일어났다(Reid and Miller, 1989). 많은 경우 수많은 바닷새는 외래종이 도달하기 힘든 외진 섬에서만 생존할 수 있었다. 포유류와 파충류의 경우도 유사하다.

일부 우연적 진화는 특정 종을 다른 종에 비해 멸종에 더 취약하게 만든다. **진화**하는 동안 유전자 다양성의 상실로 인해 치명적인 진화 형태로 종이 고착되면서 진화의 막다른 골목에 도달하기도 한다. 섬에서 진화한 종의 경우, 섬이 파괴되거나 기후 변화가 일어나는데도 산포 기제dispersal mechanism를 가지고 있지 않은 경우가 그러하다. 어떤 종은 **적응**adaptation 과정을 통해 너무 특화되어 진화적 함정에 빠질 수도 있다. 과도하게 특화된 종은 **환경 변화**에 직면해도 새로운 환경에 적응하지 못할 수 있으며, 과도한 특화는 일종의 진화적 구속장치가 되어 적응을 못하도록 '붙잡아두게' 된다. 이 개념의 흥미로운 결론은 오늘날 생존하는 종은 비특화종non-specialized species의 후손이라는 것이다. 특화의 다양한 종류인 행태적·생리적·형태적 복잡성 또한 종을 쉽게 멸종하도록 만든다. 단순 종들(예를 들면, 해양 쌍각류雙殼類)은 약 1,000만 년 동안 생존했으며, 복잡성이 높은 포유류 종들은 300만 년 정도 생존해왔다.

멸종의 비생물적 요인은 모든 크기의 개체군에 공통적으로 작용한다. 즉, 이 요인들은 대개 밀도 독립적density independent이다. 밀도 독립적 요인들은 원초적으로 물리적 경향이 강한데, **기후 변화**, 해수면 변화, 홍수, 소행성 또는 혜성의 충돌, 기타 급변적 사건 등이 그러하다. 이런 요인들은 때로는 개체군의 크기를 변동시켜 멸종을 가져올 수 있다. 비생물적 요인은 대량 멸종의 가장 유력한 주범이다. 그러나 일부 학자들은 대규모 멸종의 동력으로 질병의 잠재적 기능을 강조하기도 한다. 인간의 이동과 연관된 개, 쥐, 그 외 여러 동물에 의해 옮겨지는 치명적 병원균이 플라이스토세 시기의 대량 멸종을 가져왔을 가능성이 높다는 것이다(MacPhee and Marx, 1997; Lyons et al., 2004).

▸ 더 읽어볼 자료: Lawton and May(1995), Benton(2003), Erwin(2006), Huggett(2006), Ward(2007).

미기후 MICROCLIMATE

미기후微氣候, microclimate는 지표면상 또는 지표면에 인접한 공간의 기후로, 대기권의 최저층이다. 그리고 미기후는 건물, 인공 지표면, 지형과 관련이 있으며, 동굴, 동물의 굴 같은 예외적인 자연환경과도 관련이 있다. 미기후는 식생 수관canopy, 도시 천개天蓋, **토양**층, 건물들에 의해 영향을 받는다. 미기후는 수평적으로는 수 센티미터에서 100여 미터 정도(개간지에서)의 범위를 가진다. 수직적 범위를 보면, 초지나 작은 키의 작물 지대에서는 약 1m, 삼림에서는 30m, 일부 도시 지역과 자연 경관에서는 수백 미터에 달한다. 미기후의 요인들로는 지표층의 특성(암석, 건축 물질, 식생), 다양한 지표층의 인접효과(예를 들면, 호소는 주변 지역에 냉각 효과를 띤다), 방향, 그늘 효과 등이 있다.

식물과 동물(인간 포함)은 미기후를 자신들에게 유리하게 이용한다. 농경과 원예업에 벽과 방풍림防風林, shelter-belt이 미치는 유익한 효과는 잘 알려져 있다. 미기후는 지역적 기후에서는 자랄 수 없는 작물이나 식물이 자랄 수 있는 소지역을 제공할 수 있다. 특정 동물종이 **서식지**상의 미기후를 이용하는 정도에 대해서는 정확하게 알려져 있지 않다. 적절한 예로는 1973년 7월 관찰한 케냐 야타 대지의 덤불바위너구리Heterohyrax brucei 군체의 하루 일과를 들 수 있다(Vaughan, 1978: 431). 이들 너구리가 야간 은신처인 암석의 갈라진 틈 사이에서 처음으로 나오면 토끼 크기의 몸체로 차가운 암석 표면에 자신들의 배가 닿지 않도록 하면서 일제히 태양광선을 향해 햇볕을 쬔다. 아침나절에 온도가 급상승하면 너구리들은 잎이 성긴 나무 또는 관목의 그늘로 이동한다. 주위의 온도가 30℃를 넘으면 너구리들은 좀 더 짙은 그늘 지역으로 이동한 뒤 서늘한 암석 위에 드러누워서 뜨거운 오후의 햇볕을 피한다. 어둠이 오기 전까지 너구리들은 다시 개방지로 이동해 따뜻한 암석 위에 전신을 쭉 펴고 눕는다.

▸ 더 읽어볼 자료: Oke(1987).

방향성주의 DIRECTIONALISM

찰스 라이엘은 이 세상은 안정된 상태에 있으며 지구의 역사 발전에서 어떠한 전체적인 방향을 보여주지 않는다는 생각을 굳게 가지고 있었다. 지구는 장기간 변화하지만 단지 평균치 범위mean condition 내에서 변했다는 것이다. 라이엘이 중요하게 여긴 것은 상태에 대한 동일성이었다. 말하자면 그는 천지창조 이후 어느 날 하루 중생대 실루리아기의 쥐 화석이 다시 나타날 수 있다고 믿을 정도로 생물체가 어떤 전반적인 방향 없이 살아왔다는 생각을 가졌으며 활동 기간 내내 그렇게 주장했다. 스티븐 제이 굴드Stephen Jay Gould는 라이엘의 주장을 다음과 같이 요약하고 있다.

> 육지와 바다는 그 장소가 바뀔 것이다. 육지의 일부분이 천천히 침식되어 바다를 메울 것이기 때문이다. 그러나 육지와 바다는 대체로 일정한 면적들을 유지할 것이다. 종들이 사라지고 새로운 종들이 나타날 것이지만, 생물체의 평균적인 복잡성은 변하지 않을 것이며, 그 기본적인 구도는 태초에 창조된 대로 시간의 끝까지 유지될 것이다(Gould, 1984: 9).

육지권과 생물권에서의 방향성에 대한 증명을 위한 논의들이 엄청나게 등장하자, 결국 라이엘은 생물의 역사에서 방향성을 가진 변화를 인정하게 되었다.

19세기 이후에는 방향성 변화에 대한 증거들이 더욱 많이 나타나면서 어떠한 학자도 지구의 역사에 대한 라이엘의 안정 상태적인 해석을 지지하지 않게 되었다. 대기의 진화와 퇴적암의 진화 상태는 지권geosphere에서 방향성 특성을 잘 입증하고 있다. 생물권의 경우 생물의 복잡성 증가, 생물 크기와 다세포질성 증가, 생물 다양성 증가는 모두 방향성의 증거를 보여주는 것이다. 분명한 점은 생물 다양성의 성장이 평탄하고도 단일한 진도를 따르지 않았다는 것이다. 화석 기록은 상대적으로 안정된 종의 구성이라 할지라도 짧은 기간의 종의 변화로 부서질 수 있음을 보여주기도 한다. 그렇다고 하더라도 지구의 역사에서 방향성 변화에 대한 과학적인 증거는 논쟁의 여지가 없어 보인다.

▸ 더 읽어볼 자료: Huggett(1997b).

복잡성 COMPLEXITY

복잡성complexity은 단순한 규칙들이 모든 복잡 **체계**complex system를 지배한다는 것으로, 매력적인 개념이다. 복잡성은 하천의 난류 흐름, 포식자와 먹이의 **개체군** 간의 상호작용같이 무작위로 일어나는 듯한 복잡하고 불규칙적인 패턴을 설명하는 방식이기도 하다. 환경 체계에서의 많은 혼돈적 복잡성은 더 큰 규모의 질서보다는 아래에 있으며, 더 규모가 작고 질서가 있어 이해 가능한 요소들보다는 위에 있다. 혼돈적 난류는 평균적인 하천 흐름의 예측 가능한 속도와 방향에서 나타나는 더 큰 규모의 질서 가운데 하나다. 이는 기초적인 물리학의 법칙으로 설명될 수 있어 이해 가능한 많은 개별적 입자들의 궤적을 보여주는 결과다. 포식자 – 먹이 상호작용은 전체 개체군에서 나타나는 더 큰 질서의 일부이며, 동시에 개별 포식자와 그들의 먹이 간의 무수한 상호작용의 결과이기도 하다. 환경 체계에서의 복잡성은 때로는 상호작용 구조와 과정에서의 위계hierarchy의 한 부분이다. 이와 비슷하게 사빈 첨각beach cusp 같은 환경 체계에서의 단순한 패턴도 보편적으로 복잡하게 얽혀 있는 역학에서 야기된다. 동시에 이러한 패턴들은 더 큰 규모인 복잡한 패턴의 일부이기도 하다. 사빈 첨각은 사빈과 파랑 간에 발생한 복잡한 비선형적 상호작용의 결과이거나, 모서리파edge wave(파랑의 회절refraction로 사빈해안선 굴곡에 갇힌 파랑) 또는 그 속에서 일어나는 복잡한 동역학dynamics의 결과다. 동시에 이들은 불규칙한 해안선 기하학의 한 부분이다.

복잡성은 고전적 열린 체계 연구open system research에 그 뿌리를 두고 있다. 이 연구의 특성은 **평형**equilibrium에 가까운 체계에서의 선형적 상호작용을 다룬다는 것이다. 복잡성이라는 신선한 사고에 대한 방향과 깊은 통찰은

1960년대 초 에드워드 로렌츠Edward Lorenz에 의한 결정론적 혼돈deterministic chaos의 발견에서 나온 것이다(Lorenz, 1963a, 1963b). 기술技術적 측면에서 보면 복잡성은 앙리 푸앵카레Henri Poincaré가 비선형 역학에서 유사한 문제들을 다룰 때 사용한 개념을 재발견한 것이었다(특히 Poincaré, 1881~1886). 그러나 결정론적 혼돈은 1960년대까지는 과학적 사고방식 속으로 대대적인 입성을 하지는 못했다. 주된 변화는 체계에서의 비선형적 상관관계의 인식이었다. 환경 체계에서 비선형성이란 유입량의 전 범위에 걸쳐 체계의 산출량(또는 반응responses)이 체계의 유입량(또는 강제력forcings)과 비례하지 않는다는 것을 의미한다(Phillips, 2006a 참조).

비선형적 상관관계는 균형에서 멀리 벗어난 체계에서 풍부하고도 복잡한 동역학을 만들어내는데, 주기적이고도 혼돈적인 행태를 보여준다. 이러한 체계의 가장 놀랄 만한 현상은 '혼돈 속의 질서order out of chaos'가 발생한다는 것이다. 동시에 체계의 상태는 내부적인 엔트로피entropy의 생성과 엔트로피의 소산이라는 동력 아래 고도화된 수준의 조직으로 이동을 하게 된다. 균형에서 벗어난 상태에서의 질서를 유지하기 위해 **에너지**를 소산하는 이러한 종류의 체계가 소산적消散的 체계dissipative system다. 행성·항성·은하 등과 같이 '단순히' 진화하는 체계와, 어린이가 모국어를 배울 때, 박테리아가 항생물질에 저항할 때, 과학자가 새로운 이론을 시험할 때와 같이 기존의 획득된 정보를 이용해 배우거나 진화하는 복잡한 적응 체계를 구분할 필요가 있다(Gell-Mann, 1994).

소산적 체계에서 비평형은 자발적인 진동이 거시적 패턴으로 성장하면서 질서의 원천이 된다. 베나르 대류 세포Benard convective cell가 좋은 사례다(Prigogine, 1980: 88). 평행한 두 평면 사이에 정지 상태인 수평 기류층이 있다고 가정해보자. 아래 평면을 가열해서 위 평면보다 높은 온도를 유지시킬 경우 두 평면 간에 온도 구배tgemperature gradient가 어느 정도 커지면 정지 상태의 기류가 불안정해지면서 **대류**convection가 일어나기 시작한다. 즉, 엔트로피 발생이 증가하는데, 이는 대류가 열 전달을 위한 새로운 작동 기제가 되기 때문이다. 더 상세히 살펴보면, 기체가 정지기에 있고 온도 구배 **임계치**threshold 아래에 있는 동안에는 소규모 대류 흐름들이 평균 상태의 진동 정도로 나타나지만 결국 가라앉아 사라진다. 온도 구배가 임계치를 넘으면 진동의 일부가 증폭되어서 거시적인 흐름을 만든다. 이와 같은 효과로 진동은 체계의 재조정이 필요한 불안정성을 촉발한다. 거시적인 대류 세포는 체계의 외부 **환경**system's environment과 에너지를 교환하면서 안정된다. **대기 대순환**general circulation of the atmosphere은 이러한 원칙으로 작동된다.

복잡성 동역학 이론은 혼돈으로부터 일어나는 질서, 혼돈의 가장자리에서 아슬아슬하게 균형을 유지하는 질서를 예측한다. 이는 전체적holistic이며 물리학이나 화학의 법칙으로 단순화시킬 수 없는 속성을 지닌 공간 체계의 위계를 형성하는 방향으로 진화하는 프랙탈적 질서fractal order다. 지형학의 사례로는 하천의 하상과 사막의 평탄하거나 불규칙적인 모래 바닥을 들 수 있다. 이들은 규칙성 있는 지형면(연흔과 사구)을 만들기 위해 스스로 조직화하면서 그 지형면의 규모와 형태를 더욱 유사하게 만들려고 한다(특히 Baas, 2002). 역으로 어떤 체계는 기복이 감소해서 평탄면이 될 때처럼 반대의 경향(비자발적 조직화의 경향)도 지닌다. 자연 세계에서 혼돈 동역학이 지니는 핵심적인 의미는 모든 자연은 기본적으로 불규칙하고, 불연속적이며, 원천적으로 예측 불가능한 요소들을 내포하고 있다는 것이다. 하지만 이러한 비선형적 자연이 복잡성과 혼돈성만 가지고 있는 것은 아니다. 필립스(Phillips, 2006a)는 "비선형 체계 모두가 항상 복잡한 것은 아니며, 혼돈성이 있는 것도 모든 조건에서 혼돈적인 것은 아니다. 역으로 복잡성은 비선형적 동역학과 다른 요소들에서도 야기될 수 있다"라고 매우 적절히 지적하고 있다.

복잡성 체계의 가장 특징적인 모습 가운데 하나는 그들의 행태behaviour다.

복잡성 체계는 초기 조건에 민감하다. 가장 좋은 예로, 잘 알려져 있는 나비 효과butterfly effect가 있다(영국의 나비가 날갯짓을 하면 오스트레일리아에 허리케인을 유발한다는 것이다. 하지만 그 역도 가능한지 의문이다. 즉, 오스트레일리아의 허리케인은 영국에 있는 나비의 날개를 퍼덕이게 할 수 있을까?). 복잡성 체계는 단순한 결정론적 법칙을 따르면서도, 그들의 행태는 불규칙하게 나타난다. 사실 너무 불규칙해서 무작위적으로 보인다. 그러나 혼돈적 행태는 무작위적이지 않다. 이 형태는 단순한 결정론적 법칙에서 만들어졌지만, 신비하면서도 무작위적으로 보이는 패턴이다. 따라서 단순한 원인은 반드시 단순한 결과를 가져온다(복잡한 결과는 반드시 복잡한 원인을 갖는다는 논리도 내포한다)는 전통적인 견해와 반대로, 혼돈 이론은 단순한 원인이 복잡한 결과를 만들 수 있다고 예측한다. 이 때문에 복잡계 체계의 행태를 지배하는 단순한 결정론적 규칙에 대한 지식이 체계의 미래 행태에 대한 성공적인 예측을 담보하지는 않는다. 그러나 이는 경관 모형에서 유용한 예측을 하기 위해 복잡성을 높일 필요는 없다는 것을 의미한다(Favis-Mortlock and de Boer, 2003). 유의미한, 일반적으로 시간상에서 혼돈적 행태를 보이는 체계는 공간상에서도 혼돈을 보여준다. 따라서 여러 곳에서 산발적으로 나타나는 일부 소규모의 교란은 혼돈적 **진화**chaotic **evolution**에 따른다면 교란이 증가할 때 공간적인 변이도 증가하는 양상을 보인다(Phillips, 1999b: 20).

컬링(Culling, 1987, 1988)은 지형학적 사고에서 비선형적 동역학이 지닌 잠재적인 중요성을 인지했다(Huggett, 1988 참조). 필립스는 지구 표면 체계의 비선형 동역학의 가장 완고하고도 성실한 옹호자다. 그는 연구를 통해 지구 표면 체계에 대한 비선형적 이론 틀의 효력을 보여주는 11개의 원칙을 이끌어냈다(Phillips, 1999b; Huggett, 2007a: 405). 최근에 그는 실험실의 기술과 수학 모형을 이용하는 수학·통계학·물리학을 적용하거나, 다른 학문 분야에서 사용하는 기법을 적용하기보다는 '지형학적 맥락에서의 비선형적 동역학을 주제로 삼아' 비선형적 복잡성을 다루어야 한다는 점을 중시했다(Phillips, 2006a). 이러한 목적을 달성하기 위해 그는 야외 조사 연구에 기반을 두면서 지형 체계(그리고 환경 체계)에서의 혼돈성을 추적하는 방법을 논의했고, 경계 조건의 변화에 따른 새로운 균형을 획득하는 데에 비선형적이고 불안정한 체계unstable system 대 안정된 체계stable system라는 아이디어를 개척했으며, 공간 규모와 시간 규모를 둘러싼 의문점들에 대한 시사점을 던졌다. 적절한 체계 계측system metric(예를 들면, 고도 또는 풍화층regolith 두께)에서의 수렴 대 발산은 안정성 행태의 매우 중요한 지표가 된다. 경관 진화landscape evolution에서 수렴은 하방 물질 이동downwasting 및 기복의 감소와 연관이 있는 반면, 발산은 개석 및 기복의 증가와 관련이 있다. 근본적으로 수렴과 발산은 단일한 목표(준평원 또는 다른 안정된 상태의 지형)로 단조로운 변화 과정을 가지면서 '평형' 방향으로 발달하는 개념적 틀, 즉 평형 개념 틀equilibrium conceptual framework을 지지한다. 동시에 역사적인 우발성, 다양한 잠재적 방향과 최종 상태, 그리고 불안정한 상태를 야기하는 진화론적인 '비평형' 개념의 틀도 지지한다. 비안정성instability과 새로운 평형 간의 구분은 실질적인 지형 체계의 동역학을 이해하는 데 매우 중요하며, 주어진 규모의 관찰과 연구에서는 두 가지 조건이 분리된다. 하나는, 경계 조건 또는 외부 강제력 때문에 변화를 겪은 후 발달하는, 안정된 평형 동역학에 의한 새로운 안정 상태 평형steady-state equilibrium이다. 다른 하나는, 비평형 체계(또는 불안정 평형 동역학unstable equilibrium dynamics에 의해 지배되는 체계)에서의 동역학적 불안정dynamic instability과 연관된 소규모 교란의 불균등한 영향의 지속이다(Phillips, 2006a). 이 구분이 중요한 것은 새로운 안정 상태의 균형 확립은 체계를 통한, 지속적이고도 예측 가능한 반응을 의미하기 때문이다. 예측 가능성이란 같은 시간 다른 장소에서 나타나는 동일한 체계에 영향을 미치는 경계 조건에서의 동일한 변화가 동일한 결과를 가져온다는 것을 의미한다. 대조적으로 동역학적으로 불안정한 체계는 다양한 형태의 체계 조정과 모순된 반응 등을 보여준다. 동시에 동일하거나 유사한 변화나 교란에 대해 서로 다른 결과의 가능성도 가진다. 몇몇 지표를 보면 야외 상황에서는 새로운 안정 균형과 동역학적으로 불안정한 체계 상태의 인지를 잠재적으로 용인하고 있다.

복잡성과 관련된 또 다른 개념으로는 프랙탈fractals과 자기 조직 임계성self-organized criticality이 있다. 예를 들면, 프랙탈 경관은 규모를 넘나들면서 자기 유사적 패턴self-similar patterns을 반복적으로 보여준다(Xu et al., 1993). 해안선의 어느 작은 부분은 이 부분이 속해 있는 더욱 큰 해안선과 자기 유사성을 가진다. 하계망, 퇴적층, 암석의 절리 체계 등도 프랙탈 패턴을 가진다(Hergarten and Neugebauer, 2001). 자기 조직 임계성이란 수많은 요소로 이루어진 체계가 임계 상태로 진화하며 이러한 상태에서 작은 교란이 한번 발생하면 연쇄반응을 일으켜서 체계 전체에 영향을 미친다는 이론이다. 전형적인 예는 모래 쌓기다. 모래상자 속에서 모래 더미를 조금씩 쌓아올리면 모래 더미가 높아지며, 그럴수록 경사가 매우 급해진다. 모래 쌓기가 계속되면 경사각은 임계치에 이른다. 입자를 하나라도 더 올리면 모래 더미 전체가 완전히 무너져 모래상자 속의 다른 빈자리를 채운다. 모래를 충분히 추가하면 모래상자는 넘치게 된다. 평균적으로 모래 더미에 들어가는 모래 입자의 수가 흘러내리는 모래 입자 수와 같아지면 모래 더미는 자기 조직 임계 상태에 이른다. 산사태, 하계망, 지진 등의 **크기와 빈도**magnitude and frequency는 자기 조직 임계성을 보여준다.

▸ 더 읽어볼 자료: Bradbury et al.(1996), Gribbin(2004), Richards(2002), Stewart (1997).

분단분포 VICARIANCE

분단분포分斷分布, vicariance는 개체군 또는 분류학적 집단(종, 속, 과 등)을 두 개 이상으로 분할하는 현상을 뜻한다. 이러한 분포는 다양한 지리적 규모로 발생할 수 있는데, 하나의 큰 개구리 개체군을 두 개의 소집단으로 분리시키는 자동차 도로에서부터 동물상動物相, fauna과 식물상植物相, flora 전체를 갈라놓아 분리된 육괴陸塊에 떨어져 살도록 하는 초대륙初大陸, supercontinent 분열까지 규모가 다양하다. 분단분포는 본질적으로 단순한 과정이지만 대규모 생물지리적 패턴을 설명할 수 있기 때문에 기원지-**산포** 생물지리학자 orgin-**dispersal** biogeographer 사이에서 열띤 논쟁을 일으켰다. 다윈과 앨프리드 월리스Alfred Wallace 이래 윌리엄 매슈William Matthew, 조지 심프슨George Simpson, 필립 달링턴Philip Darlington 같은 산포 생물지리학자들은 각각의 생물종은 특정 장소(기원지)에서 발생해 해양이나 산맥 같은 장벽을 넘어 다른 지역으로 산포되어갔다는 가정하에 종의 전 지구적 분포를 탐색해왔다(**산포**dispersal 참조). 프랑스계 이탈리아 학자인 레온 크로와자Leon Croizat는 이런 지배적 생물지리 이론에 대한 첫 번째 도전을 시도했다(Croizat, 1958, 1964; Humphries, 2000 참조). 그는 동식물 수백 종의 분포를 지도화함으로써 기원지-산포 모형을 시험했는데, 산포 경향과 새로운 군락지 형성 능력이 상당히 다른 생물종들이 지리적 분포에서는 같은 양상을 보였다는 사실을 발견했다. 그는 이처럼 공유된 지리적 분포를 일반 또는 표준 흔적standard tracks이라고 명명했는데, 이와 같은 흔적은 이동 경로를 나타내기보다는 대대로 내려오는 조상ancestral종들의 현 상태 분포를 나타내거나 잔존relict하는 개별 생물 요소로 구성된 생물상을 표현하는 것이라고 설명했다. 그의 설명은 기후, 해면 변동, 지각 변동이 광범위한 분포를 가진 조상 생물 분류군ancestral taxa을 단편화시켰다는 것이다. 단편화 작용은 결과적으로 분단분포로 명명된 것이다. 물론 우선적으로 널리 분포하기 위해서는 종이 분산되어야 하지만 분단분포 생물지리학자들은 조상 생물 분류군이 **장벽이 없는**in the absence of barriers 이동 단계를 통해 광범위한 분포 상태를 이루었다고 주장한다. 그들은 장벽을 넘는 분산 현상도 발생한다는 것을 인정하지만, 이것은 상대적으로 중요성이 낮은 무의미한 생물지리적 과정이라고 여긴다. 따라서 산포와 분단분포를 설명하는 이론의 핵심적인 차이는 분산을 막는 장벽의 본질에 대한 것이다. 분단분포는 장벽이 만들어짐으로써 조상 생물군이 분리되는 것인 반면, 산포는 조상종이 이미 존재하는 장벽을 건너 확산되는 것이다.

분단분포라는 개념을 이해하기 위해 단절 분포된 한 생물군을 살펴보자. 남부 너도밤나무속Nothofagus은 60여 종의 상록수, 낙엽수, 관목으로 구성되어 있으며, 현재의 분포는 단절된 곤드와나 대륙 분열의 결과로 남은 육지, 즉 아프리카를 제외한 남미, 뉴질랜드, 오스트레일리아, 뉴칼레도니아, 뉴기니, 남극 대륙(올리고세 화석 화분)에 남아 있다. 이 식물의 씨앗은 장거리 산포에 적합하지 않으므로, 오늘날의 단절된 분포는 곤드와나 대륙의 분열의 결과, 즉 분단분포 사건이라는 보편적 결과로 도출된다. 비슷한 경우로 신대륙의 도마뱀붙이는 하나의 대륙에 서식하던 같은 계통이었지만 약 9,600만 년 전 대서양이 열리면서 남미 대륙과 아프리카 대륙의 분할의 결과로 분리된 것으로 보인다(Gamble et al., 2008). 반면 맥tapir(말 또는 코뿔소 인접 계통)은 단절된 분포를 가지고 있는데, 3종은 중남미에, 1종은 동남아에 존재한다. 이런 경우는 유럽에서 가장 오래된 맥 화석이 발견되면서, 맥의 기원지가 유럽과 신대륙으로 번져갔으며 이어서 동남아로 확산되었다가 오늘날의 서식 장소를 제외하고는 멸종된 결과로 보인다.

약 1만 8,000년 전에 일어난 최후 빙기 때 대륙빙하(또는 빙상冰床, ice sheet)

의 덮임으로 나타난 분단분포의 증거가 유럽과 북미에서 나타나고 있다. 당시의 유럽은 대륙빙하가 스칸디나비아와 핀란드에 걸쳐 덮고 있었으며 툰드라가 북유라시아의 나머지 대부분에 분포하고 있었다. 한대식물boreal plants 개체군은 남부 유럽의 다소 단절된 피난지disjunct refugia(종이 소규모로 제한된 집단으로 살아가는 지역)에서 생존해 있었는데, 산맥과 해안 지역 사이에 분포했다. 유전학과 고식물학의 증거에 따르면, 스카치 전나무Pinus sylvestris 같은 식물 개체군이 홀로세 동안 위도상 북쪽 지역으로의 식생 재정착에 크게 기여했음을 알 수 있다. 스카치 전나무의 현재 유전자 구조에서의 단절은 빙하시기의 분단분포를 나타낸다(Naydenov et al., 2007). 마찬가지로 북미 북서부 태평양 쪽의 캐나다 지역은 지난 최빙기 당시 전체가 빙하로 덮여 있었으므로 로지폴 소나무를 포함한 몇몇 식물과 동물 개체군이 빙하로 덮이지 않은 피난지에서 살아남아 분단분포를 만들었다고 보는 것이다(Godbout et al., 2008).

분단분포 모델이 특정 유기체 집단의 생물지리적 역사를 성공적으로 설명한다는 데에는 의심의 여지가 없지만 그럼에도 **산포**, 특히 해양 산포는 생물지리학에서 더욱 핵심적인 작용으로 확고하게 재기하고 있다.

▸ 더 읽어볼 자료: Nelson and Rosen(1981).

분류학 TAXONOMY

분류학taxonomy은 분류에 대한 업무 및 과학이다. 분류학은 여타 과학 분야에서와 마찬가지로 자연지리과학 분야에서도 중요한 역할을 한다. 분류학은 부류class(대상체 또는 상황의 집단으로 하나 또는 여러 개의 공유 특성을 가짐)를 인지하고 부류의 특성을 대상체나 상황에서 추출한다. 부류는 화산, 사면 요소, 또는 식물 등이 될 수 있다. '화산' 부류로 대상체를 지정하는 것은 그 대상체가 화산의 특징을 가지고 있다는 것을 의미한다. 분류법 또는 분류 체계는 부류 또는 분류적 단위(분류군taxa, 단수형은 taxon)로 구성된다. 이 부류들은 종종 계층 구조를 띠며 각각의 계층은 대개 아유형subtype – 초유형supertype 간의 관계와 관련되는데, 아유형은 정의상 초유형과 똑같은 제약 조건을 가지면서 하나 이상의 추가적 특성을 가지고 있다. 예를 들면, 여우원숭이lemur는 영장목primate의 한 아유형이기 때문에 모든 여우원숭이는 영장목이지만 모든 영장목은 여우원숭이가 아니다. 여우원숭이는 영장목보다는 여우원숭이가 되도록 하는 제한 요인을 충족시키는 특성을 가지고 있는 것이다.

생물학적 분류법은 생물 개체의 종을 집단화하거나 범주화하는 것이다. 현대적 분류법은 칼 린네Carl Linnaeus의 연구에서 비롯되었는데, 그는 공유된 특성을 기초로 종들을 집단으로 구분했다. 그 후 생물학자들은 이러한 구분법을 개정하면서 다윈이 말한 공통 조상으로부터의 유전법칙의 일관성을 향상시켜왔다. 분자계통학molecular systematics은 DNA 배열을 분류의 기초로 사용한다. 분자계통학은 생물적 계층biological hierarchy에 많은 변화를 가져왔다 (Hackett et al., 2008). 계통발생학적 분류법phylogenetic taxonomy(또는 진화파생종 분류법cladistic taxonomy)에서는 생물체가 진화파생종clade에 의해 분류되는데, 이 방법은 조상의 특성에 따라 결정된 진화적 구분법에 기초한다. 진화파생종을 분류 기준으로 하는 진화파생종 분류법은 진화파생도cladogram를 이용해 분류군을 계층 없이 구분하기 때문에 시간 또는 **진화** 속도의 변화를 표시하지 않는다. 진화 정도는 시계열 계통도phylogram나 연대 표시도chronogram를 통해 추정한다. 시계열 계통도의 경우 계통 가지의 길이가 특성 변화의 차례 수(DNA 배열의 교체 수)를 나타내며, 연대 표시도의 경우(초메트릭 나무) 절대적 시간으로 측정된다(178쪽 그림 18 참조).

계량적 분류 기법은 군집분석(대상체 집합의 측정 가능한 수량을 특징짓는 수학 공식을 풀거나 최적화하는 기법)을 사용한다. 이 방법은 토양학과 생태학을 포함한 특정 자연지리과학 분야에서 많이 이용되어왔으며, 지금도 화분학 같은 분야에서는 통용되고 있다.

비유사 군집 NO-ANALOGUE COMMUNITY

비유사(간단히 말해 현존하지 않거나no present 오늘날 유사체가 없는no modern analogue) 군집의 구성 종들은 오늘날 존재는 하지만 결합 형태로는 발견되지 않는다. 비유사 군집은 부조화된disharmonious, 혼합된mixed, 섞인intermingled, 모자이크적인, 범위 밖extraprovincial 군집 등의 별칭을 갖고 있다(Graham, 2005). 미래의 군집들은 현재 진행 중인 **지구 온난화global warming**로 형성된 군집을 포함해 재배치된 현재의 종들로 구성될 가능성이 있으며, 이들 군집은 신新, novel군집 또는 신흥emerging 군집으로 불린다(Milton, 2003; Hobbs et al., 2006). 그러나 이들 또한 비유사 또는 부조화된 군집이다(Williams and Jackson, 2007). 이런 용어는 랄프 올레뮐러Ralf Ohlemüller와 동료들(Ohlemüller et al., 2006)의 용어와 충돌하고 있다. 그들은 비유사의 의미를 현재의 기후가 미래의 기후와 유사하지 않다는 뜻으로 사용하고 있는데, 다른 과학자들은 이러한 기후를 소멸되는 기후disappearing climate라고도 부른다(Williams et al., 2007).

과거의 비유사 군집은 오늘날 세계에서는 어디에도 존재하지 않는 기후 조건하에 진화하거나 번영했다. 미국의 대평원 남부 지역과 텍사스의 경우, 꼬챙이쥐Cryptotis parva 같은 현대의 초지종이나 낙엽삼림종은 백색 꼬리 산토끼Lepus townsendii 같은 현재의 냉대 기후종과 인접해 살았다(Lundelius et al., 1983). 플라이스토세 후기에는 비유사 동물 군집이 미국의 모든 지역에서 발생했으나, 극서부 지역의 척추동물은 오늘날 유사종과 많이 닮았으며 적어도 40만 년 전부터 홀로세까지 존속했다. 이러한 비유사 군집은 플라이스토세 후기 동안 변화하는 환경 조건에 개체별로 반응하는 종들에서 진화되어왔다(Graham, 1979). 플라이스토세가 끝날 무렵에 새로운 환경 변화의 결과로 이들 군집이 해체되었다. 기후에 계절적 특성이 좀 더 뚜렷해지면서 개별 종들이 재배치되었던 것이다. 오늘날의 형태를 지니고 있는 군집은 홀로세에 등장했다. 오스트레일리아의 경우, 빅토리아 초기 플라이오세 동물상(해밀턴 지방 동물상)은 몇 종의 현생 속屬을 가지며, 이 생물종들은 거의 배타적으로 열대림 또는 열대림 가장자리 지역에서 서식한다(Flannery et al., 1992). 이는 플라이오세의 생물종들이 열대림 **환경**에서 살았으며 오늘날의 열대림보다 환경이 더 복잡했다는 것을 암시한다. 종합하면, 해밀턴 포유류 무리는 플라이오세 초기에 다양한 **서식지**를 가졌다는 것이다. 환경 모자이크는 우림의 조각들, 습윤 삼림의 조각들, 그리고 나대지들로 구성되었던 것으로 보인다. 오늘날에는 이런 환경이 존재하지 않는다.

사막화 DESERTIFICATION

1949년 프랑스 삼림학자인 오귀스트 오브레빌Auguste Aubréeville은 사하라 사막이 주변의 사바나 지역으로 확장되는 것을 보고 그 과정에 대해 사막화 desertification라는 용어를 붙였다. 1970년대까지도 사막화라는 용어는 널리 인식되지 못했으나, 사헬 지역에서 파멸적인 가뭄이 발생하면서 1977년 유엔 사막화 협약United Nations Conference on Desertification: UNCOD이 맺어졌고 이 회의를 통해 세계의 모든 건조 지역에서 사막 확대 과정이 진행되고 있다는 것이 밝혀졌다. 그 뒤로 사막화라는 주제에 대해 많은 연구가 이루어졌으며, 정의에 대한 논의, 지도화 작업, 토론 등이 왕성하게 이루어졌다.

사막화의 정의로 수백 가지가 제안되었지만 아직도 정확한 의미를 짚어 내기는 어렵다. 그 핵심은 사막화 과정은 건조 지역, 반건조 지역, 건조한 아습윤 지역의 토지 악화이며, 그 결과로 물·에너지·영양분 등을 받아들이고 저장하고 재순환할 수 있는 토지 수용력land capacity이 감소한다는 것이다. 그러나 사막화 논의의 중심에는 기후, 생태, 인간 생활의 차원이 함께하며, 생물물리적 과정과 사회적·경제적 과정 간의 연계와 인류 복지에 대한 영향도 함께한다(Geist, 2005: 2). 사막화라는 개념은 **수용력**carrying capacity, 토지력, **지속가능성**sustainability 등을 포함하는 여러 가지 핵심 개념과 관련된다.

사막화의 상세한 인과관계는 매우 복잡하지만, 일차적인 원인은 대체로 기후 변동, 생태적 변화, 사회적·경제적 요인들이다. 근원적으로 사막화는 건조 지역 생태계가 기후 변화, 자원 착취, 부적절한 토지 이용으로 취약해졌기 때문에 발생한다. 가뭄, 빈곤, 정치적 불안정, 삼림 벌채, 가축에 의한 지나친 방목, 지나친 경작, 비효율적인 관개시설 등과 같은 요인은 모두 토지의 비옥도를 떨어뜨리고 토지 악화를 가속화한다. 경우에 따라서는 **토양 압착**soil compaction, 토양 각질화crusting, 채석 작업, 사막에서의 전쟁 등도 사막화의 요인으로 작용한다. 그 요인이 무엇이든 사막화는 2억 5,000만여 명의 인구에게 직접 영향을 미치고 있으며, 100여 개 국가 10억 명의 인구를 위험에 빠뜨리고 있다. 이 때문에 사막화에 대한 많은 연구가 이루어졌으며, 자연지리학자들도 이 분야에 많은 기여를 해왔다.

▸ 더 읽어볼 자료: Geeson et al.(2002), Geist(2005), Laity(2008), Middleton and Thomas(1997), Millennium Ecosystem Assessment(2005).

삭박평원화 ETCHPLANATION

경관 **진화**landscape evolution에 대한 전통적인 모형들은 기계적 침식이 화학적 침식보다 훨씬 중요하다고 여겼다. 지형학자들은 화학적 풍화가 풍화산물의 질량을 줄인다는 것을 인지했지만 용해에 취약한(석회암 같은) 암석들에 한해 화학적 작용이 경관 진화에 우월한 영향을 미친다고 주장해왔다. 그러나 지금은 화학적 풍화의 여러 형태가 수많은 경관의 진화에 중요한 역할을 하는 것으로 본다. 열대 및 아열대 환경에서 화학적 풍화는 침식에 쉽게 깎일 수 있는 두꺼운 풍화층regolith을 생성한다. 이러한 과정이 삭박평원화이며, 이는 삭박된 평원etched plain 또는 삭박평원etchplain을 만든다. 삭박평원은 대개 화학적 풍화의 산물이다. 풍화층이 두꺼운 장소에서는 약산성수가 풍화 전선weathering front을 저하시킨다. 산성을 머금은 스펀지가 금속 표면을 갉아내는 것과 같은 이치다. 어떤 학자들은 화학적 삭박 작용이 풍화 전선을 저하시키는 것과 동일한 속도로 표면 침식이 지표면을 저하시킨다고 주장한다(그림 9). 이것이 이중 평원화double planation 이론이다. 이 이론은 장기간에 걸친 완만한 융기와 이중 평탄면 — 세척면wash surface과 기저 풍화면basal weathering surface — 의 지속적인 삭박 저하로 저기복의 지표면이 유지되는 것으로 파악하는 것이다(Büdel, 1957; Thomas, 1965). 여기에 경쟁하는 견해는 화학적 심층 풍화 시기가 표면 풍화층의 삭박 단계를 앞선다는 것이다(예를 들면, Linton, 1955; Ollier, 1959, 1960).

식각 작용etching process의 자세한 과정과 관계없이 삭박평원화는 현재 열대 지역 전반에 걸쳐 지형형성에 매우 효과적이다. 스코틀랜드 고지대Scotish Highlands는 제3기 초기에 대규모 융기 작용을 경험했다. 그 후 5,000만 년에

그림 9. 이중 평탄면: 세척면과 기저 풍화면

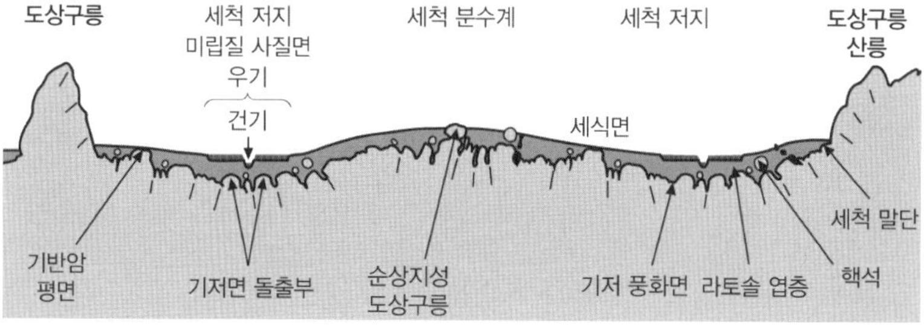

자료: Büdel(1982: 126).

걸쳐 이 지역은 온난 기후와 온대습윤 기후하에 다양한 지질 구조를 가진 표층이 심층 풍화를 겪으면서 역동적인 식각에 의해 지형이 진화되었다(Hall, 1991). 이러한 식각 작용은 분지 · 계곡 · 단애 · 도상구릉inselberg의 진화와 함께 기복 형태의 점진적 차별 작용을 가져왔다. 같은 방식으로 삭박평원화는 영국 남부에 위치한 초클랜드Chalklands에서의 제3기 **진화지형학evolutionary geomorphology**에서 기본적인 역할을 해왔으며 많은 논쟁이 뒤따랐다. 기본적인 침식면은 마이오세와 플라이오세 동안 형성된 준평원peneplain이 아니라 고제3기古第三紀, Palaeogene Period의 삭박평원화로 형성된 최고위면summit surface이라는 인식이 점차 우세해지고 있다(Jones, 1999).

▸ 더 읽어볼 자료: Twidale(2002).

산포 DISPERSAL

모든 유기체는 정도의 차이는 있으나 '탄생지'에서 새로운 곳으로 이동할 수 있다. 육상의 포유류들은 걷거나 뛰거나 파거나 오르거나 헤엄치거나 날아서 새로운 지역으로 이동한다. 완전히 성장한 고등 식물과 일부 수생 동물은 고착성sessile(한 지점에 뿌리를 내림)을 띠지만 성장의 초기 단계에서는 상당한 거리를 이동할 수 있다. 산포dispersal는 유기체가 기존의 생활 영역 밖으로 이동해서 서식지 형성을 시도할 때 나타난다. 산포에는 아프리카 중부를 중심으로 북쪽으로 이동하는 사막 메뚜기Schistocerca gregaria의 사례와 같은 계절 이동seasonal migration과 개체 수 급증population irruption은 포함되지 않는다. 산포하는 유기체의 생물 순환 단계가 하나의 번식체繁殖體, propagule인 것이다. 식물과 균류에서 번식체는 씨앗seed, 포자spore, 줄기stem, 뿌리꽂이 root cutting같이 종의 재생산을 담당하는 구조다. 동물의 경우 번식체는 새로운 지역에 서식처를 만들 수 있는 최소한의 종 개체 수다. 종들은 적극적 이동(파기·날기·걷기·수영 등) 또는 수동적 이동으로 산포를 한다. 물리적인 매개체agency(바람·물·땅)나 생물적인 매개체(인간을 포함하는 여러 유기체)는 수동적인 산포를 유발한다. 이처럼 다양한 이동 유형은 전문 용어로 표현되는데, 이러한 용어로는 바람에 의한 산포를 뜻하는 풍매anemochore, 바닷물에 의한 산포를 뜻하는 해매thalassochore, 물에 의한 산포를 뜻하는 수매hydrochore, 바람과 물에 의한 혼합 산포를 뜻하는 풍수매anemohydrochore, 다른 유기체 이동에 수반하는 생물매biochore 등이 있다. 수많은 유기체 집단의 산포 능력은 매우 다양하다. 박쥐와 육상 조류, 곤충과 거미, 육상의 연체동물은 해양을 건너는 '최고 수준'의 산포자다. 도마뱀, 거북, 설치류가 그다음이고, 작은 육식동물이 또 그다음이다. 산포 능력이 가장 떨어지는 생물체는 대형 포유류와 민물고기다.

유기체는 최소한 점프 산포jump dispersal, 확산, 장기 이동secular migration 같은 세 가지 방법으로 산포한다. 점프 산포는 생물 개체가 먼 거리를 때로는 험악한 지형을 건너뛰기도 하면서 급속하게 이동하는 것이다. 점프는 개체의 수명보다 짧은 시간에 이루어진다. 이는 카리브 해의 앵귈라에 서식하는 녹색 이구아나Iguana iguana가 취하는 방법이다(Censky et al., 1998). 1995년 10월 4일, 최소한 15마리의 이구아나가 앵귈라 해변에 나타났다. 허리케인이 닥쳤을 때 그들이 나무 조각과 뿌리째 뽑힌 나무들을 붙잡고 해안에 도착했던 것이다. 확산은 여러 세대를 거쳐서 우호적인 땅을 가로질러 비교적 점진적으로 퍼져나가거나 완만한 속도로 개체 침투를 하는 것이다. 이러한 사례는 아홉띠 아르마딜로Dasypus novemcinctus로, 멕시코에서 미국 남서부로 확산되었으며 현재도 확산되고 있다(Taulman and Robbins, 1996). 장기 이동 시에는 종의 확산 또는 전환이 매우 느리게 일어난다. 사실 너무 느려서 이동이 이루어지는 동안 진화에 따른 변화도 겪어 새로운 지역에 도달할 즈음에는 원래 살았던 지역에서의 조상과 달라지는 경우도 있다(Mason, 1954). 라마Lama glama과를 포함해 남미에 사는 커멜리드Camelidae(낙타과)가 그러한 사례다. 이들은 모두 지금은 멸종된 북미의 조상들에서 나온 것이다. 이들은 플라이오세 동안 파나마 지협isthmus이 연결되면서 장기 이동을 통해 산포했다. 또 다른 사례로는 북미 원산지에서 유럽으로 옮겨간 말horse(결과적으로 북미에서는 **멸종**됨)과 속씨식물angiosperm(꽃식물)의 다양화 및 확산도 있다.

산포 작용은 반박의 여지가 없지만 유기체의 역사를 설명하는 데 있어 그 중요성에 대해 생물지리학자들 사이에 논란이 있다. 다윈과 월리스는 19세기 후반 동안 산포 생물지리학dispersal biogeography에 대한 현대적 이론을 정립했다. 그들은 종들이 특정 지역(기원지 중심)에서 발원해 다른 지역으로 확산되는데 산맥과 바다 같은 장애물도 건넌다고 논했다. 20세기에는 에른스트 마이어Ernst Mayr, 심프슨, 달링턴 같은 걸출한 연구자들이 이런 고전적 기원지 중심 산포 모형center-of-origin dispersal model을 정교화했다. 1970년대 후반에는 역사적 생물지리 패턴에 대한 설명으로서의 **분단분포**vicariance 이론이 오랫동안 지배적 이론으로 자리 잡았던 산포 생물지리학에 도전했다. 그러나 산포 생물지리학도 분명하게 재등장하고 있다(McClone, 2005; Queiroz, 2005; Cowie and Holland, 2006).

▸ 더 읽어볼 자료: Brown et al.(2005).

생물기후 BIOCLIMATE

생물기후학bioclimatology은 기후와 인간을 포함한 생물체들 간의 관계를 다루는 분야다. 생물기후학은 계절 또는 연간에 걸친 생물계와 지구의 대기권 간의 상호작용에 초점을 맞춘다(이에 비해 생물기상학biometeorology은 하루 또는 한 달 정도의 기간에서의 상호 관계를 다룬다). 생물기후는 생물과 특히 관련이 많은 기후 인자를 다룬다. 생물에 대한 주요 **제한 인자**limiting factor는 강수량과 기온인데, 이들은 생물기후 체계bioclimatic system의 핵심을 이룬다. 원칙적으로 열대 지역에서는 식물 성장에 충분할 만큼 항상 기온이 높아서 강수량이 제한 인자이고, 냉대 환경에서는 연중 대부분 수분이 대체로 충분하므로 낮은 기온이 제한 인자다. 고산지에서의 제한 인자를 보면 열이나 수분(또는 양쪽 모두)은 하부에서의 고도 제한이 되며, 열의 부족은 상부에서의 고도 제한이 된다. 광역적인 의미에서 생물기후를 특징짓는 몇 가지 구도가 있다. 가장 일반적인 구도는 하인리히 월터Heinrich Walter가 고안한 '기후도climate diagram'로, 이것은 강수량과 기온의 계절적 순환을 중심으로 기후를 전체적으로 조망한다(Walter and Lieth, 1960~1967).

생물기후 연구에서의 최근 성과로는 동물과 식물에 영향을 미치는 미래의 기후 변화를 예측하거나 과거의 식물과 동물의 분포 및 구성에서 과거의 기후를 추정하기 위한, 상대적으로 복잡한 생물기후 모형 작성이 있다. 종에 대한 생물기후적 요구 조건 지식은 **기후 변화**climate change에 대한 종의 잠재적 영향을 예측할 수 있게 한다. 최악의 기후 시나리오로 가정한 영국의 종들의 생물기후적 환경에 대한 변화 예측 연구에 따르면, 2050년대에 이르면 큰오이풀Great burnet, Sanguisorba officinalis의 범위가 잠재적으로 확대되며, 유럽용담Yellow-wort, Blackstonia perfoliata의 범위는 변화가 없고, 인동덩굴Linnaea borealis의 범위는 축소될 것으로 보고 있다(Berry et al., 2002, 2003 참조). 또 다른 생물기후적 모형화 연구에서는 유럽에 있는 수목 종들의 미래 분포를 예측하기도 하고(Thuiller, 2003), 남아프리카에 있는 핀보스 관목림fynbos의 **생물 다양성**biodiversity 열점hotspot에서의 생물군계상의 식생과 종의 범위에 대한 환경적 제한점을 파악하고 이와 함께 온난화되는 기후하에서의 열점의 축소를 예측하기도 한다(Midgeley et al., 2002). 시릴 라트게버Cyrille Rathgeber 등(Rathgeber et al., 2005)은 알레포 소나무Aleppo pine, Pinus halepensis를 이용해 나무의 생물학적 기능과 밀접하게 관련된 생물기후적인 변수들과 나무의 줄기 성장 간의 관계를 밝히기 위한 생물기후 모형을 개발했다. 그 결과 성장 시기 동안의 토양수 공급이 알레포 소나무 성장의 주된 요인이며, 실질 증발산actual evapotranspiration: AET이 생물기후적 변수로서 해에 따른 나무 성장의 관찰된 변이를 가장 잘 표현해주고 있음이 밝혀졌다. 생물기후 모형 연구로 얻은 설득력 있는 결과들은, 모형이 요구하는 변수들의 수가 제한되어 있긴 하지만, 알레포 소나무 숲의 미래 기후 변화 영향을 연구하는 데 그 유용성을 잘 보여주었다.

일부 과학자는 군집 구성에서의 과거 기후 분포를 추정하기 위해 생물기후 모형을 이용하고 있다. 그 결과 고기후 복원의 새로운 방법이 제시되었다. 그중 한 연구는 기후와 포유류 서식지 분포 간에 전반적으로 큰 상관관계가 있음을 밝히고 있다(Fernandez and Pelaez-Campomanes, 2003). 전 세계에 걸친, 현대의 포유류 동물군과 기후 간의 관계를 정립함으로써 생물기후 모형은 유라시아의 제4기 동물군 연구에 적용되었다. 동물군 지역 소재지의 90% 이상은 생물기후 모형에 따라 분류되었다.

생물 다양성 BIODIVERSITY / 생물 다양성 상실 BIODIVERSITY LOSS

월터 로젠Walter Rosen은 1986년 9월 미국 워싱턴에서 개최된 생물 다양성에 대한 국가 포럼 발표를 위해 1985년 생물학적 다양성biological diversity이란 말을 줄여 생물 다양성biodiversity이라는 용어를 만들었다(Wilson, 1988). 생태학계는 이 용어를 바로 채택했고, 1992년 리우데자네이루에서 개최된 유엔환경회의(일명 지구정상회의Earth Summit)에서 생물학적 다양성 협약Convention on Biological Diversity: CBD에 150개국 대표가 서명을 하면서 이 용어는 전 세계적으로 사용되는 공식 용어가 되었다. 이 협약은 생물 다양성 개념을 자연보존 의제의 중심으로 만들었고, 생물 다양성은 지구적 · 지역적 보존 노력을 위한 핵심적인 주제로 자리매김했다(Leveque and Mounolou, 2003; Ladle and Malhado, 2007).

생물 다양성은 이처럼 인기가 있는데도 용어의 의미를 정확하게 집어내기에는 여전히 어려움이 많다. 들롱(Delong, 1996)은 무려 85개에 이르는 정의가 있다고 밝혔다. CBD 헌장 2조는 다음과 같이 널리 사용되고 있는 정의를 보여준다. "무엇보다도 육상, 해양 및 수중의 **생태계**와 생물이 한 부분을 구성하는 생태적 복합체 등을 포함하는 모든 원천으로부터의 생물체 간의 다양성, 종 내부, 종 간, 생태 체계의 다양성을 포함한다." 따라서 생물 다양성이란 자연의 다양성과 살아 있는 생물체 간의 다양성, 생물체가 서식하고 있는 공간, 이들과 자연**환경**physical **environment** 간의 상호작용 등을 모두 의미한다(Gaston and Spicer, 2004). 이러한 자연적 생물 다양성은 인간의 간섭으로 만들어진 생물 다양성과는 대조를 이룬다. 생물 다양성은 가치중립적인 용어가 아니라는 점을 인식하는 것이 중요하다. 대부분의 정의는 생물 다양성은 원래 '좋은' 것이며, 그 결과로 인간의 활동에 따른 생물 다양성 상실 biodiversity loss은 '나쁜' 것이므로, 최소한도의 수준에서나마 막아내고 지켜야 한다는 의미를 내포한다(Ladle and Malhado, 2007).

이 분야의 여러 학자들은 현재의 '생물 다양성 위기'가 생물의 역사(**대량 멸종**)에서 나타난 과거의 위기들과는 다르다고 주장한다. 그것은 이러한 위기가 유난히 빠른 속도로 전개되는, 인간 활동의 직접적인 결과이기 때문이다. 생물 다양성의 훼손은 다양한 규모로 나타나고 있다. 즉, 많은 자연종과 사육종의 유전자 다양성에서부터 전체 생태계와 경관landscape의 다양성에 이르기까지 그 훼손이 다양하다. 인간으로 인한 종의 멸종 속도는 과거 원시적 환경 시대에 비해 1,000배에 달한다. 생물 다양성 상실은 이와 관련된 심미적·윤리적·문화적 관점에서뿐만 아니라 생태계 전체에 걸쳐 광범위하고도 예상치 않은 결과들을 가져올 수 있기 때문에 중요한 문제로 관심을 기울여야 한다. 생물 다양성 훼손은 식량과 의복의 생산, 탄소 저장, 영양물질 순환 같은 생태 서비스ecological service를 수행하고 기후 변화 및 다른 **환경 변화**를 적응해가는 자연 및 관리 생태계의 능력을 약화시킬 것이다. 생물 다양성이 변화하는 원인과 결과에 대한 평가는 생물 다양성의 보존과 지속가능한 이용에 대한 초석을 다지는 일이며 과학이 도전해야 할 중요한 사안이다.

몇몇 인자는 전 지구적 규모에서 현재의 생물 다양성 변화를 유도한다. 이러한 인자들을 크게 4개 군으로 나눌 수 있는데, 지표 피복 변화land-cover change, 종의 착취와 교환(다른 생태계로부터의 식물과 동물의 무의식적이거나 의도된 도입), 기후 변화, 환경화학environmental chemistry에서의 변화가 그것이다(그림 10). 지표 피복의 변화는 **서식지 상실**habitat loss과 **서식지 단편화**habitat fragmentation를 초래한다. 가끔 인간에 의해 부추겨지는 종의 대륙 간 확대와 종의 지나친 착취는 동식물의 군집에 직접 영향을 미친다. 기후는 종들과 군집이 번창하는 생물기후적 공간 분포를 재조직함으로써 생물 다양성에 영향

그림 10. 생물 다양성 변화의 동인과 주요 상호작용

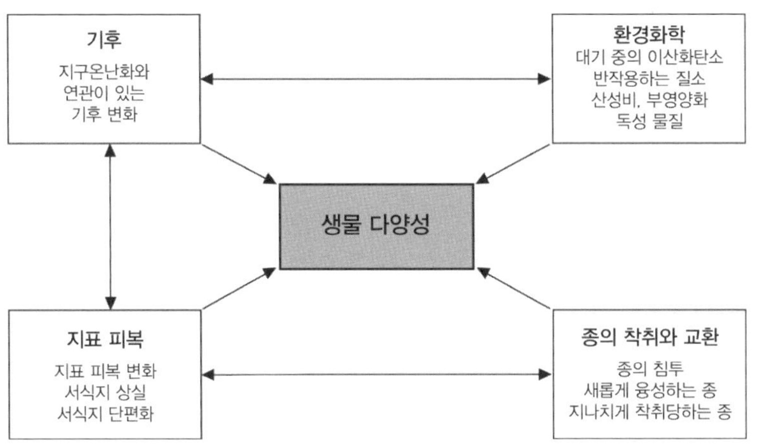

을 미친다. 호수에서의 영양분 누적, **토양** 산성화soil acidification 같은 환경에서의 화학적 변화도 생태권역에 영향을 미친다. 이렇게 분류된 요인들은 개별적으로 영향을 미치기도 하지만 서로 결합해 시너지 효과를 가져오기도 한다. 예를 들면, 질소의 높은 사용량은 생태계에서 대기 중 이산화탄소 수준 상승에 의한 영향을 가속화시킨다. 마찬가지로 생물적 교환biotic exchange의 효과는 토지 이용 변화와 같은 시기에 일어난다면 더욱 증대될 수 있다. 이와 유사하게 예측해보면 기후 변화와 서식지 파괴의 결합은 재앙으로 나타날 수도 있다(Travis, 2003).

▸ 더 읽어볼 자료: Gaston and Spicer(2004), Lovejoy and Hannah(2006).

생물학적 농축 BIOACCUMULATION / 생물학적 확대 BIOMAGNIFICATION

생물학적 농축bioaccumulation은 생물체가 배출할 수 있는 능력 이상으로 독성 물질을 흡수할 때 발생한다. 이러한 물질이 생물체에 머무는 시간이 길수록 위험 물질이 농축되어 건강이 위협받는다. 이러한 방식으로 농축되는 물질로는 메틸 수은, 납 합성 물질, 셀렌, DDT(염화 탄화수소) 등이 있는데, 이들은 모두 지방에서 녹는다. 이런 물질 중 상당수는 물보다 지방에서 더 잘 용해되어 생물체의 지방 조직에 쌓이게 된다. 먹이사슬food chain의 가장 아래층에 있는 종에서는 생물학적 농축이 매우 낮아서 건강 문제를 일으킬 가능성이 별로 없다. 그러나 생물체 자체가 먹이가 될 때에는 먹이 수준이 높아질수록 물질이 상위 수준으로 이동하면서 누적된다(또는 확대된다). 이런 과정을 생물학적 확대biomagnification(biological magnification, bioamplification, food-chain concentration)라고 한다. 레이철 카슨Rachel Carson은 『침묵의 봄Silent Spring』(1962)을 통해 이러한 농축 현상의 유해한 영향을 대중에게 경고했다. 이 책은 장기간 사용에 걸친 농약(주로 DDT)의 누적이 **환경**environment에 미치는 영향, 즉 야생wildlife에 악영향을 미치고 결국은 먹이사슬의 정점에 있는 인간에게 그 피해가 돌아갈 것임을 경고했다. DDT의 살충 성분은 파울 뮐러Paul Müller가 1939년에 처음 발견했는데, 이후 DDT는 살충제로서의 완벽한 효과로 대대적으로 사용되었다. 1960년대 초에 이르러 환경에서의 지속성과 먹이망에서의 농축이 분명히 밝혀졌다. 1972년 미국에서 강력한 의회 활동과 청원 제기의 결과로 환경보전청Environmental Protection Agency은 긴급한 사용을 제외하고는 DDT 사용을 전면적으로 금지했다.

일부 중금속 역시 생체 조직에 저장되어 생물학적 농축과 확대로 이어진다. 미국 루이지애나 주에서 통행량이 많은 도로변 배수로에 사는 동물과 식물에서 카드뮴과 납이 농축되어 있음이 밝혀졌다(Naqvi et al., 1993). 붉은늪왕새우Procambarus clarkii에게 카드뮴이 수중water의 32배, 납이 수중의 12배가 농축되어 있었고, 생물학적 농축 인자bioaccumulation factor는 5.1과 1.7에 이르렀다. 샌프란시스코 만에서는 2개의 먹이망 내에서의 두 가지 영양 단계에서 카드뮴 농축이 15배로 확대된다는 증거가 제시되었다(Croteau et al., 2005). 브라질의 알토 파라과이 강 유역에서는 금광에서 사용된 다량의 수은이 대기와 강으로 유입되어 야생보호구역인 판타나우의 먹이망에 농축되었다(Hylander et al., 1994). 이곳에서 상업적으로 중요한 메기Pseudoplatystoma coruscans는 인간 소비의 한계를 넘는 수은을 함유하고 있었는데, 이는 자연 상태의 농도보다 훨씬 높은 수준이었다. 새의 깃털에 함유된 수은 함량도 생물학적 농축을 나타냈다. 그러나 **토양**과 퇴적물 시료에서는 통계적으로 의미 있는 농축을 보여주지 않았다. 분명한 것은 생물체가 자연 상태에서 토양 광물질로 존재하는 수은보다 금광 채굴 과정에서 유출된 수은을 훨씬 쉽게 흡수한다는 사실이다.

생지화학적 순환 BIOGEOCHEMICAL CYCLE

생지화학적 순환biogeochemical cycle 또는 영양 순환nutrient cycle은 생물체, 대기, 암석, **토양**, 물 등을 통한 생물 요소bioelement(생물을 위한 필수 요소)들의 반복적인 이동이다. 이 순환은 생물적 상태와 무생물적 상태 모두를 가지며, 대기권·수권·토양권·암석권 내에서의, 그리고 권역 간의 다양한 화학적 종의 저장소(풀pool, 저장지reservoir, 매몰지sink)와 흐름flux도 포함한다. 그러므로 생물과 생물을 지지하는 **체계** 간의 물질 교환material exchange은 생지화학적 순환을 결정한다. 가장 큰 규모의 생지화학적 순환은 지구 전체와 연관된 것이다. 외부 발생 순환exogenic cycle은 지표면 가까이에 있는 물질들의 이동과 변형을 포함한다. 더욱 느리고 아직 완전히 밝혀지지 않은 내부 발생 순환endogenic cycle은 지각 저층과 맨틀에 있는 물질들의 이동 및 변형과 관련된다. 순환의 버팀대로서 기체 상태로 존재하는 탄소와 같은 생물적 요소는 기체 생지화학적 순환을 형성한다. 쉽게 휘발이 안 되는 생물 요소들과 마그네슘처럼 주로 용해 상태로 이동하는 생물 요소들은 퇴적 생지화학적 순환을 형성한다. 대순환major cycle은 수소, 탄소(그림 11), 질소, 산소, 마그네슘, 인, 칼륨, 황, 칼슘의 저장과 흐름을 포함한다. 미량 영양소인 나트륨과 염소, 그리고 미량 생물 요소로 간주되는 붕소, 몰리브덴, 규소, 바나듐, 아연 등도 생지화학적 순환을 가진다. 인간은 생화학 물질들의 흐름을 변화시키면서 주요 생지화학적 추진 주체가 되었으며, 이러한 물질들은 **환경**에 반사되어 다시 인간에게 돌아온다.

탄소 순환carbon cycle은 생물체에 매우 중요하다. **지구 온난화**global warming와 연관된 기후 변화의 위협이 현실이 된 상황에서 이산화탄소 농도의 상승

그림 11. 탄소 순환

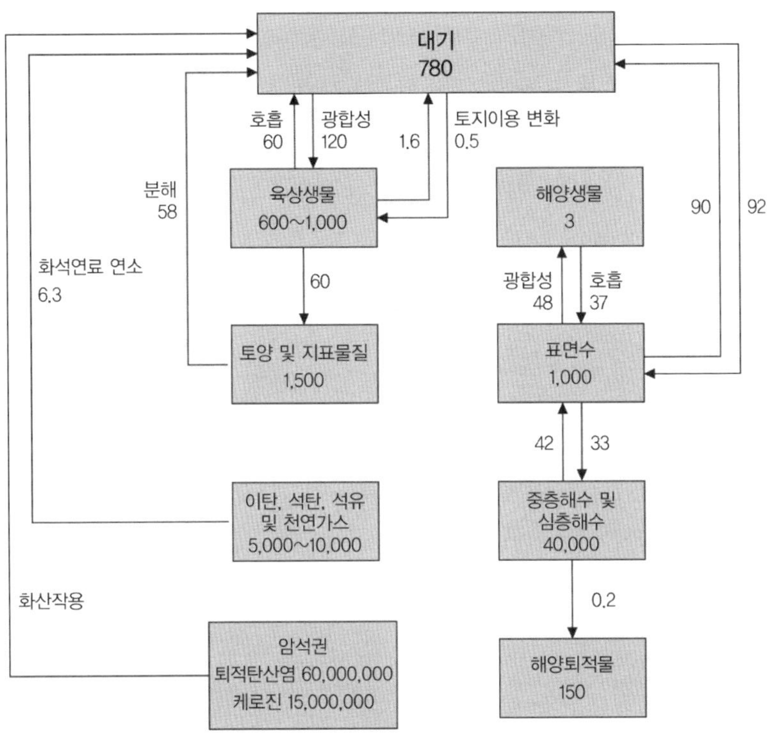

주: 저장의 단위는 탄소 10억 톤(gigatonnes of carbon: GtC)이며 이동은 연간 GtC다. 탄소는 지구상에 있는 모든 생물의 기본을 이루고 있다. 지구상의 탄소 순환은 생물체, 대기, 암석, 토양, 물을 통한 탄소의 반복적 이동이다. 광합성을 하는 식물은 대기 중의 탄소를 이산화탄소의 형태로 해서 탄수화물로 전환한다. 생산자의 호흡은 식물 탄소의 상당한 부분을 이산화탄소 형태로 대기 중으로 돌려준다. 동물은 상당한 양의 탄소를 흡수하고 신진대사를 한다. 동물 탄소의 일부는 소비자로서의 호흡을 통해 이산화탄소의 형태로 대기 중으로 돌아간다. 이러한 균형은 분해자 먹이사슬로 들어가는데, 분해자 호흡을 통해 대기 중으로 탄소가 유입되거나 유기물로 퇴적된다(이탄, 석탄 등). 불을 통한 연소나 화산 폭발 등은 대기 중으로 이산화탄소를 방출한다.

자료: Huggett(2007b).

이 **생태계**에 미치는 영향에 대한 연구가 많이 진행되는 것은 놀라운 일이 아니다(예를 들어, Falkowski et al., 2000). 탄소의 저장과 이동에 대한 측정 및 탄소 순환 과정에 대한 이해는 많은 진전이 있었다. 1970년대 초기의 모형화 연구는 지구상의 탄소 수지의 균형을 위해서는 탄소가 육상 생태계에 저장되어야 한다고 제시했다. 더욱이 1990년대의 연구들은 육상 생태계가 지구 체계 내의 탄소 균형을 조절하는 데 중요한 역할을 한다는 사실을 확인했다. 지구 탄소 순환 연구는 지구 온난화 문제의 핵심으로, 잎의 광합성, 식물 호흡, 뿌리의 양분 흡수, 탄소 분배carbon partitioning(뿌리·줄기·잎 등에 대한 탄소 분배)를 포함하는 식물학의 여러 분야에서 큰 연구 자극제가 되었다. 이러한 연구들은 분자 수준에서의 이산화탄소 농축 증가의 반응에서부터 생물 군집에서의 종의 다양성에 대한 영향과 생물권에서의 탄소 이동에 이르기까지 다양하다. 전 지구적 차원에서의 생물권 모형은 지구 온난화의 강화에 따른 육상 생태계의 잠재적인 변화를 예측하는 실험적 결과를 얻어내고 있다. 최근 연구에 따르면, 적어도 일부 생태계에 대해서는 탄소 순환의 복잡성과 기온 상승의 영향에 대한 명료한 예측 작업이 신뢰성 담보에 어려움이 있음을 보여준다(Rustad, 2001). 탄소 순환과 관련된 두 가지 상충되는 과정은 기후 온난화와 관련이 있다. 첫째, 역방향 **피드백**으로 강화된 영양분의 광물화 작용mineralization과 길어진 성장 계절에 의한 식물 성장 및 탄소 회수(탄소 제거)carbon sequestration 증가 현상이다. 둘째, 온난화는 순방향 피드백 작용에 대한 방아쇠 효과로, 육상 식생에서의 생물학적 신진대사를 자극하고, 이로 인해 열에너지를 붙잡는 기체들의 대기 중으로의 방출이 강화되고, 인위적인 온난화도 강화되는 것이다. 두 번째 작용에 대한 인지를 통해 기후 변화 국가 간 패널International Panel on Climate Change: IPCC이 예측한 기온 상승률의 증가는 부분적으로 파악되고 있다. 이러한 작용에 대한 야외 실험이 미국 대평원의 키 큰 풀의 프레리tall-grass prairie에서 행해졌는데, 또 다른 복잡한 요인으로 새 환경 적응acclimation의 존재가 밝혀졌다(Luo et al., 2001). 이 과정은 기온 상승에 따라 단순히 토양 호흡이 상승하기보다는 더 높아진 기온에 토양이 새롭게 적응하는 경향을 보이며, 더 높은 기온에 적응한 결과로 순방향의 피드백 효과를 약화시킨다는 것이다. 이에 더하여 이산화탄소 농도의 증가는 미생물 활동을 강화시키는데, 이는 다시 토양 집적체soil aggregate의 형성을 도모한다. 그리고 토양 집적체는 미생물 공격에 대항하는 토양 내의 유기물 미립질들을 보호하므로, 이산화탄소 농도가 높아진 결과에 따른 토양 집적화의 증가는 토양 탄소의 회수를 유도한다. 이는 역방향 환류의 예가 된다.

▸ **더 읽어볼 자료**: Jacobson et al.(2000).

생태계 ECOSYSTEM

1935년에 영국의 생태학자인 아서 탠슬리는 생태계ecosystem(생태적 체계 ecological system)를 생물체를 지탱하는 물리적 **환경**physical **environment**과 함께 자체적으로 유지되는 생물체 군집community으로 정의했다. 그런데 일설에 따르면, 로이 클래펌Roy Clapham이 1930년에 탠슬리에게서 하나의 단위로 하나의 환경에서 서로 연관되는 물리적 요소와 생물적 요소를 지칭하는 적당한 단어가 없을까 하는 요청을 받고 이 용어를 제안했다고 한다(Willis, 1994, 1997). 학술지 ≪생태학Ecology≫에 실린 레이먼드 린더만Raymond Lindeman의 선구적인 논문에서는 생태계의 영양물질 역동성 개념trophic-dynamic concept을 도입했는데(Lindeman, 1942), 이는 생태계의 한 부분에서 다른 부분으로의 **에너지** 이전에 대한 관심을 불러일으켰다. 또한 이 개념은 유기체를 더욱 분명한 영양 단계trophic level — 생산자, 1차 소비자(초식동물), 2차 소비자(육식동물), 3차 소비자(최상위 육식동물) — 로 범주화했으며, 이 단계들은 에너지의 원천으로서 연속적으로 이전 단계에 의존하게 된다. 린더만은 생태계를 "주어진 어떤 크기의 공간·시간 단위 내에서 활동하는 물리적·화학적·생물적 과정으로 구성된 체계"로 정의했다(Lindeman, 1942: 400).

생태계 규모는 (몇몇 종과 유동성 매체fluid medium로 구성된) 생물을 유지할 수 있는 최소 단위에서 지구 생태계 또는 생태권에 이르기까지 매우 다양하다. 생태계를 특징짓는 것은 생물체와 이들 환경 간의 에너지와 물질의 교환이다. 생물체는 미생물, 동물, 식물의 상호작용 체계를 형성해서 먹이사슬food chain, 먹이망food web, 영양 단계 등으로 조직화된다. 무생물 부분은 무기물, 생물 활동에 따른 유기물 부산물, 자연환경 요인(바람·조수·열·빛 등)들로 구성된다. 생태계는 실재 단위로서 생태 군집(같은 장소에 살고 있는 종들의 상호작용 체계)과 무생물적 환경의 복잡하고 역동적인 하나의 통일된 전체로서 작용한다. 생태계 개념에는 생물체는 지속적으로 자신들의 환경을 구성하는 모든 요소와 상호작용을 해야 한다는 중요한 의미가 포함되어 있다. 전 지구적 생태계로 확대해보면 '모든 것은 다른 모든 것과 연계되어 있다'라는 격언으로 표현된다.

생태계 개념의 광범위한 수용은 현대 생태학의 발전을 이끌었고, 이는 주요한 국제적 프로그램들의 초석이 되었다. 예를 들면, 국제 생물학 프로그램 International Biological Programme: IBP과 그 후속 프로그램들이 대표적이다.

▸ **더 읽어볼 자료:** Dickinson and Murphy(2007).

생태적 지위 ECOLOGICAL NICHE

생태적 지위ecological niche(또는 그냥 지위地位)에 대한 개념은 간단해 보이면서도 복잡하다. 근본적으로 유기체의 생태적 지위는 '주소address'와 '전문직profession'으로 정의되는 **생태계** 내에서의 장소place를 말한다. 주소 또는 가정home은 유기체가 살고 있는 **서식지**로, 때로는 서식지 지위habitat niche라 불리기도 한다. 1917년 조지프 그린넬Joseph Grinnell이 처음으로 이 개념을 제안했다. 전문직 또는 직업occupation은 먹이사슬에서의 위치 또는 기능이며, 따라서 기능적 지위functional niche로도 불린다. 이 개념은 1927년 찰스 엘턴Charles Elton에 의해 개발되었다. 종달새Alauda arvensis의 주소는 개방된 이탄습지moorland이며(최근에는 경작지), 그의 직업은 곤충과 씨앗을 함께 먹는 것이다. 쇠황조롱이Falco columbarius의 주소는 열린 들판이며, 특히 이탄습지다. 그의 직업은 새를 잡는 것인데, 종달새나 풀밭종다리Anthus pratensis가 주요한 먹잇감이다. 회색 다람쥐Sciurus carolinensis의 서식지 지위는 활엽수림이며, 그의 직업은 밤을 먹는 것이다(소형 초식동물). 회색 늑대Canis lupus의 서식지 지위는 냉대 침엽수림이며, 그의 직업은 대형 포유류를 잡는 것이다.

조지 에벌린 허친슨George Evelyn Hutchinson(Hutchinson, 1957)은 지위를 기온, 습도, 먹이 크기 등을 포함해 종의 복지welfare에 영향을 미치는 환경 요인들의 다차원적 공간에서의 지역region(n-차원 부피n-dimensional hypervolume)으로 정의했다. 이런 정의는 상당한 관심을 모았는데, 이는 종의 '전문성'을 측정하는 것보다는 생태적 인자에 대한 종의 허용 범위tolerance range를 정하는 것이 더 쉽기 때문이다. 허친슨은 원리적 지위fundamental niche와 현실적 지위realized niche를 구분했다. 원리적(또는 가상의virtual) 지위는 최적의 물리적 조건 속에서 어떠한 경쟁자나 상위 포식자가 없는 환경에서 살아가는 것을 말한다. 현실적(또는 실질적actual) 지위는 원리적 지위보다 항상 규모가 작으며, 생물적·무생물적 **제한 인자**limiting factor에 의해 제약받는, 생물체가 점유하는 '실제 세계'의 지위로 정의된다.

지위는 하나의 개별 생물, 종, 그리고 **개체군**이 **환경**과 어떻게 상호작용을 하는지, 그리고 환경을 어떻게 이용하는지를 반영한다. 지위는 환경 조건에 대한 **적응**adaptation과 관련된다. 경쟁적 배제 원칙competitive exclusion principle은 두 개의 종이 동일한 지위를 함께 점유하는 것을 배제하는 것이다. 그러나 종의 집단 또는 동일한 전문 직업군(조합guild)의 종들은 유사한 방법으로 동급의 환경 자원을 이용하기도 한다(Root, 1967). 예를 들면, 참나무 숲에서 조류의 어떤 조합은 참나무 잎에서 절지동물을 먹잇감으로 삼고, 어떤 조합은 날아다니는 곤충을 잡아먹으며, 또 다른 조합은 씨앗을 먹는다. 캘리포니아 참나무 숲에 있는 잎따기·이삭줍기 조합의 구성원은 작은뿔관박새Parus inornatus(박샛과), 푸른모기잡이Polioptila caerulea(휘파람샛과), 미국초록개고마리Vireo gilvus(미국개고마리과)와 쇠신세계솔세Vireo huttoni(미국개고마리과), 오렌지 무늬 휘파람새Vermivora celata(신대륙개개비과) 등의 4개 과로 이루어져 있다(Root, 1967).

한 종만이 하나의 지위를 점유하기도 하지만, 여러 지리적 지역에서는 서로 다른 종이 동일한 지위 또는 유사한 지위를 점유하기도 한다. 이러한 종은 생태적 동종ecological equivalent이거나 대체종vicar이다. 초원 생태계는 무리를 지어 사는 대형 초식동물을 위한 지위를 제공한다. 북미에서는 북미산 들소와 영양이, 아프리카에서는 영양, 가젤, 얼룩말, 일런드영양 등이, 유럽에서는 야생마와 당나귀가, 남미에서는 팜파스 사슴과 과나코가, 호주에서는 캥거루와 왈라비가 이러한 지위를 점유하고 있다. 이러한 사례들에서 볼 수 있듯이, 매우 독특한 종들도 역사적·지리적 사건을 통해 생태적인 동종이 되었을 것이다. 많은 조류 조합도 여러 대륙에서 생태적인 동종을 가지고 있다. 과즙을 먹이로 하는nectivore 조합은 북미, 남미, 그리고 아프리카에서 대표적이다. 칠레와 캘리포니아에서는 벌새(벌샛과)가 대표 종을 이루고, 아프리카에서는 태양새(태양샛과)가 대표 종이다. 벌새와 태양새 간의 눈에 띄는 유사점은 보는 방향에 따라 깃털의 색깔이 달라진다는 것이다. 서로 다른 지역에서 자라는 매우 다른 줄기를 가진 식물종들plant species도 동일한 환경적 압력pressure에 놓이면 동일한 생태적 지위에 적응하기 위해 동일한 생활형으로 진화한다. 건조한 지역에서 자라는 미국의 선인장과 남아프리카의 등대풀은 부족한 수분을 보존하기 위해 다육질과 다즙을 가진 줄기로 진화해왔으며, 잎 대신 가시로 진화해왔다.

▸ **더 읽어볼 자료:** Chase and Leibold(2003).

생태 지역 ECOREGION

캐나다의 삼림학자인 오리 루크스Orie Loucks는 1962년 처음으로 생태 지역ecoregion(때때로 생물 지역bioregion으로 불린다)이라는 개념을 제시했다. 생태 지역은 '지역을 특징짓는 **토양**과 지형의 결합 특성과 연관된 **생태계**ecosystem의 반복되는 패턴'이다(Brunckhorst, 2000). 세계야생기금World Wildlife Fund: WWF은 더욱 긴 정의를 내리고 있는데, 대다수 종들과 생태적 역동성 및 환경 조건을 공유하며 장기적으로 지속하는 데 중요한 생태적 상호작용을 하는 자연 공동체들의 뚜렷한 지리적 결합체를 가진 넓은 면적의 육지와 수체라고 정의한다. 세계야생기금의 보전과학 프로그램은 지구 전체에서 825개의 육상 생태 지역을 확인해왔으며, 약 450개의 담수 생태 지역이 확인 중이다. 또 세계야생기금은 최근 국제자연보호협회The Nature Conservancy와 협력해 229개의 해안 및 대륙붕 해양의 생태 지역에 대한 국제적인 체제를 발전시켰다.

▸ 더 읽어볼 자료: Bailey(1995, 1996, 1997, 2002).

서식지 HABITAT

생물 개체, 종, **개체군**은 해양과 육지 모두에서 특정 장소에 서식하려는 경향이 있다. 이런 장소들을 **서식지**habitat라고 한다. 특정 환경 조건 – 복사량, 빛, 온도, 습도, 바람, 산불 빈도와 강도, 중력, 염도, 해류, **지형**, **토양**, 기질 substrate, 지형, 인간 **교란** 등 – 은 각각의 서식지를 특징짓는다.

서식지는 여러 형태와 크기를 가지며, 전 범위에서의 지리적 규모를 가진다. 규모는 소, 중, 대, 거대 범위에 걸쳐 있다. 소규모 또는 소서식지의 면적은 몇 제곱센티미터(cm^2)에서 큰 경우는 $1km^2$에 이른다. 서식지는 나뭇잎, 토양, 호수 바닥, 모래 해변, 애추 사면, 벽, 하안 제방, 소로 등이다. 중규모 또는 중서식지는 1만 km^2까지의 면적, 즉 $100 \times 100km^2$를 갖는데, 이 면적은 영국 체셔 지역과 같은 크기다. 비슷한 특징의 지형과 토양, 유사한 교란 현상disturbance regime, 유사한 지역 기후는 각각의 주요 중서식지에 영향을 준다. 활엽수림지, 동굴, 하천 등이 그 예다. 대규모 또는 대서식지는 면적이 약 10만 km^2에 이르는데, 이는 아일랜드와 비슷한 크기다. 거대 규모 또는 거대 서식지는 100만 km^2 이상의 지역적 범위를 가지며, 대륙 또는 지구 전체 지표면을 포함한다.

별개인 두 가지 종이 똑같은 서식 조건을 가지지 않는다는 것은 분명해 보인다. 두 개의 극단적인 경우 – 특이종fussy species과 특화 서식종habitat specialist species 또는 단순종unfussy species과 일반 서식종habitat generalist species – 가 있으며, 이 둘 사이에는 '까다로움fussiness'의 모든 단계가 있다. 특화 서식종은 세밀한 서식 조건을 필요로 한다. 영국 남부 지역에 서식하는 붉은 개미Myrmica sabuleti는 따뜻한 남사면의 건조한 히스 대지가 필요하고, 초지종 50%를 포함해야 하며, 지난 5년 내에 교란을 받은 곳이라야 한다(Webb and Thomas, 1994). 그 밖의 종들은 덜 까다로우며, 넓은 범위의 환경 조건에서 번성한다. 세가락딱따구리Picoides tridactylus는 북반구를 아우르는 넓은 범위의 냉대림에서 서식한다. 일반 서식종은 넓은 범위의 환경으로 서식지를 확장할 수 있다. 식물계에서 질경이Plantago major는 전형적인 초지종으로, 남극, 북아프리카, 중동의 건조 지역을 제외한 모든 지역에서 발견된다. 영국제도의 경우 질경이는 기후나 토양 조건에 상관없이 산성 토양과 염기성 토양 모두에서 생장한다. 또한 이 종은 길, 오솔길, 교란된 서식지(폐석廢石 더미, 폭파 지역, 경작지), 목초지 및 초원, 도로변, 강둑, 수렁, 골격형 서식지skeletal habitat, 잔디밭과 운동장에서도 잡초로 서식한다. 수목 지대의 경우 질경이는 승마 도로상의 비교적 그늘지지 않은 지역에서만 서식하며, 수생 서식지 또는 키가 큰 초본 개체군에서는 살지 않는다. 이러한 명확한 사례들이 있는데도 일반 서식종과 특화 서식종 간의 구별은 항상 뚜렷하지 않으며, 때때로 거의 자의적으로도 보인다. 조류를 예로 들면, 어떤 과학자는 특화 서식종은 하나의 서식 지형에서 번식하는 종으로, 일반 서식종은 두 개 또는 그 이상의 서식 지형에서 번식하는 종으로 규정하기도 한다(예: Skórka et al., 2006).

서식지 상실 HABITAT LOSS / 서식지 단편화 HABITAT FRAGMENTATION

서식지 상실과 단편화는 전 지구적 **생물 다양성**에 심각한 위협이 되고 있으며, 식물, 무척추동물, 양서류, 파충류, 조류, 포유류를 포함한 거의 모든 분류군에 불리한 영향을 끼친다. 따라서 이들 현상은 보존생물학conservation biology 분야에서 주요한 연구 주제가 되어왔다(Haila, 2002; Fazey et al., 2005). 그러나 명확한 이론적 기초의 부재와 부정확하거나 일관성 없는 용어 사용이 이 분야의 발전을 가로막고 있다.

조언 피셔Joern Fischer와 데이비드 린덴마이어David Lindenmayer는 경관 변경이 종과 생물군에 미치는 효과를 이해하는 데 두 가지 접근법이 있다는 것을 인지했는데(Fischer and Lindenmayer, 2007), 이것들은 접근법들의 연속체상에서 양극을 대표하는 것이다(그림 12). 첫 번째 극단적 접근법은 종 지향적species-oriented 접근법으로, 개별 종에 초점을 두며, 개개의 종은 경쟁, 포식, 공생 같은 종 간의 작용은 물론, 먹이, 은신처, 영역, 적당한 기후 환경 등 개체의 필수 조건과 관련된 일련의 작용에 대해 개별적으로 반응한다고 가정한다. 종 지향적 접근법의 이점은 확립된 생태적 인과관계의 활용에 있으나, 주어진 경관 속에서 모든 개별 종을 연구하기는 불가능하다는 것이 가장 큰 제약이다.

두 번째 극단적 접근법은 패턴 지향적pattern-oriented 접근법으로, 대개 인간에 의해 지각된 경관 패턴과 종의 풍부도 같은 집단적 측정법을 포함하는, 종 발생 측정치와 경관 패턴 간의 상호 관련성에 초점을 두고 있다. 패턴 지향적 접근법은 **도서생물지리학**island biogeography에서 발단되었으며, '단편화 관련' 연구에서의 전통적인 사상적 근거다(Haila, 2002). 패턴 지향의 이론적

그림 12. 인간에 의해 변경된 경관에 대한 두 가지 주요 관점

(a) 경관에 대한 패턴 지향적 관점

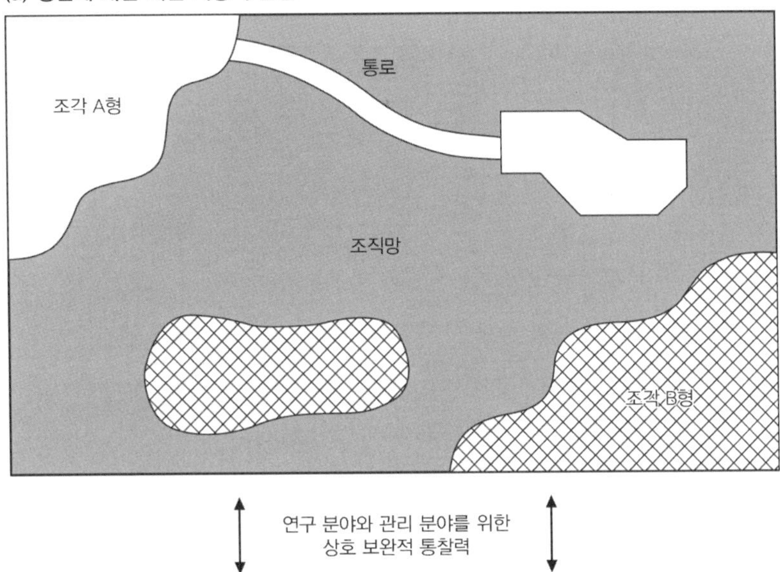

(b) 경관에 대한 종 지향적 관점

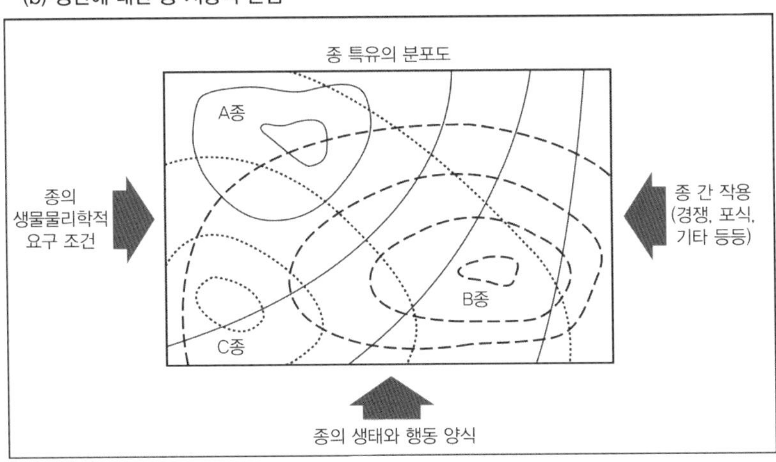

자료: Fischer and Lindenmayer(2007).

경관 모형에는 두 가지가 널리 사용되는데, 조각·통로·바탕 모형(Wilson and Forman, 2008)과 좀 더 좁은 범위에서 사용되는 다양성 모형(McIntyre and Barrett, 1992; Ingham and Samways, 1996)이 있다(**경관생태학**landscape ecology 참조). 모든 패턴 지향적 접근법은 인간의 편의에 의해 정의된 지표 피복land cover(주로 자연 식생)에 기초를 두고 있으며, 종 또는 생물군과의 상호 관계를 확증해 생태계의 잠재적 인과성을 추론하려고 한다. 이 접근법들은 광범위하게 적용될 수 있는 통찰력을 제공하지만, 주된 제한점은 개별 종과 그 생태적 과정을 집단화하는 행위에 있으며, 이런 점은 복잡한 인과관계와 개별 종 간의 미묘한 차이에 대한 과도한 단순화로 이어진다.

종 지향적 접근법과 패턴 지향적 접근법은 이러한 차이가 있긴 하지만 변경된 경관에서의 생태를 이해하려는 탐색 활동에서는 상호 보완적이며, 이 두 가지 접근법 모두 서식지 상실과 파편화 현상의 과정에 대한 중요한 통찰력을 제공해왔다. 요약하면 이들 통찰력은 다음의 내용을 포함한다(Fischer and Lindenmayer, 2007). **서식지**는 종 특유의 개념species-specific concept이며, 자연 식생에 국한되지 않는다. 주어진 종의 경우 위협은 특정 서식지의 불리한 방향으로의 변화, 그리고 종의 생태, 행동 양식, 다른 종들과의 상호작용에 대한 파괴 현상 등으로부터 발생한다. 이런 위협들은 **멸종**extinction 취약성에 영향을 주며, 이 점이 연구의 주된 초점이다. 어느 정도 잘 유지되는 자연 식생은 고유종native species에 이익을 주는 경향이 있으나 자연 식생량에 대해 적용 가능한 보편적인 최소 '임계치'는 없다. 가장자리 효과edge effect는 경관 조각 내부로의 다양한 세력 침투력과 다양한 결과를 지니지만, 최근의 논평은 가장자리 효과가 생각보다는 개별적이지 않을 수 있다고 본다. 바탕matrix과 경관의 이질성 조건들은 변경된 경관의 경우 근본적으로 중요하며, 이 조건들은 연구 과정과 관리 분야에서 자연 식생의 조각들에서와 같이 주의를 기울여야 한다. 체제의 변동과 체계상의 연속적 멸종 현상은, 특히 자연 식생 피복의 심각한 감소 현상, 경관 전체를 통한 식생 구조의 단순화 현상, 전체 기능적 생물군 또는 중추 종keystone species의 상실 이후에 발생할 가능성이 높다.

▸ 더 읽어볼 자료: Lindenmayer and Fischer(2006b), Puttker(2008), Steffen et al.(2004).

수문 순환 HYDROLOGICAL CYCLE

수문 순환hydrological cycle 또는 물의 순환water cycle은 수권, 대기권, 지각의 상부를 통한 천수天水, meteoric water(강수에서 유래된 물)의 순환이다. 이 순환은 지하 깊은 곳의 마그마 생성 및 암석 순환과 관련된 초생수初生水, juvenile water의 순환과 연결된다. 초생수는 깊은 지하의 암석층에서 올라와 화산을 통해 기상 지대meteoric zone로 처음 방출된다. 수화광물에 붙잡히거나 퇴적물의 공극孔隙, pore space에 갇힌 천수는 유류수遺留水, connate water로 불리기도 하며, 기상 순환meteoric cycle으로부터 섭입 지역으로 이동하면서 지구 내부 깊은 곳까지 운반된다.

물의 순환에서 육상 단계land phase는 자연지리학자에게 전문적인 관심 분야다. 육상 단계는 물이 대기권에서 지표면으로 이동하고 다시 대기권으로 돌아가거나 바다로 흐른다고 보는 것이다. 육상 단계는 지표 배수 체계와 지하 배수 체계를 포함하는데, 이 배수 체계 내의 물의 흐름은 **유역분지drainage basin**(유역watershed, 집수역集水域, catchment area) 내에서 이루어진다. 분지 수문 체계basin water system는 사실상 물 저장소의 집합a set of water stores이다. 물의 저장소들은 대기권으로부터 물의 유입과 지하 깊은 곳의 지하수 저장소로부터의 심층 유입深層流入, deep inflow을 받으며, 증발 작용, 하천 유출, 심층 유출deep outflow 등의 유출로 물을 상실한다. 그리고 내부 흐름internal flow를 통해 서로 연결되어 있다. 요약하자면 분지의 물은 다음과 같은 방식으로 이동한다. 강수를 통해 분지 체계에 유입된 물은 **토양**이나 암석 표면에 저장되기도 하고, 식생에 채수되어 보관되기도 하며, 하도에 직접 떨어지기도 한다. 식생에서의 물은 가지나 줄기를 따라 흘러내리기도 하고(줄기 흐름stem-

표 4. 대륙과 해양의 물 수지

	대륙(1억 4,890만 km²)			해양(3억 6,110만 km²)		
	강수량	증발량	유출량	강수량	증발량	유출량
물의 부피(km^3)	111,100	71,400	39,700	385,000	424,700	−39,700
물의 깊이(mm)	746	480	226	1,066	1,176	−110

자료: Baumgartner and Reichel(1975).

flow), 잎이나 가지에서 물방울로 떨어지기도 하며(잎과 줄기 물방울 낙하leaf and stem drip), 증발되기도 한다. 토양이나 암석 표면에서의 물은 지표면 위를 흘러(지표류地表流, overland flow) 토양이나 암석에 침투浸透하거나 증발된다. 암석이나 토양으로 일단 들어오면 물은 사면을 따라 측방으로 하부 이동해(관통류throughflow, 관류管流, pipeflow, 중간유출中間流出, interflow) 하천으로 흘러들어가기도 하고, 중력 방향으로 흘러 지하수 저장소를 채우기도 하며recharge, 증발하기도 한다. 지하수는 모관 작용毛管作用, capillary action을 통해 상승해 암석과 토양에 있는 물의 저장소 위까지 가득 채우기도 하고, 하천으로 흘러들어가기도 하며(기저류基低流, baseflow), 깊은 지하에 있는 저장소의 물과 교환되기도 한다.

전 지구적인 강수량과 증발량의 추정치는 모두 연간 973mm로 알려져 있으며, 이 값은 49만 6,100km^3의 물로 변환된다. 그러나 강수량, 증발량, 유출량run-off은 육지와 바다 모두에서 일정치 않다(표 4). 연간 추정치를 보면, 육지의 경우 강수량이 11만 1,100km^3인데 그중 증발량이 7만 1,400km^3, 유출량이 3만 9,700km^3이며, 바다의 경우 강수량이 38만 5,000km^3인데 그중 증발량이 42만 4,700km^3, 유입량이 3만 9,700km^3다(이는 단순히 강수량과 증발량 간의 수량적 차이다).

물의 수지收支, water balance상에서 이런 근본적 차이가 나는 것은 수증기(유출)가 바다에서 증발되어 대기권을 통해 대륙으로 이동하며 반대의 현상으로 대륙에서 해양으로 유출되기 때문이다. 이 두 가지 물의 흐름은 위도상

표 5. 물의 저장소와 교체 시간

저장소	부피(km^3)	교체 시간
생물권	1,120	몇 시간에서 1주까지
대기권	12,900	10일
하천	2,120	16일
소택지와 습지	11,500	1~10년
호소(湖沼)와 저수지	176,400	10~20년
토양	16,500	2주에서 1년까지
빙모(氷帽), 빙상(氷床), 만년설	24,064,000	1만 년
산지빙하(山地氷河)	40,600	1,500년
대양과 해양	1,338,000,000	2,000~4,000년
지하수	23,400,000	2주에서 1만 년까지

자료: Laycock(1987).

의 지대들 및 대륙과 해양 간의 물 순환의 배경을 이루는 추진력인 것이다. 이러한 물 수지 불균형이 없는 유일한 지역은 자체 배수구역internal drainage을 가진 내륙 지역인데, 이러한 지역이 유출량은 없으며 강수량이 증발량과 같은 곳이다. 지표 전체에서 해수의 교환이 전체의 80%나 차지한다는 사실은 지구적 물 순환에서 바다가 차지하는 중요성을 강조해준다. 물의 부피로 표현된 대지에서의 유출량은 해양이 손실한 물의 양과 균형을 이룬다는 점에 주목하자.

대기권의 물은 비록 수권의 작은 부분이지만 다른 환경 **체계**에 매우 중요한 작용을 한다. 대기권에 보관된 물의 부피는 1만 3,000km^3에 지나지 않는다. 지구 표면의 면적이 5억 1,000만 km^2이므로 만약 대기권의 수증기를 액화시킨다면, 간단한 산술로 보아도 이 수증기는 겨우 2.54cm 깊이의 수층을 형성하게 된다. 전 지구적으로 1년 동안의 평균 강수량은 97.3cm다. 그러므로 매년 38번(97.3/2.54)의 강수 순환이 있는 것이며, 대기권에 있는 물 분자의 평균 지속 기간은 10일(365/38)이다. 지구의 지표면 담수surface fresh water는 만약 보충되지 않으면 증발 현상에 의해 5년이라는 짧은 기간 내에 사라져버리고 하천을 통해서는 10년 만에 배수되어 사라져버릴 것이다. 표 5는 지구 물 저장소의 크기 및 교체 시간을 보여준다.

▸ **더 읽어볼 자료**: Shiklomanov and Rodda(2003).

수용력 CARRYING CAPACITY

수용력carrying capacity의 개념은 생태계에서 **개체 수**와 자원 간의 균형을 상정한 것이다. 수용력은 **환경**의 자원resource of environment 또는 장소의 자원이 **생태계** 내에서 어떤 종의 개체 수와 종들, 그리고 생태계 작용에 필요한 모든 요소를 위태롭게 하지 않으면서 최대한도로 종의 개체 수를 유지하는 능력을 말한다. 만일 개체 수가 수용력을 능가하면 과도한 개체 수를 지탱하기 위한 자원이 부족한 상태가 된다. 따라서 개체 수가 감소하면서 다시 새로운 수용력 균형을 이루게 된다. 만일 개체 수가 수용력 이하라면 개체 수는 수용력 수준을 향해 정상적으로 늘어나게 된다. 개체 수 모형에서 K는 수용력을 의미한다.

수용력은 자연 생태계와 농업 생태계agroecosystem, 그리고 여가 체계recreation system에까지 적용이 가능하다. 농업의 경우 수용력은 가축의 적정한 수를 결정한다. 여가 활동을 위한 토지 이용 분야의 수용력은 환경에 해를 주지 않으면서 휴양 시설을 이용할 수 있는 사람의 수와 여가 활동의 종류를 결정한다. 모든 종류의 생태계에서 수용력은 원칙적으로 물, 열, 영양 공급과 같은 **제한 인자**limiting factor에 의해 조절된다. 물론 사회적·경제적 요인도 수용력을 제한한다. 인간 활동은 환경 수용력을 넘어서 인구를 부양하도록 만드는 경우가 많아 환경 악화를 불러온다. 관리의 범위를 넘는 가축 수를 유지한다거나 여가 지역에서 너무 많은 이용객을 유치하는 경우 등이 이러한 사례에 속한다. 방목지에서의 수용력은 강수량과 **토양**의 비옥도soil fertility에 의해 결정된다. 미국의 경우 목장과 방목지에서의 수용력은 제곱킬로미터(km^2)당 200두에서 4두까지 다양하다.

이론적으로 행성 지구도 수용력을 가지고 있다. 실질적으로는 지구 행성의 환경 수용력은 정해진 인간적 가치human value에 따라 계산될 수 있다. 이러한 인간적 가치는, 인간이 어떤 종류의 생활을 원하는가, 그리고 어떤 종류의 환경을 원하는가에 따라 결정된다. 이를 위한 최고 수준의 견적은 식량, 물, 의복, 그리고 쓰레기 처리장과 같은 필수물들을 제공하기 위해 일인당 필요한 토지와 자원의 양에 따라 결정된다. 더욱 낮은 수준의 견적은 더 높은 질의 생활을 제공하고 여가와 야생 같은 쾌적성을 위한 공간을 더 많이 제공한다.

순환성 CYCLICITY / 주기성 PERIODICITY

순환cycle은 일정한 간격으로 반복되는 사건이다. 예를 들면, 일일 순환, 계절 순환, 연간 순환 등이다. 주기period는 하루, 일 년 등과 같이 동일 위치에서 다시 그 위치에 이르는 순환 시간이다. 순환성cyclicity과 주기성periodicity은 자연지리학의 모든 분야에서 매우 중요하다. 수많은 생물학·기후학·생태학·지질학·지형학·수문학·기상학·토양학에서의 많은 현상들이 순환적 행태를 보여주기 때문이다. 이러한 사실은 조지프 바렐Joseph Barrell이 잘 표현했다.

> 자연은 기후와 지각 변동의 리듬으로 진동한다. 그것은 (연흔으로 기록되는) 표면수의 급속한 진동에서부터 (지구의 역사를 주기와 연대로 구분해왔던) 깊게 갇혀 있던 티탄족의 오랫동안 늦추어진 해방에 이르기까지 다양한 주기를 가진 층서 표현에서 발견된다(Barrell, 1917: 746).

잘 정립된 많은 외부 및 내부 순환들은, 환경 기록으로 볼 때 추적이 불확실한 것들도 있지만, 지구 **체계**에 대해 잠재적인 영향을 주고 있다. 주된 외부 순환은 태양 활동, 달의 순환, 행성 순환, 은하 순환, 은하 간 순환 등과 연관된다. 태양 순환은 며칠에서 몇백 년에 이르는 여러 요소를 가지고 있으며, 기후와 여러 환경 체계에 영향을 미친다(**태양 강제력**solar forcing 참조). 달 순환은 매일, 격주, 18.6년 주기의 달 교점lunar nodal 순환 또는 메톤 순환metonic cycle(이를 발견했다고 여겨지는 그리스인의 이름 메톤Meton을 따서 붙여짐)과 같은 강력한 순환들을 가지고 있는데, 나일 강의 홍수 기록, 가뭄 기록(특히 Currie, 1984), 북극 기후 진동(Yndestad, 2006) 등에서 추적이 가능하다. 궤도 강제력과 연관이 있는 행성 순환은 주요 주기들의 범위가 2만~40만 년이며, 순환들이 잘 일치하는 조건에서는 지구 기후에 큰 영향을 미치는데, 특히 빙하기와 간빙기의 교차를 야기한다(**천문학적 강제력**astronomical forcing 참조).

내부 순환은 그 기원이 지질학적이다. 내부 순환은 외부 순환에 부분적으로 갇히기도 하지만, 대체로 매우 긴 주기를 가진다. 최근 석회질 플랑크톤의 다양성에 대한 고해상도 기록, 전 지구적 해수면 상승, 해양 동위원소(산소·탄소·스트론튬) 비율, 대규모 화성암 분출, 지난 2억 3,000만 년 동안의 충돌구 연대 등에 대한 통계 분석에 의해 2,500만~3,300만 년에 이르는 범위의 주기들을 가진 다양한 변화에 대한 천문학적·지구물리학적 조정자들의 존재가 밝혀졌다(Prokoph et al., 2004). 그 결과로서 중생대 초기의 플랑크톤 출현 이후 지구적 환경 조건에서의 장기적인 순환적 변화와 주기적인 대규모 화산 폭발 및 운석 충돌 사건들이 그 다양성을 조절해온 것이다(Prokoph et al., 2004). 또 다른 연구에서는 다양성에 대한 6,200만 년 주기의 뚜렷한 순환도 드러났다(Rohde and Muller, 2005).

시간 TIME

자연지리학에서 시간의 역할은 논쟁을 불러일으켜왔다. 지형학자와 생태학자가 논쟁에 제일 많이 관련되어 있지만 다른 모든 학문 분야의 연구자들도 관련된다. 문제의 핵심은 상대적으로 단기간(수일에서 세기 단위까지)에 일어난 현상에 관한 것과 지질적 시간대(수천 년에서 수백만 년까지)를 통해 발생했던 사건 사이의 구분과 상관이 있다.

생태학의 경우, 래리 슬로보드킨Larry Slobodkin은 생태적 시간ecological time과 진화적 시간evolutionary time의 구별을 시도했는데(Slobodkin, 1961), 이는 40년 이상이나 생태학자들로 하여금 자연의 패턴에 기초가 되는 과정을 탐색하게 만들었다. 슬로보드킨은 생태적 시간을 10세대(**개체군**이 유사 정상 상태로 유지할 수 있는 기간)로 정의했고, 진화적 시간을 약 50만 년(진화가 진전되어 생태적 정상 상태가 붕괴될 수 있는 충분한 기간)으로 설정했다. 슬로보드킨의 표현에 따르면, 생태적 시간과 진화적 시간은 몇 개의 자릿수만큼 차이가 난다. 비록 많은 부분에서 유용하긴 했지만, 슬로보드킨이 제시한 구분은 엄격하게 해석할 경우 오해를 곧잘 불러일으켰는데, 생태적 변화 속도와 진화적 변화 속도 사이의 차이를 너무 강조했기 때문으로 보인다. 심지어 슬로보드킨(Slobodkin, 1961)의 10년간 연구에서 일부는 생태적으로 중요한 생물 표현형phenotype에서 매우 빠른 **진화**rapid **evolution**를 보고했고, 1980~1990년대에는 수많은 사례가 보고되었다(Thompson, 1998; Palumbi, 2001; Hairston et al., 2005 참조). 테오도시우스 도브잔스키Theodosius Dobzhansky(Dobzhansky, 1937)가 소진화小進化, microevolution와 대진화大進化, macroevolution를 구별한 것을 기반으로 필립 깅그리치Philip Gingerich(Gingerich, 2001)는 세 개의 진화적 시간 규모, 즉 세대 간, 소진화, 대진화의 시간 규모를 제안했다. 앞의 두 개의 시간 규모는 슬로보드킨(Slobodkin, 1961)과 톰슨(Thompson, 1998)이 생각한 생태적 변화의 시간을 포함한다. 그러나 최근의 의견은 생태적 시간과 진화적 시간이 서로 분리될 수 없다는 입장인데, 이는 진화가 한때 생각했던 것보다 훨씬 빨리 진행되기 때문이다(Hairston et al., 2005).

지형학의 경우, 시간과 관련된 논의는 시간 경계가 있는 변화와 시간 경계가 없는 변화timeless change라는 이분법에 초점을 맞추는 경향이 있다. 즉, 근본적으로 과정에 대한 연구와 역사적 연구 사이의 이분법에 관한 것이다. 이는 생태학에서의 생태적 시간과 진화적 시간 간의 논쟁과 유사한 면이 있다. 윌리엄 데이비스William M. Davis에 의해 주도된 역사학파는 오랜 기간의 지형 변화를 주된 관심사로 한다. 즉, '어떤 것이 발생했다'는 접근법으로 지리역사적geohistorical 지식을 제공하는 것이다. 아서 스트랠러Arthur Strahler(Strahler, 1952)는 형성과정학파를 열었는데, 이는 지난 50년간 인기 있는 학파로서(비록 스트랠러 이전에 근거하지만) '어떤 것이 발생했다'(시간 경계를 가진 지식)보다는 '어떤 것이 발생한다'(시간 제한 없는 지식)는 데 무게를 두었다. 달리 말하면, 스트랠러식 접근법은 특정 경관의 형태에 대한 역사적 발전에 관심을 두기보다는 과정과 형태 간의 동적 상호작용에 초점을 두고 있다. 이 상호작용은 시간과 독립된 자기조절적인 정상 상태를 형성하게 되고, 개방된 지형 체계를 통해 에너지와 물질의 끊임없는 흐름 속에서도 지형 형태는 언제나 일정하다(Rhoads, 2006: 15). 형성과정학파가 외견상으로는 성공한 것처럼 보이지만 이 접근법에도 문제는 있었다. 환원주의에 의존함으로써 복잡하거나 대규모인 지형 현상을 다루기에는 어려움이 있으며, 역사적 지형 사건에 대해 무관심한 경향이 있다. 시간 경계 없는 접근법과 시간 경계 설정 접근법time bound approach 간의 커다란 차이를 극복하려는 지형학자들의 노력은 충분하지 않았다. 이를 위한 초기의 시도가 있었는데, 시간의 구별을 경관 진화상에서 변수들과의 독립, 반독립 등 의존 정도에 따라 일정한 시간steady time(하루 단위), 단계적 시간graded time(세기 단위), 주기적 시간cyclic time(수백만 년 단위)으로 행한 것이다(Schumm and Lichty, 1965). 짧은 시간 규모에서는 정상 상태 개념이 적절해 보이며, 더욱 긴 시간 규모에서는 동적 **평형**dynamic **equilibrium** 또는 주기적 시간이 적합할 것이다. 그리고 가장 긴 시간 규모는 **진화지형학**evolutionary geomorphology을 가능케 한다. 브루스 로즈Bruce L. Rhoads는 최근에 형성과정 중심과 역사적 접근법을 결합시키려 했으며, 특히 영국의 수학자이자 철학자인 아서 노스 화이트헤드Arthur North Whitehead가 개발한 과정철학을 접목했다(Rhoads, 2006). 로즈에 의해 인용된 화이트헤드의 문장을 살펴보면 과정철학을 이해하는 데 도움이 될 것이다.

> 자연에 대한 분석 계획은 다음과 같은 두 가지 사실에 당면하게 된다. **변화**change와 **지속**endurance …… 산은 지속한다. 그러나 수많은 시간이 흐른 후 산은 삭박되어 사라지게 된다(Whitehead, 1925: 86~87, 강조는 원문).

그러나 변화와 지속은 항상 동적이다. 왜냐하면 지속 또한 "역사적 사건들의 경로를 통해 전해진 어떤 특성을 지닌 정체성을 지속적으로 이어받는 과정"(Whitehead, 1925: 108)이기 때문이다. 환경적 불확실성도 지속을 결정한다. "양호한 환경은 물리적 대상의 유지에 필수적이다"(Whitehead, 1925: 109). 그러나 때가 되면 모든 지형 요소는 변한다. "실재하는 모든 것의 가장 근본적인 특성으로 내재된 변함없는 사실은 사물의 한 단계에서 다른 단계로의 변화다"(Whitehead, 1925: 93). 달리 표현하면 지형학에서 다루는 모든 것(이 점에서 자연지리학의 모든 것)은 전반적으로 생성되고, 발달하며, 사라져 가는 과정에 있다. 이러한 과정철학적 관점에서 변화와 지속이라는 두 가지 개념을 통해 시간 제한 없는 관점과 시간 경계 설정 접근이 서로 결합한다.

지형학에서 시간 제한 없는 학파와 시간 경계 설정 학파 간의 타협은 **체계 이론**system theory(**복잡성**complexity 참조)의 발전에서 시도되었다. 비선형 동역학적 체계에 대한 초기의 논의는 어떤 지형 체계가 결정적 요소와 확률적 요소를 가졌다는 우려를 드러낸 것이다. 결정 요소는 지형법칙의 보편적이고 필수적인 작동에서 유래되었는데, 이 법칙은 비록 **임계치**가 존재하지만 모든 시간대에서 모든 경관에 적용될 수 있다. 확률 요소는 역사적 우연인 사건과 불확실성에서 유래된 것이다(예: Huggett, 1988). 최근의 체계론적 사고는 결정적이면서도 우연적인 이중성을 갖고 있기 때문에, 비선형 지형 체계 연구는 과정 연구와 역사적 연구를 연결하는 데 도움이 될 수 있다(Phillips, 2006a, 2006b, 2007). 주된 논거는 지형 체계에는 다양한 환경적 통제와 힘이 작용하는데, 이들은 일제히 작동을 해서 다양한 경관을 만들어낸다는 것이다. 더구나 어떤 통제나 힘의 작용은 인과적으로 우연적이지만 시공간에 한정되기도 한다. 아드리안 샤이데거Adrian Scheidegger(Scheidegger, 1983)가 불안정 원리를 통해 설명했듯이, 동역학적 불안정성은 초기의 작은 변형 또는 국지적 교란 효과를 확장해 지속되게 하거나 불균형적으로 크게 성장시킴으로써 이런 우연성을 생성·강화시킨다. 어느 특정한 보편적 통제에 대한 확률은 낮으며, 국지적이거나 우연적인 통제에 대한 확률은 더욱 낮다. 결과적으로 특정 장소나 특정 시간에 존재하는 특정 경관이나 지형 체계의 확률은 무시할 만큼 적다. 모든 경관은 다양한 힘의 작용 또는 요소에 의해 발생할 것 같지 않은 동시다발적 사건들에 의한 것이라는 사실은 분명하다(Phillips, 2007). 이런 매혹적인 개념은 진화지형학과 많은 공통점이 있는데, 모든 경관과 지형은 결정론적 법칙의 필연적 결과라는 관점 없이도 성립된다. 그 대신 이런 주장은, 형성 과정과 경계면 조건의 세트에서 가능한 몇 가지 결과와 함께, 특정 환경이나 역사 속에서의 경관과 지형을 결정론적 법칙의 우발적이고 우연적인 결과물로 본다는 강력하고도 통합적인 관점을 제공한다.

시간연속체 CHRONOSEQUENCE

시간연속체chronosequence는 서로 다른 시기에 시작하면서도 유사한 환경 조건 아래에서 진화하는 **생태계**(식생과 토양) 또는 지형과 연계된 통합체다. 공간상 차이는 시간상 차이로 전환하며, 공간·시간 대체space-time substitution로 불리거나 물리학에서 빌려온 용어로 에르고드성ergodicity이라고 불리기도 한다. 이런 전환은 생태계와 지형이 진화하는 방법에서 힌트를 얻은 것이다. 예를 들면, 다윈은 산호초 형성에 대한 자신의 아이디어를 실험하기 위해 시간연속체 방법을 이용했다. 그는 서로 다른 장소에서 나타나는 보초·거초·환초가 열대 해수에서 침수하는 화산섬의 산정에 적용할 수 있는, 섬의 발달 과정에서 서로 다른 진화 단계를 보여주고 있다고 여겼다. 이와 마찬가지로 데이비스는 이러한 진화론 체계를 서로 다른 장소에서 나타나는 지형에 적용했고, 청년기·장년기를 거쳐 노년기에 이르는 지형 발달의 시간적 연속성(**지리 순환**geographical cycle)을 고안했다.

지형학자들은 지형적topographic 시간연속체를 인지한다. 일반적으로 가장 좋은 사례는 인공 경관이다. 물론 역사적 이변으로 일부 경관은 그 공간적인 차이가 시간연속체로 전환될 수도 있다. 때로는 평야의 조건들이 그 기저부에서 하천이나 해안 형성 작용의 힘에 의해 점차 벗어나 인접한 산지 사면에 도달하기도 한다. 이런 현상은 영국에서 올드레드 사암층Old Red Sandstone으로 이루어진 남부 웨일스 해안에서 나타났다(Savigear, 1952, 1956). 원래 길먼 포인트Gilman Point와 타프 강River Taff 하구 사이의 해안은 파도의 작용에 노출되어 사취가 성장하기 시작했다. 따라서 습지 퇴적물은 사취로 만들어진 사주와 원래의 해안선 사이의 공간에 쌓였다. 이 때문에 해안의 서쪽에서

그림 13. 남부 웨일스의 지형적 시간연속체

(a)

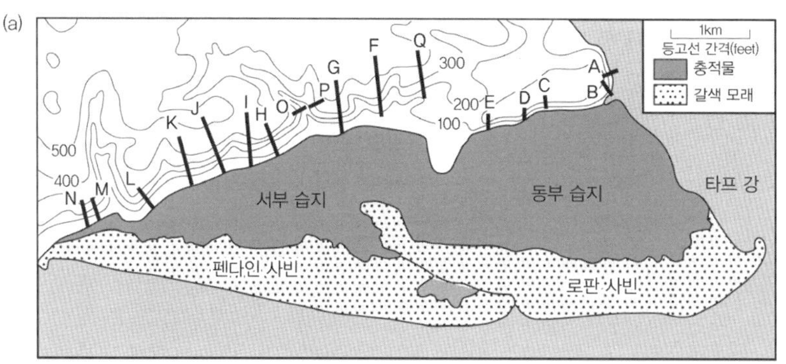

(b)

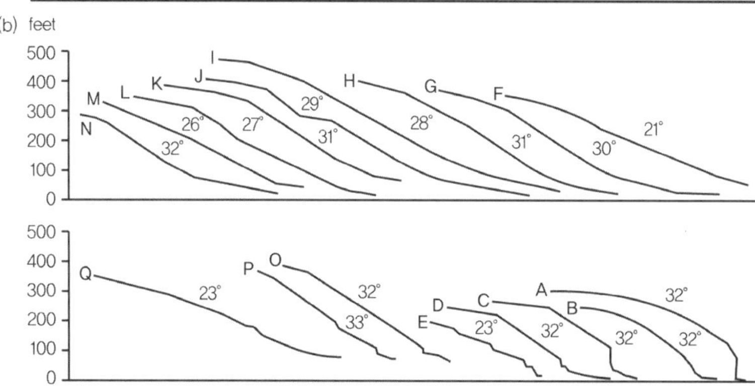

(a) 길먼 포인트와 타프 강 하구 사이의 해안에서는 사취가 서쪽 해안에서 동쪽으로 점진적으로 성장해 서쪽으로 갈수록 해안이 파도의 작용으로부터 더 긴 시간 보호를 받았다.

(b) (a)에서 해안에 위치한 사면 단면의 일반적인 모습을 보면 단애 단면도는 알파벳순인 A~N 순서로 오래된 것이다.

자료: Huggett(1997a: 238)에서 재인용.

동쪽으로 갈수록 현재의 바다가 점차 원래의 해안에 더 이상 영향을 주지 못했다. 따라서 현재의 해안선은 지형적 시간연속체를 보여준다. 가장 서쪽에 있는 해안 단애는 해안의 침식 작용에서 가장 먼저 벗어나면서 육상의 삭박 작용의 대상으로 변한 반면, 동쪽에 위치한 해안선은 점차적으로 더 젊은 해안 지형으로 발달하고 있다(그림 13).

토양 시간연속체soil chronosequence는 한때는 비교적 드물었지만 잘 정리되고 믿을 만한 편년이 이루어진 사례들이 급속히 축척되고 있다. 이것들은 토양 변화 속도와 방향에 대한 우수한 지표로, **토양생성 작용**pedogenesis의 이론을 실험하는 데 중요한 정보를 제공하는 한편, 수많은 토양 지형 연구의 중심이 되고 있다. 또 이것들은 하안단구를 포함하는 제4기 지형들의 연대를 (조심스럽기는 하지만) 측정하는 데 이용되기도 한다. 대부분의 **토양** 시간연속체는 비교지리학적comparative geographical 기법에 의해 정립된 것이다. 이 기법은 다양한 연대의 토양들을 배치하고 또한 다른 장소의 토양들을 배열하여 여러 토양생성 과정의 연속적인 단계들로 판단되는 시간연속체를 상정하는 것이다. 이런 기법의 이론적 토대는 매우 불안정하다. 현재 지리학 토양 시간연속체의 구성은 잘 알려진 연대를 가진 지표면에서 발달한 토양들과 오늘날까지 지속된 토양들, 그리고 퇴적물 피복에 의해 존재해온 토양들을 이용한다. 토양 시간연속체의 일반적인 종류에는 선상지, 하안단구, 해안사구, 용암대지, 모레인, 사용되지 않은 목장지, 토석류, 이류, 산불 지역, 산사태로 깎여 나간 지역, 역사 시기에 조성된 간척지, 뢰스 퇴적층, 해안선, 그리고 연대 측정이 가능한 여러 경관 지형들이 있다. 이러한 유형의 토양 시간연속체에서는 토양이 서로 다른 시간대에서 발달하기 시작했으며, 현재도 토양화가 계속 진전되고 있다. 하안단구에서 형성된 토양들이 좋은 사례를 보여준다. 하안단구들은 일반적으로 하천 계곡 내에서 계단상으로 형성된다. 하위 단구로 갈수록 토양층은 점차 젊어지는데, 각 단계에서 형성되는 토양들이 연속체를 형성하며, 젊은 단구의 토양이 오래된 단구의 토양으로 진화해간다. 두 번째 유형의 토양연속체는 토양이 동시에 발달하기 시작했지만 토양 발달이 다른 시기에 멈춘 곳에서 일어난다. 이는 후대의 어떤 사건에 의한 선택적이거나 연속적인 매몰에 기인한 것이다. 한 예로 새롭게 드러난 빙퇴적물에서 진화된 토양들을 들 수 있다. 이 빙퇴적물들은 점진적으로 다른 퇴적물들에 의해 피복이 되면서 토양형성 작용이 중지되거나 **진화**

그림 14. 알래스카 글레이셔 만

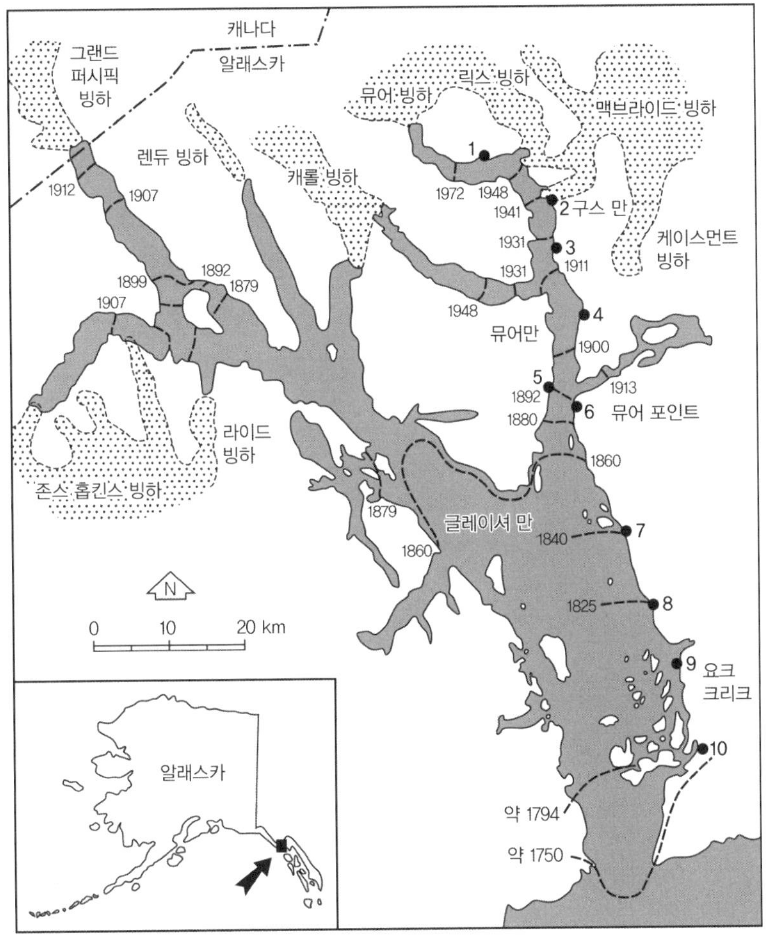

주: 빙하 말단부의 위치와 파스티(Fastie, 1995)의 연구 지점들을 보여준다.
자료: Crocker and Major(1955), Fastie(1995).

의 다른 단계에 있는 토양들에 의해 매몰된 것이다. 세 번째 유형의 토양연속체는 토양형성이 서로 다른 시간대에서 시작하고 종료하면서 일부가 겹쳐져 있는 곳이다. 이러한 시간연속체는 침식과 퇴적에 의해 만들어진 매몰 토양과 유물 토양relict soil의 혼합체로 이루어져 있다. 한 예로 캐나다 브리티시

컬럼비아 주에 위치한 버가부Bugaboo 빙하 지역의 측방 모레인에 있는 매몰 토양과 표면 토양의 복합체를 들 수 있다(Karlstrom and Osborn, 1992). 네 번째 유형의 토양연속체는 토양형성의 출발과 종료가 시기적으로 서로 다르며 겹치지 않는 곳이다. 이런 시간복합체는 토양·경관 단위들soil-landscape units의 수직적 연속체나 퇴적층위와 같은 형태로 나타난다. 이에 더해 선캄브리아대까지 올라가는 '지질학적 고토양geological paleosols'은 연결성이 매우 부족한 시간연속체를 이룬다(특히 Retallack, 2001).

식생 시간연속체vegetation chronosequence는 서로 다른 연대의 지형에서 발달한다. 후퇴하는 빙하는 식물과 동물이 점유할 수 있는 빙하 앞쪽에 새로운 지표면을 노출시킨다. 일차 **천이**primary **succession**에 대한 고전적인 연구는 남동 알래스카의 글레이셔 만 국립공원에서 이루어졌다(Cooper, 1923; Crocker and Major, 1955). 빙하는 1750년대까지도 계속 후퇴하고 있었다(그림 14). 그리고 전면 빙하 환경proglacial setting 역시 곤충 서식지 시간복합체를 제공한다(Hodkinson et al., 2004). 더 작은 규모의 사례로, 캐나다에서 서로 다른 시기의 로지폴 소나무 위에서 자라는 지의류도 시간연속체를 형성한다(Coxson and Marsh, 2001).

여기서 유의해야 할 점은 생태계와 지형에서의 모든 공간적 차이가 시간적 차이로 전환되지는 않으며, 시간 외의 다른 요인들도 생태계 형성과 지형 형성에 강한 영향력을 행사하고, 동일한 연대를 가진 생태계와 지형은 역사적인 사건을 통해서도 달라질 수 있다는 것이다. 더욱이 **등종국성等終局性, equifinality**으로 서로 다른 유형의 작동 아래에서도 동일한 생태계와 지형이 형성될 수 있음에 유의해야 한다.

▸ 더 읽어볼 자료: Birkeland(1990).

에너지 ENERGY / 에너지 흐름 ENERGY FLOW

에너지energy와 에너지 흐름energy flow은 자연지리적 작용을 이해하는 데 결정적인 역할을 한다. 자연지리학자들에게 에너지 수지energy budget 개념은 매우 익숙하다. 에너지 수지는 체계 내의 에너지 흐름을 계산한 것이다. 생태계를 측정하기 위해 처음으로 에너지 수지를 개발한 것은 생태학자들이다. 린더만(Lindeman, 1942)의 영양·동역학 모형trophic-dynamic model은 생물체를 먹이 단계feeding level로 구분했는데(지금은 생산자, 초식동물, 육식동물, 최종 육식동물로 부른다), 이 모형에서 각 수준은 에너지 용량energy content 또는 생물 총량standing crop을 가진다. 에너지는 지속적으로 한 영양 단계trophic level로 들어가거나 나오면서 생태계에 역동성을 제공한다. 영양 단계에 따라 제공된 에너지의 일부는 열로 소산된다. 이와 같은 이론적 출발에서 유진 오덤Eugene Odum과 그의 동생 하워드 오덤Howard Odum의 선구적인 역할 덕분에 이 모형은 생태학적 에너지론ecological energetics 분야로 발전했다.

기후학자들과 기상학자들은 입사(단파) 태양복사와 지표에서의 방출(장파) 지구복사 간의 관계를 고려한 기후 **체계**의 열 수지를 계산하는데, 전 지구적 규모에서 작은 지역의 규모에 이르기까지 다양한 공간 범위를 계산한다. 전 지구적 평균을 보면 지표면은 열원heat source이며, 대기는 열저장소heat sink다. 대기에서 상실된 에너지는 지표면이 얻은 에너지와 일치한다. 따라서 지구 대기 체계 전체에서의 에너지 균형은 평균적으로 보면 에너지 획득과 상실이 없다. 그러나 위도상으로 보면 북위 40°와 남위 40° 사이는 에너지 흑자 상태이며, 여기서 북극과 남극으로 갈수록 에너지 적자가 심해진다. 이러한 불균형은 **대기 대순환**general circulation of the atmosphere의 원동력이 된다. 감열 흐름sensible heat flux, 잠열 흐름latent heat flux, 지표열 흐름surface heat flux의 세 과정을 통해 흑자인 열대의 에너지가 에너지 적자 지역인 온대와 한대로 이동된다. 감열 흐름은 전도conduction와 **대류**convection를 통해 지표면에서 대기로 에너지가 전달되는 것이다. 대기로 들어서면 감열은 **이류**advection에 의해 극 쪽으로 전달된다. 잠열 흐름은 수증기의 이류 및 대류와 관련되어 수증기 응결 과정에서 잠열을 방출한다. 적도의 에너지 흑자는 동시에 열대 해양을 가열하는데, 가열된 해양 에너지는 해류를 통해 극 쪽으로 이동한다. 국지적인 규모에서 기후학자들은 도시 열섬(Oke, 1982)과 지형기후topoclimate(Blazejczyk and Grzybowski, 1993) 같은 현상에 대한 에너지 기반을 연구한다.

에르고드성 ERGODICITY
(공간·시간 SPACE-TIME / 위치·시간 대체 LOCATION-TIME SUBSTITUTION)

에르고드성ergodicity은 물리학에서 개발되어 지형학에서 채용된 개념이다. 대부분의 지형학적 응용은 물리학자들에 의해 만들어진 엄격한 가정을 완화해 간단해진 공간·시간(또는 더 나은 용어로 위치·시간) 대체를 이용한다. 이를 통해 서로 다른 연대와 위치에서 만들어진 유사한 지형들을 인지한 다음 연대를 따라 정렬하여 시계열time sequence 또는 지형 **시간연속체**를 만든다. 이런 연구는 지형 발달을 이해하는 데 유용한 것으로 입증되고 있다. 넓게 보면 위치·시간 대체 유형에는 두 가지가 있다. 첫째는 (특성 중심characteristic) **평형** 지형**equilibrium** landform을 보는 것이고, 둘째는 비평형(완화relaxation) 지형 non-equilibrium landform을 보는 것이다.

위치·시간 대체에서의 첫 범주의 경우, 고려 대상의 지형형성 작용과 지형의 형태에서는 지형 및 환경 요인들 간에 평형 상태를 이루고 있다고 가정한다. 예를 들면, 미국의 대평원에 있는 현재의 하천들에서 폭·깊이 비율, 곡류도sinuosity, 부유하중suspended load 간의 관계들은 시간에 따른 하도 변화를 잘 보여준다(Schumm, 1963). 상대성장 모형allometric model은 이와 같은 위치·시간 대체 유형의 특수한 사례다(Church and Mark, 1980 참조). 위치·시간 대체의 두 번째 범주에 대한 연구들은 발달developing과 '완화relaxation' 지형에 대한 것으로, 물리학의 에르고드성과는 거의 관계가 없다. 주요 관점은 연대가 다른 유사 지형들이 여러 장소에서 발생한다는 것이다. 발달 시계열developmental sequence은 연대순으로 지형을 정렬하면 나타난다. 이런 위치·시간 대체법에 대한 신뢰도는 지형 연대 측정의 정확성에 달려 있다. 단순히 시계열을 가정하는 연구들은 신뢰도가 상당히 떨어진다. 다윈은 산호초 형성을 연구하면서 서로 다른 장소에서 나타나는 보초·거초·환초는 열대 해역에서 침강하는 화산체 산봉에 적용할 수 있는, 섬의 발달상의 서로 다른 진화 단계를 보여준다고 여겼다. 데이비스는 서로 다른 장소의 지형들에 대해 이러한 진화론적 구도를 적용해 지형 발달 시계열 이론을 고안해냈다. 그의 지리 순환geographical cycle은 청년기·장년기를 거쳐서 노년기에 이른다는 개념이다. 이와 같은 매력적이고 단순한 접근법은 오용되기 쉽다. 그 유혹은 다른 연속적인 사건들이 구성될 수 있는데도 경관의 변화를 바라보는 선입견적 관점에 지형을 맞추어 넣고 싶도록 만드는 것이다. 좀 더 유용한 상황으로는, 결코 연대를 얻을 수 없다고 하더라도 지형학자들이 야외 조사를 통해 정확한 순서에 따라 지형을 배열할 수 있다는 것이다. 때때로 이런 경우가 발생하는데, 예를 들면 인접한 사면이 그 기반에서부터 하천 작용 또는 해안 작용에 의해 꾸준히 깎여 나가는 경우다. 이런 현상은 영국제도 웨일스 남부 해안 지역의 일부를 따라 발생해왔는데, 모래 사취가 서쪽에서 동쪽으로 성장해감에 따라 길먼 포인트와 타프 강 하구 사이의 올드레드 사암층 절벽에까지 영향을 미쳐온 것이다. 상대적 연대층서는 시간 지표temporal index에 달려 있는데, 비록 지형의 절대 연대를 확정하지는 못하더라도 이 시간 지표를 통해 시간 간격의 규모를 결정할 수 있다. 예를 들면, 분지의 고도면적비高度面積比 적분hypsometric integral과 하천차수stream order를 이용해 하천 경관의 발달 정도를 측정하며, 이는 시간을 대체한다(Schumm, 1956). 위치·시간 대체의 가장 유용한 사례는 지형의 절대 연대가 나타나는 곳이다(**지질연대학**geochronology 참조). 미국 남부 루이지애나 주의 미시시피 강변에 위치한 포트 허드슨 하안 단애를 따라 발달한 사면 단면의 역사적 증거들은 층서들의 연대 측정을 보여준다(Brunsden and Kesel, 1973). 미시시피 강은 1722년 하안 단애 전체를 하각下刻했다. 그 후 하도는 하류 방향으로 약 3km 이동했고, 따라서 사면 하부의 하각 작용이 정지되었다. 사면 기저부에서 변화된 조건은 평균 사면각이 40°에서 22°로 감소되었다는 것이다.

위치·시간 대체에도 문제가 있다. 첫째, 모든 공간적인 차이가 시간적인 차이는 아니라는 점이다. 시간 외의 다른 인자들도 지형 발달에 영향을 미치기 때문이다. 둘째, 동일한 연대를 가진 지형도 역사적인 사건들을 거치면서 달라질 수 있다는 점이다. 셋째, **등종국성**equifinality으로 서로 다른 방식의 작용들이 동일한 지형을 만들 수 있으므로 해석 과정이 애매해질 수 있다는 점이다. 넷째, 형성 작용의 속도와 그 조절 인자들은 과거에 변화해왔고, 인간의 영향이 특히 문제가 된다는 점이다. 다섯째, 위치 자료가 시간을 대체하는 동안 평형 조건들이 지속되는 경우가 거의 없다는 점이다. 특히 플라이스토세 빙하 작용을 받은 지역이 좋은 사례다. 여섯째, 일부 고지형은 고환경 조건의 유물 지형으로 현재의 평형 조건들과 맞지 않는다는 점이다. 이러한 문제점들이 잠재해 있음에도 지형학자들은 위치를 시간으로 대체해서 지형 변화의 특성을 밝히려 하며, 에르고드적 논리의 단순한 적용은 지형학 연구에서 생산적인 방법론 가운데 하나다.

▸ **더 읽어볼 자료:** Burt and Goudie(1994), Thornes and Brunsden(1977: 19~27), Paine (1985).

열기둥 구조론 PLUME TECTONICS

제이슨 모건W. Jason Morgan(Morgan, 1971)은 맨틀 열기둥이 지질 요소임을 제시했다. 그는 투조 윌슨의 열점熱點, hotspot이라는 개념을 확장 해석했는데, 윌슨은 이 개념을 이용해 맨틀까지 기반을 둔 '관管, pipe' 위에 앉은 하와이 열점 위를 따라 태평양 해저가 이동하는 것으로 하와이 섬과 해산열sea-mount train의 시간적 형성 과정을 설명했다. 그는 맨틀 열기둥이 직경 수백 킬로미터에 달하며, 지구핵·맨틀 경계면에서 또는 상부 맨틀upper mantle과 하부 맨틀lower mantle 간의 경계 지대에서 지표면으로 상승하는 것으로 보았다. 열기둥은 선두의 뜨거운 물질인 '덩어리glob'와 그 아래와 이어지는 '줄기stalk'로 구성되어 있다. 암석권에 가까워짐에 따라 열기둥은 암석권 아래에서 머리 부분에 버섯 모양을 이루며, 옆으로 그리고 약간 아래쪽으로 퍼져나간다. 열기둥의 온도는 주위의 상부 맨틀보다 250~300℃ 이상 뜨거우며, 이로 인해 주위의 암석은 10~20% 정도 녹는다. 이렇게 녹은 암석은 지표면으로 올라와 범람현무암flood basalt이 된다. 맨틀 열기둥이 생성되고 성장하는 기제에 대해서는 아직도 완전히 밝혀지지 않고 있다. 작동 기제는 아마 성분대류成分對流, compositional convection를 통해 내핵 경계면에서 잠열潛熱, latent heat을 위로 퍼 올리는 것과 관련되는 듯한데, 이는 위로 오르는 액체 금속과 가벼운 성분으로 구성된 열기둥과 관련된다. 외핵은 핵·맨틀 경계면에서부터 거대한 규산염 마그마 실chamber을 통해 열을 맨틀로 퍼 올리면서 열기둥의 근원지를 제공한다(Morse, 2000).

열기둥의 수에 대해선 과학자마다 견해가 다양한데, 1970년대에는 20개, 1999년에는 5,200개(해산을 키우는 작은 열기둥 포함), 2003년에는 9개가 대체적인 의견이었다(Foulger, 2005). 열기둥의 크기는 다양하며, 가장 큰 것은 대열기둥megaplume 또는 특대열기둥superplume으로 부른다. 특대열기둥은 백악기 중기에 태평양 해양 아래에 자리 잡은 것으로 보인다(Larson, 1991). 그 열기둥은 약 1억 2,500만 년 전 핵·맨틀 경계면에서 급속도로 치솟아 올라온 것이다. 생산량은 8,000만 년 전에 감소했으나 5,000만 년 후까지 분출이 멈추지 않았다. 지구조적 판의 양쪽 모서리에서 냉각되어 섭입攝入, subduction된 지각이 하부 맨틀 부위에 집적되어 특대열기둥을 형성할 가능성이 있다. 이러한 두 개의 차가운 암석 웅덩이가 지구핵 바로 윗부분의 뜨거운 열층 속으로 가라앉으면서 그들 사이로 대열기둥을 밀쳐 밖으로 올려 보내는 것이다(Penvenne, 1995).

어떤 과학자는 열기둥 구조론이 대부분의 맨틀에서 일어나는 대류의 지배적인 유형이라고 본다. 두 개의 대용승(남태평양 열기둥과 아프리카 열기둥)과 하나의 대하강(아시아 냉기둥)이 우세하며(그림 15), 이들은 **판구조론plate tectonics**에 영향을 미치는 동시에 영향을 받기도 한다. 사실 지각·맨틀·지구핵 작용은 동시에 이루어지면서 '지구 전체 구조론whole Earth tectonics'을 형성한다(Maruyama, 1994; Maruyama et al., 1994; Kumazawa and Maruyama, 1994). 지구 전체 구조론은 암석권과 상부 맨틀의 판구조 작용, 하부 맨틀의 열기둥 구조 운동, 외핵을 소모하면서 천천히 내핵이 성장해간다는 지구핵의 성장 구조 운동 등을 모두 통합한다. 판구조론은 열기둥 구조론에 차가운 물질을 공급한다. 정체된 암석권 물질들의 판이 가라앉아 맨틀 하부까지 떨어지는 것이다. 즉, 판들은 가라앉으면서 대용승 현상을 일으켜 판구조 운동에 영향을 주며, 이 판들은 외핵의 대류 패턴을 변화시키면서 내핵의 성장을 결정짓는다는 것이다.

열기둥 구조 모형은 매혹적이고 그럴듯해 보인다. 소수의 의견이지만 열기둥 이론에 대한 반대 의견은 늘 있어왔다. 2000년대 이후로는 반대 의견

그림 15. 가능성 있는 지구 물질 대순환

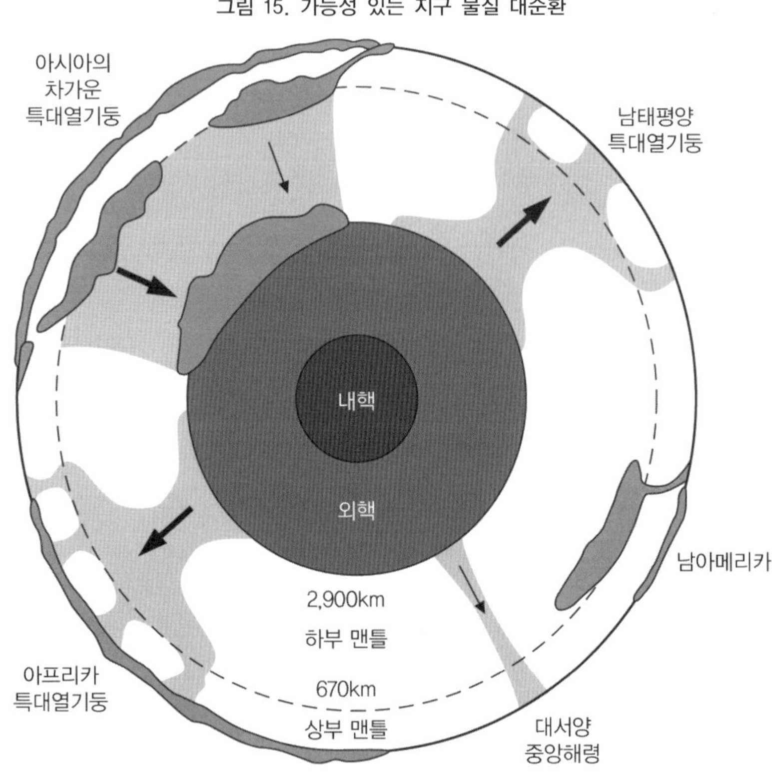

주: 중앙해령(中央海嶺)에서 만들어진 해양 암석권은 아래의 맨틀로 섭입된다. 이런 현상은 약 670km에서 정체되고 1억~4억 년 동안 집적된다. 결국 중력에 의한 붕괴 현상 때문에 아시아의 차가운 대열기둥처럼 차가운 하강운동이 외핵에서까지 형성되고, 이런 현상은 남태평양과 아프리카의 뜨거운 대열기둥처럼 맨틀의 용승 현상을 지구의 다른 곳에서 일으키게 된다.

자료: Fukao et al.(1994).

이 많아지면서 열기둥 모형의 타당성 문제가 지구과학 분야에서 새로운 주요 논쟁으로 출현했다(Anderson, 2005; Foulger, 2005 참조).

▸ **더 읽어볼 자료:** Foulger et al.(2005), Yuen et al.(2007).

외적 영력 EXOGENIC(EXTERNAL) FORCE

지형적 기구機構, agent 또는 외적 기구는 바람·물·파도·얼음 등인데, 이들은 지표면 밖에서 또는 지표면 위에서 작용한다. 중력과 태양 **에너지**가 주요 원동력이다. 비록 외적 영력exogenic force이 **내적 영력**endogenic force에 비해 평범해 보이고 심지어 미약해 보이지만, 이들 외적 영력은 중력, 물, 바람 또는 얼음을 통해 내적 영력이 만든 어떠한 지형이라도 마모시킬 수 있다. 충분한 시간이 주어진다면 외적 영력에 의해 파괴되지 않을 만큼 강한 저항력을 가진 산지는 없다.

운반 작용 TRANSPORT PROCESS

지구 권역sphere들 안에서, 그리고 권역들 사이에서 구성 물질 순환에 의해 물질의 이동이 일어난다. 고체 입자에서부터 용해된 이온까지 모든 물질의 운반에는 이동을 시작·지속시키는 힘이 필요하다. 그런 힘은 거력boulder을 절벽에서 떨어지게 하고, **토양**과 쇄설물을 사면 아래로 이동하게 하며, 물과 얼음을 하도를 따라 흐르게 만들고, 토양과 식물을 통과하면서 물을 흐르게 한다. 이러한 이유로 이동을 지배하는 역학적 원리는 운반 작용transport process을 이해하는 데 기초가 된다.

쇄설물 이동을 일으키는 힘은 대개 중력, 기후적 영향(가열과 냉각 작용, 결빙과 융해 작용, 바람의 작용), 동물과 식물의 작용에서 유래된다. 이들 힘은 중력처럼 직접적으로 작용하기도 하고, 물과 바람 같은 기구에 의해 간접적으로 작동하기도 한다. 첫 번째 경우는 산사태landslide처럼 중력이 쇄설물을 이동시키는 것이고, 두 번째 경우는 기구를 통해 움직인 다음(예를 들면, 물) 이동하는 기구가 하천에서처럼 쇄설물에 힘을 가하는 것이다. 지형적으로 물질에 작동하는 주요 힘은 중력·유체력·수압력·팽창력, 전 지구적 규모의 유체 이동, 생물학적 힘이며, 일부는 지형적 운반법칙geomorphic transport law으로도 표현된다(표 6). 대기권에서는 주요 동력이 기압 경도(구배)pressure gradient와 대류convection를 유발하는 기온 경도(구배)temperature gradient다. 기본적으로 공기는 질량 초과 지역(고기압)에서 질량 부족 지역(저기압)으로 이동하며, 이러한 이동은 지구 자전의 영향을 받아 지상의 관찰자에게는 코리올리 힘Coriolis force에 의해 바람이 방향을 바꾸면서 부는 것처럼 보인다. 동시에 기압 경도와 코리올리 힘 간의 균형은 지균풍地均風, geostrophic wind을 일

표 6. 지형적 운반법칙

작용	지형적 운반법칙	기제	정의
토양생성 속도	$P = P_0^{-\alpha d}$	염분과 결빙·융해에 따른 풍화 작용, 대기 먼지의 유입, 광물 변형은 물리적 강도의 유실로 이어짐. 생물적 교란 현상(동물의 구멍 파기, 식물 뿌리 생장, 수목 전복), 미생물에 의한 지화학적 반응.	P: 기반암에서의 토양생성 속도, d: 토양 두께, α: 상수
사면에 따른 사면 아래 방향으로의 이동(포행)	$q_s = K\nabla h$	습윤과 건조 작용, 결빙과 융해 작용, 전단력 경도, 생물적 교란 작용	q_s: 단위 넓이에 대한 쇄설물 운반 부피 비율, K: 상수, h: 고도
랜드슬라이딩 (landsliding)	없음. 그러나 토석류, 심층 랜드슬라이드, 랜드슬라이드 역학의 출발점임.	지진, 강수나 사면 하단의 제거에 따른 공극압의 증가 등으로 응력이 물질 강도보다 초과할 때. 유출된 쇄설물이 사면 아래로 이동할 때.	–
지표면 세탈(wash)과 스플래시 (splash)	다양한 단기간 경험적 수식과 역학 수식. 그러나 지형적 운반법칙에 대한 수식은 없음.	강우에 따른 스플래시, 지표 유출은 토양 입자들을 변위시키고 제거함. 릴류와 우곡에 따른 하강 침식 작용.	–
기반암 쪽으로 하천의 하강 침식	$E = k_b A^m S^n$	하천 유수의 흐름과 물질 운반으로 인한 굴식과 마식 작용	E: 하방 침식 속도, k_b: 지반 융기 속도 및 암석의 강도와 관련된 상수, A: 유역면적, m, n: 상수
기반암 쪽으로 암설류의 하강 침식	$E = k_d f[\rho_s D^2 \left(\frac{\partial u}{\partial y}\right)^a L_s]^p$	물질 이동 중 물질 입자 영향과 기반암의 슬라이딩 마모 작용	D: 대표적 입자 직경, k_d: 기반암 특성에 관련된 상수, f: 토석류 빈도, ρ_s: 토석류의 가비중(假比重, bulk density), u: 토석류 바닥에서 y만큼의 거리함수로서의 토석류 속도, Ls: 토석류 돌기의 길이, a, p: 상수
빙식 작용	$E = cU_b$	쇄설물이 풍부한 바닥 슬라이딩이 기반암을 마모시킴	U_b: 바닥 얼음 속도, c: 상수
바람의 운반 작용과 취식 작용	바람에 따른 물질 이동에 대한 광범위한 이론. 약간의 암석 마식(磨蝕) 이론.	바람에 부유하는 입자에 따른 마식	–

자료: Dietrich and Perron(2006).

으킨다. 해양에서는 물에 작용하는 다양한 힘(지구 자전, 바람, 기온 경도, 염도, 태양과 달의 인력引力)이 해류current를 발생시킨다(**해양 대순환general circulation of the oceans** 참조). 토양에서는 중력의 작용으로 물이 큰 공극과 작은 수로channel를 통해 서서히 빠져나와 수분 퍼텐셜water potential에 의해 작은 토양 기질을 통과하면서 이동한다. 토양의 수분 퍼텐셜은 두 가지 요소를 가지는데, 바로 토양 입자의 물리적 특성을 따르는 기질 퍼텐셜(흡수력吸水力)과 용질溶質, solutes의 정도에 따라 결정되는 삼투 퍼텐셜(흡수력)이다. 식물의 배관 체계 내에서 물은 나뭇잎에서의 증발evaporation(증산蒸散, transpiration)과 뿌리 표면에서의 수분 퍼텐셜 간의 퍼텐셜 차이 때문에 이동한다.

원격상관 TELECONNECTION

원격상관遠隔相關, teleconnection은 환경 사건 간의 연결 고리로, 특히 시간적·지리적으로 서로 분리되어 있는 기후 변동 사이에서 일어나는 연동 현상이다. 원격상관은 지구·대기 체계의 다양한 요소들 간의 수많은 연관 관계에서 비롯된다. 그러한 연관 관계의 결과로 한 요소의 변화가 다른 요소들의 변화를 이끌어내는데, 그런 변화는 체계 속에서 어느 정도 시간이 지난 뒤 변화의 근원지로부터 멀리 떨어진 지역까지 영향을 미치게 된다. 기후 자료에 대한 통계적 분석은 원격접속 관계를 보여주지만, 원격상관의 원인 분석은 대기·해양 간의 일반 순환 모형을 필요로 한다.

엘니뇨·남방진동El Niño-Southern Oscillation: ENSO은 기후의 자연적 변동에서 가장 강력한 현상으로 몇 년간에 걸쳐 발생한다(다년간의 시간 범위). 남방진동은 1923년 길버트 워커Gilbert T. Walker가 발견했는데, 이는 태평양과 인도양에서 발생하는 고기압에서 저기압으로의(적은 강수량에서 많은 강수량으로) 시소 방식의 이동을 말한다. 남방진동 상태는 타히티 섬과 다윈 섬에서의 해수면 압력차 ― 남방진동지수(SOI) ― 를 통해 측정한다. 엘니뇨는 에콰도르와 페루 해안에 따뜻한 해수가 몇 년마다 나타나 열대 해역의 서쪽 방향으로 확장하면서 태평양에서 해수면 온도 차가 감소하는 현상이다. 엘니뇨 사건은 태평양 남동 해역에서의 기압 하강 및 인도네시아와 오스트레일리아 북부 지역에서의 기압 상승과 관련되어 있다. 이런 기압 변화의 결과로 무역풍이 약화되고 남방진동지수가 큰 음(−)의 값을 띠며, 이에 따라 서태평양에서 해수면이 함께 하강해 따뜻한 열대성 해수가 동쪽으로 이동하면서 동태평양에서 해수면이 25cm나 더 상승한다. 동시에 약화된 무역풍은 동태평

그림 16. 온난화 사건(엘니뇨)과 한랭화 사건(라니냐)의 원격상관

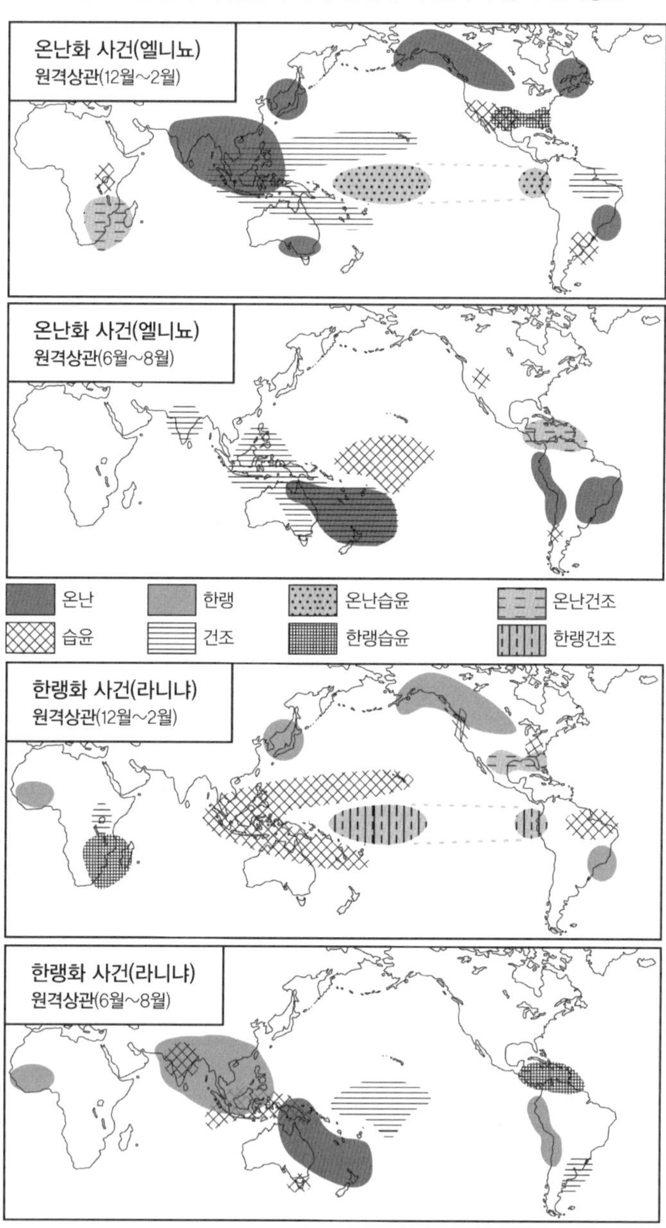

자료: http://en.wikipedia.org/wiki/El_Ni%C3%B1o-Southern_Oscillation.

양 열대 해역에서 차가운 해수의 용승을 줄이고 초기의 양(+)의 기온 이상을 더욱 강화한다. 또한 약화된 무역풍은 해수면 아래의 해양수에도 변화를 가져와 결국 남미 대륙 해안의 해수면 온도를 떨어뜨린다. 이 모든 것이 결합되어 열대 지역의 대기·해양 불안정성과 해면 아래의 역동적인 해양수에 의해 지연된 역방향 **피드백**negative **feedback**이 진동을 더 확대시킨다. 라니냐La Niña 현상 때에는 차가운 해수가 남미 대륙의 서쪽 해안 지역으로 돌아오게 되는데, 대기압 구배가 태평양과 인도양에서 역전된다. 해양과 대기의 결합된 변화가 엘니뇨·남방진동, 즉 ENSO인 것이다.

엘니뇨 현상은 평균적으로 5년마다 발생하지만, 그 기간은 불규칙해서 2년에서 8년까지 다양하다. ENSO 현상은 열대 지역에서 시작되며, ENSO는 중앙·동태평양의 열대 '기원지' 내의 기후에 완벽한 영향을 미치며 열대성 대기 순환을 교란시킨다. 또한 멀리 떨어진 열대 지역과 비열대 지역의 기후는 물론이고 더 먼 유럽의 기후에까지 영향을 미쳐 결국 세계적 자연현상이 된다. ENSO 현상이 먼 지역의 기후에까지 영향을 주는 전체 기제는 아직도 풀리지 않고 있다.

엘니뇨와 라니냐 현상이 야기한 결과(그림 16)는 먼 곳까지 영향을 주지만 그 경향은 매년 달라진다(Glantz, 2001; Glantz et al., 1991 참조). 이런 기후 변화는 **생태계**에 실질적인 영향을 가한다. 엘니뇨 현상이 오랜 기간 지속되면서 페루와 에콰도르 해안의 감소된 해수 용승 작용은 영양염류를 감소시키고 쇄설물 운반을 증가시킨다. 이런 **환경 변화**는 1972년과 1982~1983년에 발생했던 것처럼 어류 개체 수fish populations의 붕괴를 가져온다. ENSO로 인한 가뭄 현상은 1997~1998년에 브라질과 남동아시아의 열대 지역에서 광범위한 산불 사태를 발생시켰다. 1997~1998년 엘니뇨 현상은 전 세계 산호초 생태계의 약 16%를 감소시켰고, 이로 인한 대량의 산호초 백화coral bleaching 현상이 세계적으로 확산되면서 전 해역에서 '극단적 백화 현상'이 일어났다

(Marshall and Schuttenberg, 2006). 그리고 ENSO 현상은 보건에도 영향을 미치는데, ENSO 동안에는 말라리아·장티푸스·콜레라의 발병률이 증가하는 경향이 있었으며, 작물 실패로 기아 현상이 증가했다(WHO, 1997). 유럽에서는 1789~1793년 당시 작물 수확 감소가 평상시와 다르게 심각했는데, 이는 1788~1789년에 발생한 엘니뇨의 결과로, 이것이 프랑스 혁명까지 유발했다는 주장도 있다(Grove, 1998).

태평양·북미 패턴Pacific-North American Pattern: PNAP으로 유래된 원격상관은 부분적으로 ENSO와 북대서양진동North Atlantic Oscillation: NAO의 영향을 받으며, 북극진동Arctic Oscillation: AO의 지역적 표출 현상으로, 이로 인해 대서양과 태평양에 있는 극지방 빙설 지역과 중위도 지역 사이의 기단atmospheric mass이 매년 이동하게 된다. NAO는 북대서양 지역의 지배적인 겨울철 기후의 특성에 영향을 미치며, 북미 대륙 중앙 지역과 유럽 대륙, 그리고 아시아 대륙의 북부 지역까지 그 분포에 간여한다. NAO는 아조레스 군도의 아열대 고기압 지대와 아이슬란드의 극 저기압대 사이에 있는 기단의 대규모 시소게임인 것이다. NAO 지표는 매년 변하지만, 지표의 단계는 몇 년간 지속된다. PNAP와 NAO는 주로 겨울철 북반구 온도 변화 패턴에 중요한 원인이 된다. 비슷한 현상인 남반구 1주년 모드Southern Annual Mode 또는 남극진동Antarctic Oscillation: AAO은 남반구에서 지배적으로 발생한다. 인도 해양의 열대 지역 또한 해양·대기 간의 대규모 상호작용 패턴을 보이고 있다. 이런 상호작용은 엘니뇨 현상과 비슷한 특성을 보이며, 해수면 온도의 동서 간의 대규모 변화 및 아프리카 대륙에서 인도네시아 지역으로의 열대성 **대류**의 전환과 관련이 있다.

유성 충격 BOMBARDMENT

소행성과 혜성이 지구를 공격한다. 현 시기의 그 누구도 1908년 퉁구스카에서 일어난 대규모의 지구 타격을 목격하지 못했다. 직경 60m 정도의 소행성이 10km/s의 속도로 시베리아 상공 9km에서 폭발했는데, 이는 직접적 증거를 가진 대규모의 역사적 사건이다(Gasperini et al., 2008). 우주 탐사의 결과를 보면 태양계 전체를 통해 여러 행성이나 위성에도 충돌구impact crater들이 공통적으로 존재한다. 운석 충돌의 **크기와 빈도**magnitude and frequency는 이러한 충돌구 규모의 분포로 계산이 가능하다. 소행성, 혜성, 유성체와의 충돌 빈도는 충돌체의 크기에 반비례한다. 유성 먼지meteoritic dust는 지속적으로 대기 중으로 유입되고, 소형 유성은 거의 매주 공격해오며, 직경 1km 정도의 소행성은 100만 년마다 3번 정도 지구를 공격한다. 최근의 계산에 따르면, 다음 100년 동안 2~3km의 직경을 가진 행성이 지구를 강타할 확률은 10만분의 1 미만이다(Chapman, 2004). 산만 한 크기의 행성과 유성들은 백악기 말 생물체의 대량 멸종을 가져온 것으로 추정되며, 5,000만 년 정도마다 한 번씩 지구와 충돌한다.

화구火球, bolide 충돌에 의한 즉각적인 효과는 충돌구 형성이며, 그것을 운석흔astrobleme이라고도 부른다. 엄청난 **에너지**가 갑자기 분출되어 대형 충돌구가 형성되는 과정을 실험실에서 복제하기는 불가능하다. 그리고 역사 시대에는 이러한 대규모 충돌구가 형성된 적이 없다(French, 1998: 17). 따라서 학자들은 대규모 충돌 구조impact structure에 대한 지식을 간접적으로 얻고 있다. 그것은 충격파에 대한 이론적·실험적 연구와 규모가 상대적으로 큰 충돌 구조에 대한 지질학적 연구 등으로 이루어진다. 충돌구 형성이 복합적인 과정을 통해 이루어진다는 것에는 거의 동의하지만, 더 상세한 것은 여전히 불확실하다. 충돌구의 지질학적 증거는 쇄설원추shatter cone(암석층 위에서 폭발하여 형성), 코사이트coesite와 스티쇼바이트stishovite 같은 규질성 충격변성 물질, 충격 석영 결정체 등으로, 이것들은 모두 충돌 지점 근처의 암석에서 엄청난 압력에 의해 형성된 결과물이다. 초고속 충격에 의해 가해지는 엄청난 에너지를 상정한다면, 이러한 충격이 지구자기장의 역전, **대륙이동**, 화산 활동 등의 여러 지구물리적인 과정에 방아쇠 작용을 했을 것으로 추정된다(Napier and Clube, 1979; Rampino, 1989). 오랫동안 지구물리학자들은 강한 운석 충돌이 대규모 화산 활동에 방아쇠 작용을 했을 것이라는 의구심을 품었다(Ivanov and Melosh, 2003). 직경 30km인 거대한 화구가 얇은(두께 75km) 지각에 부딪히면 주province 단위의 면적을 덮는 화산이 폭발할 수 있을 것으로 추정된다(Elkins-Tanton and Hager, 2005; Price, 2001).

유성 충격bombardment의 발생이 지구 역사에서 무작위적인가, 아니면 주기적인가에 대한 논쟁은 뜨겁다. 기본적으로 천문학자들은 소행성과 혜성이 소행성대Asteroid Belt와 오르트 구름Oort Cloud(태양계 외곽에 자리 잡은 혜성들의 거대한 집합소)에서 우연히 벗어나 길을 잃은 물체라는 개념을 가지고 있다. 일부 천문학자는 이러한 길 잃은 화구 가설 또는 '확률적 **격변론**stochastic catastrophism'에 대한 논쟁을 일으켰으며(Steel et al., 1994: 473), 더러는 등위적coordinated 격변론 또는 응집적coherent 격변론을 선호하기도 한다. 확률적 격변론은 무작위적으로도 일어날 수 있는 일련의 충격 사건들의 발생 가능성을 배제하지는 않는다. 유성 충격은 유성 소나기('폭풍우storm'가 더 적절한 묘사다)와 같은 방식으로 발생하는 경향이 있을 것으로 추정하는데, 경험적 증거들과 함께 이론적인 근거들도 있다. 이러한 유성 충격의 소나기는 대략 3,000만 년마다 일어나며, 각 개별 소나기는 몇백만 년간 지속된다(Rampino, 2002). 몇 가지 작동 기제는 우주 쇄설물의 일시적인 폭풍우를 설명하기도 한다. 이러한 작동 기제는 세 가지 가설의 기초가 된다. 먼저 네메시스 가설Nemesis hypothesis은 근일점 통로에 있는 오르트 구름을 교란하는 매우 이심적인eccentric 궤도상에서 태양과 짝이 되는 별이 있다는 것이다. X행성 가설Planet X hypothesis은 명왕성 밖에서 미발견된 열 번째 행성이 궤도를 돌고 있으며 이 행성이 매우 안정적인 빈도로 지구 가까이에 접근하면서 혜성 소나기comet shower를 만든다는 것이다. 우주대향연 가설cosmic carousel hypothesis은 태양계가 은하면galactic plane상에서 진동성 운동bobbing motion을 하면서 주기적으로 혜성 소나기를 일으킨다는 것이다.

또 다른 천문학자들은 확률적 격변론을 대신할 학설로 '조화로운 격변론harmonized catastrophism'을 제안하기도 한다. 두 학파가 이 새로운 견해를 지지하고 있는데, 바로 응집적 격변론 학파와 등위적 격변론 학파다. 응집적 격변론의 지지자들은 대형 혜성들이 미터 단위에서 킬로미터에 이르기까지 다양한 규모의 파편의 성단cluster을 만들어낸다고 주장한다(Steel, 1991, 1995; Steel et al., 1994). 이러한 성단들은 특정한 궤도를 가진 쇄설물들의 띠를 만든다. 만일 궤도의 결절점(궤도가 황도를 가로지르는 지점)이 1AU에 가깝다면, 그리고 지구가 가까이 있을 때 성단이 결절점을 통과한다면 성단은 반복적으로 지구 궤도를 가로지른다. 그 결과로 지구와 성단의 궤도 주기 간의 관계에 따라 몇 년마다 또는 매년 성단 물질 충돌이 일어난다는 것이다. 그러나 충돌은 세차 운동으로 결절점이 1AU 정도가 될 때에만 일어난다. 따라서 시간 규모로 보면 수천 년마다 충돌이 일어나는 것이다. 성단 중 하나인 타우리드 복합체Taurid complex 성단은 현재도 활동 중인데, 지난 2만 년 전부터 존재해왔다. 이 성단은 대기 중에서 무작위로 폭발 사건을 일으키는데, 응집적 격변론자들은 이 폭발이 생물권과 인류 문명에 어떤 물질적인 영향을 준다고 믿는다. 그러나 모든 천문학자가 이 같은 류의 우주 격변론을 받아들이지는 않는다(특히 Chapman, 1996). 조화로운 격변론의 두 번째 유형은 등위적 격변론으로, 이는 지구·태양·태양계를 쌍을 이루는 비선형 **체계**coupled nonlinear **system**로 본다(Shaw, 1994). 이 강력한 개념은 지구 역사의 새로운 모습을 제기하고 있는데, 우발성을 인정하지 않으며 혼돈 역학chaotic dynamics을 중추적인 개념으로 삼고 있다. 이 이론에는 거대하고 통합적인 주제가 영구적으로 작동하고 있다. 또한 이 이론은 동일한 비선형적 작용들의 다른 표현으로 생물 및 비생물 세계에서의 점진적 변화와 함께 격변적 변화를 보여준다.

▸ 더 읽어볼 자료: Belton et al.(2004), Bobrowsky and Rickman(2006), Vershuur (1998).

유역분지 DRAINAGE BASIN

유역분지drainage basin는 지표면의 일부로, 강우나 융설수가 사면 아래로 이동해서 하천·호수·바다로 배수되는 곳이다. 유역분지는 물이 빠져나가는 지표면과 이런 물을 받아들이고 운반하는 하천들을 모두 포함한다. 유역분지는 분지 내의 모든 물을 수로waterway나 수체water body로 집중시킨다. 분수계water divide 또는 분수령watershed(주로 산릉·구릉·산)은 이웃한 유역분지와 분리되는 경계선이다. 북아메리카에서는 'watershed'라는 용어를 유역분지 자체로 보기도 한다. 집수集水, catchment, 집수역, 집수분지catchment basin, 배수 지역drainage area, 하천분지river basin, 침수분지water basin 등의 용어가 유역분지와 같은 의미로 사용된다. 유역분지의 82%는 해양으로 물을 흘려보내며(유출분지exorheic basin), 나머지 18%는 폐쇄분지endorheic basin로서 내륙 호수나 내륙 바다로 배수한다. 예를 들면, 아시아 내륙의 많은 지역은 카스피 해와 아랄 해로 배수한다.

유역분지의 개념은 수문학·지형학·생태학 등의 여러 분야와 연관된다. 수문학의 경우, 분수계로 경계를 이루고 지표수 및 지하수 형태로 바다나 대륙 호수로 배수하는 유역분지는 물 순환water cycle에서 육지 부분의 물의 이동을 연구하기 위한 학술적 기초 단위다. 유역분지의 틀은 물 균형, 수자원 평가, 홍수와 가뭄 같은 극단적 이변의 예측을 이끌어내는 데 유용하다. 유역분지는 매우 분명한 수문학 단위이므로 수자원 관리를 위한 논리적 구조를 제공한다. 수자원을 관리하는 정부 기관들을 보면 미국 미네소타 주에서는 유역 행정구watershed district로 불리고, 뉴질랜드에서는 유역위원회catchment board로 불리며, 캐나다 온타리오 주에서는 보전국청conservation authority으로 불린다. 지형학의 경우 유역분지는 한정적인 영역으로 간단하면서도 분명하게 정의가 내려진 명료한 지형 단위이며, 규모별로 위계망의 설정에서도 유용하게 사용된다. 태양복사와 강수량 같은 유입량, 지표류 및 지하수 흐름 같은 통과량, 유출·증발·장파복사 같은 유출량의 관점에서 보면 유역분지는 열린 물리적 **체계**이기도 하다(Chorley, 1969). 생태학의 경우 유역분지는 **생태계**의 주요 요소다. 물은 대지와 하천을 따라 흐르면서 영양분nutrients, 퇴적물sediments, (일부 장소에서는) 오염물pollutants을 담고 동시에 이것들을 유역 밖으로 내보낸다. 유로流路에서나 물이 유입되는 수체(호수 또는 해양)에서 영양분·퇴적물·오염물은 생태계 작용에 영향을 미칠 수 있다. 질소·인·칼륨 등이 포함된 화학비료의 사용은 생태계에 영향을 미친다. 중국 연안의 황해와 발해만에서는 일반적으로 물고기에 해로운 조류algae들이 만개하거나 '적조red tide' 현상이 자주 발생한다. 북해에서도 이와 유사한 해로운 조류의 만개가 일어나는데, 하천을 통해 유입된 농업용 살충제가 해양 생물에 문제를 일으키는 것이다.

▸ 더 읽어볼 자료: Gregory and Walling(1976).

이류 ADVECTION

이류advection는 유체 상태에서의 어떤 물질 또는 보존된 속성(열·수증기·염도 등)의 운반을 의미한다. 물질 이류의 예로는 하천수에서의 용질과 미립질 토사의 운반을 들 수 있다. 흐르는 물은 용해된 물질과 부유 물질을 운반한다. 어떠한 유체라도 물질이나 보존된 속성을 이류할 수 있다. 기상학과 해양물리학에서 이류는 보존된 속성(열·수분·염도)이 한 지역에서 다른 지역으로 어느 정도 수평적으로 운반되는 것을 말한다. 대기권의 경우 이류는 지형성 구름orographic clouds(산지와 같은 지형적인 장애로 인해 기류가 강제 상승할 때 형성되는 구름)과 구름에서의 강수 작용에 중요한 역할을 하며, 물 순환water cycle의 한 부분을 차지한다. 차가운 바다나 육지 위로 따뜻하고 습윤한 공기가 이류되면 이류무advection fog가 형성된다. 영국에서는 이류무가 두 가지 주요 조건에서 발생한다. 첫째, 봄철 습윤한 남서풍이 서해안과 남해안 주위의 상대적으로 차가운 바다 위로 불어올 때 해무sea fog와 연안무coastal fog가 생긴다. 둘째, 여름철 차가운 북해를 가로질러 동풍이 불 때 동해안을 따라서 이류무가 발생한다. 북아메리카에서 이류무는 5~8월에 뉴펀들랜드 앞바다에서 흔하게 나타나는데, 이는 남쪽에서 유입된 온난습윤한 공기가 차가운 래브라도 해류 위로 흐르면서 빠른 속도로 냉각되기 때문이다.

이행대 ECOTONE

이행대ecotone는 두 개의 인접한 **생태계** 간의 전이轉移 지대다. 보통 식생 분포의 변화에서 나타나지만 두 개의 생태계에서 온, 서로 다른 생물체들과도 연관되어 있다. 이행대는 수 킬로미터에 걸친 두 군집의 점진적 혼합을 의미하며, 아열대에서의 삼림과 사바나 간의 수림초원parkland 이행대가 그 예다. 이런 환경에서 이행대는 양쪽 군집 모두에서 온 동식물을 포함하기도 하고, 때로는 이행대 생태계에서만 존재하는 종들을 포함하기도 한다. 한편 하나의 생태계에서 다른 생태계로의 변화가 수백 미터 정도에서도 일어날 수 있는데, 산지 환경에서 수목한계선tree-line 등의 고도에 따른 이행대가 그 사례다. 수목한계선은 보통 뚜렷한 경계를 가진 이행대로, 주요 생물형에서 분명한 변화가 나타난다. 수목한계선은 북반구에 있는 타이가와 툰드라 식생 간의 아극권 경계대에서 볼 수 있으며, 산지에서는 아고산대subalpine 식생과 작은 키로 자라는 고산대alpine 식생 사이의 경계에서도 나타난다.

환경 요인의 변화, 특히 기후, **토양**, 지질 기층의 변화는 많은 이행대의 입지에 영향을 미친다. 예를 들면, 미국의 프레리 초지-삼림 이행대 입지는 연중 유출량의 삼림 지역에서 주로 봄철에만 유출량이 발생하는 프레리 지역으로의 변화와 일치한다. 산불, 방목 밀도, 두 군집 간의 경쟁 정도, 그리고 기타 여러 요소도 이행대의 입지에 작용을 한다.

이행대는 몇몇 동물에게 특히 중요한데, 짧은 거리 내에 있는 두 개 이상의 **서식지** 체계를 이용할 수 있기 때문이다. 이 현상은 경계선을 따라서 가장자리 효과를 만들어내는데, 이러한 지역은 일반적인 종보다 더 높은 다양성을 보여준다.

임계치 THRESHOLD

임계치threshold는 한 체계 내에서의 여러 상태를 분리한다. 임계치는 어떤 전이 상태 또는 한 체계의 작용, 작동, 상태에 대한 '극적인 변화 순간tipping point'을 가리킨다. 일상생활에서의 사례는 풍부하다. 끓는 물이 액체 상태에서 기체 상태로 변하려면 온도 임계치를 넘어서야 한다. 비슷한 예로 냉장고에 있던 얼음을 꺼내 기온 10℃인 방에 두면 녹는데, 이는 온도 임계치를 넘어섰기 때문이다. 앞의 두 경우처럼 상태의 극적 변화 — 물의 고체 상태에서 액체 상태로의 변화와 액체 상태에서 수증기로의 변화 — 는 온도의 아주 작은 변화에서 비롯된다.

수많은 지형형성 작용은 임계치를 넘어선 이후에 작동된다. 예를 들어 산사태는 다른 요인들이 일정하다면 임계 사면각을 넘어야 발생한다. 스탠리 슘Stanley Schumm은 시스템의 외부 임계치와 내부 임계치에 대해 효과적인 구별법을 제안했다(Schumm, 1979). 지형 체계geomorphic system는 외부 변인에 변화에 의한 강제성이 주어지기 전에는 외부 임계치를 넘지 않는다. 주된 예는 **기후 변화**에 대한 지형 체계의 반응이다. 기후는 외부 변인이다. 만약 지표 유출이 임계 수준 이상으로 증가하면 지형 체계는 갑자기 새로운 상태로 재조직되면서 반응하게 된다. 외부 변인의 변화가 없는 경우에도 지형 체계는 내부 임계치를 넘을 수 있다. 반대로 시형 체계 내에서의 내부 변인의 작은 우연적 변동에도 체계는 내부 임계치를 넘어 재조직될 수 있다. 이런 현상은 하천 하도에서 발생하는데, 하천 유역에서의 과목overgrazing으로 인한 초기의 교란 현상은 하천 하도 내에서 복잡한 반응을 촉발한다. 침식과 퇴적 작용의 복잡한 패턴은 하도 체계의 여러 부분에서 충적 작용alluviation과

하각 작용downcutting이 동시에 발생하면서 일어난다.

토양의 경우 자생적autogenic 변화는 주로 내부 임계치를 넘어서야 발생하며, 외인적allogenic 변화와 구별된다. 지중해성 기후 아래 토양 임계치soil threshold를 넘어서면 정상과 중간 사면상의 알피졸alfisol에서 말단 사면toe-slope상의 버티졸vertisol로 바뀐다(Muhs, 1982). 버티졸은 스멕타이트smectite(팽창하는 점토)가 충분히 집적될 때 발달하는데, 스멕타이트는 원래 위치에서의 풍화 작용 및 부유 점토 입자와 염기성 양이온의 사면 이동에서 생긴다. 내부적 토양 임계치의 사례는 다양하다(Muhs, 1984). 탄산염의 세탈洗脫, leaching은 토양 속에서의 점토 이동을 위한 선행 조건이다. 이것은 칼슘과 마그네슘 같은 2가 양이온이 강력한 덩어리를 형성해 점토의 기계적 세탈pervection을 저지하기 때문이다. 이와 반대로 1가의 나트륨 이온은 점토를 흩어버리는 경향이 있다. 해안 지역과 플라야playa의 가장자리 환경의 경우 나트륨이 지나치게 집적되어 점토를 흩어버리면서 빠르게 이동시킨다. 얇은 층리의 캘크리트calcrete는 건조 지역이나 반건조 지역에서 탄산칼슘이 발달하는 K층을 봉쇄하면서 생성된다. 그 후 탄산칼슘이 축적된 층리대가 발달하고 상부 쪽으로 성장한다.

생태계에서도 임계치는 발생한다(Groffman et al., 2006). 임계치 현상은 **생태계** 내부 또는 외부 변인의 작은 변화에 의해 생물적·화학적·물리적 특성에서의 급격한 변화가 나타날 때 발생하는데, 이는 가역적 반응일 수도 있고 아닐 수도 있다. 주요한 예는 플로리다 주의 남쪽 끝에 위치한 약 2,200km^{2}의 얕은 삼각강三角江, estuary이다. 1990년대 초 이 생태계는 해초sea-grass가 주 생산성인 빈영양貧營養, oligotrophic의 맑은 수역 체계에서 식물성 플랑크톤의 개화가 주 생산성인 좀 더 탁한 체계로 갑자기 변했다(Gunderson and Holling, 2002). 여기에서는 다른 경우와 마찬가지로 환경 변화에 대한 생태계 상태의 비선형적 반응이 나타나는데, 몇 가지 변인(물의 투명도, 주 생산성, 영양 순환, 먹이그물)도 생태계가 임계치를 넘어서면 급격하게 변화한다. 임계치 돌파가 가능한 것은 하수처리계에서의 영양류 유입, 해수면 변동sea-level change, 허리케인의 부재, 가뭄, 물의 전환, 방목 가축의 제거 등이다. 플로리다 만의 경우처럼 생태적 임계치는 생태 보전과 관련된 함축된 의미를 지니고 있다(Huggett, 2005).

지구 기후 체계의 경우 '극적 변화 요소tipping element'들의 발생 가능성이 있는데, 만약에 임계치나 극적 변화점을 넘어설 때에는 급격한 **기후 변화**가 일어난다. 이러한 현상으로는 냉대 삼림의 가지 고사, 아마존 삼림의 고사, ENSO 사건의 크기와 빈도 변화, 서아프리카 몬순 기후의 이동, 대서양 심층수 형성의 변화, 북극 지역의 얼음 감소, 남극 서부 빙상의 불안정 등이 있다(Lenton et al., 2008).

▸ **더 읽어볼 자료:** Groffman et al.(2006), Phillips(2001).

자연선택 NATURAL SELECTION

다윈은 『종의 기원The Origin of Species』(1859)에서 자연선택natural selection을 제시했는데, 그 후로 자연선택은 현대 생물학의 기초 개념으로 자리 잡았다. 다윈은 자연선택을 인공선택artificial selection과 유사하다고 기술했는데, 인공선택은 품종 개량가가 선호하는 특성을 가진 동물들을 체계적으로 재생산에 이용하는 과정이다. 그는 유전inheritance에 대한 타당한 이론 제시 없이 정의를 내렸다. 유전학은 20세기 초기에야 등장한 것이다. 결과적으로 고전적 다윈의 **진화론**과 전통 유전학classical genetics · 분자유전학molecular genetics에서의 새로운 발견 간의 결과론적 결합이 현대 진화론으로 발전했다.

자연선택은 재생산하는 생물체 개체군의 연속된 세대 내의 유전적 특성을 결정하는 과정으로, 유리한 유전 특성은 더욱 일반화되며 불리한 유전 특성은 더욱 희귀해진다. 자연선택은 생물 표현형phenotype(관찰되는 특성, 즉 크기 · 모양 · 색깔 등)에 작용하며, 유리한 표현형을 가진 개체들은 재생산할 가능성이 그렇지 않은 개체들보다 높아진다. 만약 표현형이 유전적 기초를 가지고 있으면 좋은 표현형과 연관된 유전자형genotype이 다음 세대에서 더 많이 출현하게 된다. 실제로 자연선택은 '유전자형의 차별적 영속 작용'이다(Mayr, 1970: 107). 시간이 경과함에 따라 이 과정은 **적응**adaptation이라는 개념으로 귀결되어 유기체들이 특화되면서 특정 **생태적 지위**生態的 地位, ecological niche를 차지하게 되고, 결과적으로 새로운 아종이나 심지어 새로운 종으로까지 진화한다. 일부 생물학자의 최신 가설에 따르면, 자연선택은 **종 분화**의 주요 추진력으로, 이소 작용allopatry(개체군의 지리적 격리)보다 더 강하게 작용한다. 분기적divergent 자연선택은 표현형을 국지적 환경에 잘 적응시켜 유

그림 17. 방향성, 안정화, 분열성 선택

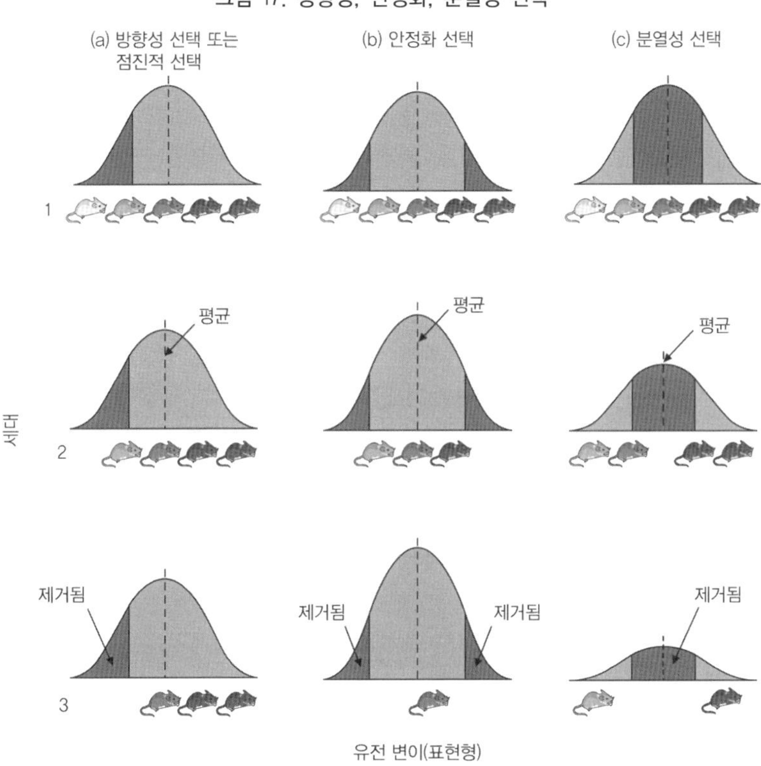

자료: Grant(1977).

전 흐름보다 더 큰 힘을 발휘하여 더 많은 분기 작용을 가져와 결과적으로 종 분화를 달성하는 것이다(Dieckmann and Doebeli, 1999; Via, 2001).

자연선택은 개체의 유전적 토대를 시험하는 것으로, 표현형에는 직접적으로, 유전자형에는 간접적으로 작용한다. 자연선택은 방향성, 안정화, 분열성의 특성을 지닌다(그림 17). 방향성directional 또는 점진적progressive 선택은 개체군의 유전적 구성에서 단일 방향의 변화를 일으키는데, 유전자나 유전자 쌍에서 증어된 유리한 특질을 가진 개체들을 선호한다(그림 17a). 이러한 현상은 개체군이 새로운 **환경**에 적응할 때 나타나는 것으로 보인다. 산업 매연에 대해 점박이나방Biston betularia이 검은색의 형태로 대응하는 것이 방향성 선택의 한 사례다(Kettlewell, 1973). 홀로세 동안의 흰꼬리사슴Odocoileus virginianus의 크기 변화는 **환경 변화**에 따른 것으로 보이는데, 이 경우 역시 방향성 선택의 또 다른 사례다(Purdue, 1989). 안정화stabilizing 선택은 개체군이 안정된 환경에 잘 적응되었을 때 발생한다. 이 경우 선택 현상은 대립유전자allele의 부적응 조합형을 제거하고 중간 형질을 고착시킨다. 안정화 선택은 도처에 존재하며, 아마도 선택 현상의 가장 일반적인 유형으로 보인다. 점박이나방이 산업 오염 현상에 반응하는 것은 방향성 선택이지만, 나방 개체군은 안정화 선택도 보여주고 있다. 나방의 환경을 바꾼 산업화가 일어나기 이전, 안정화 선택이 보기 드물게 흑색 돌연변이들을 선별해서 제거했는데, 이 상황은 아마도 수세기 동안 우세하게 발생했던 것 같다. 분열적disruptive 또는 다양화diversifying 선택은 다형질polymorphic 개체군에서 극단적인 형을 선호하며, 중간형을 제거해 다형태성polymorphism을 촉진한다. 적어도 다음 세 가지 상황이 분열성 선택을 조장한다(Grant, 1977: 98~99). 첫 번째 상황은 잘 분화된 다형체polymorph가 덜 분화된 다형체보다 더 잘 선택받기 때문으로, 성적으로 양형인 종의 경우 독특한 이차 성적 특성을 가진 수컷과 암컷이 중간형(간성·동성 등)보다 짝짓기와 재생산의 기회를 더 많이 가진다. 두 번째 상황은 다형적 개체군이 균일하지 않은 서식지를 점유할 때 발생한다. 다형적 유형은 **서식지**의 다양한 아지위subniche에 특화될 수 있다. 이런 선택은 노랑나비Colius euytheme 종에서 발생의 사례를 보여준다. 이 종의 암컷은 날개 색깔이 다형태적으로, 하나의 유전자가 오렌지색과 흰색 형태를 결정한다. 캘리포니아의 일부 장소에서 흰색 형은 아침이나 늦은 오후에 가장 많이 활동하고 오렌지색 형은 한낮에 주로 활동하는 것으로 보아, 이런 다형태적 유형이 서로 다른 온도와 습도를 선호한다는 사실을 알 수 있다. 세 번째 상황은 식물 개체군이 두 개의 다른 생태 지대를 가로지를 때 일어난다. 이런 한 조건하에서는 두 부분으로 나뉜 개체군에서 이질적 적응 특성이 출현할 수 있으며, 이런 이질적 특성은 상호 교배하더라도 지속될 수 있다. 이 현상은 백송Pinus albicaulis의 경우에서 잘 나타나는데, 백송의 고산종high-montane species은 캘리포니아 시에라네바다 산맥의 수목한계선과 그 이상의 고도에서 자란다(Clausen, 1965). 수목한계선까지의 산사면상에서는 개체군이 직립 수목으로 자라며, 수목한계선 이상 지대에서는 높이가 낮고 수평적인 꼬마나무elfinwood로 자란다. 냉대 개체군과 꼬마 개체군은, 일부 중간적 특성의 개별 수목들이 존재하는 것으로 보아, 서로 접촉하면서 바람에 의해 교차 수분 작용을 받는다.

▸ 더 읽어볼 자료: Williams(1992).

적응 ADAPTATION

적응adaptation은 생물학, 특히 진화생물학의 중심 개념이다. 대부분 생물체의 유전적 특성은 특정한 **환경**에서의 생활에 이점을 준다. 이러한 특성들은 적응된 것으로, **자연선택**natural selection의 결과다. 딱따구리는 자신들이 생태 지위를 점할 수 있도록 만들어준 일단의 적응 특성을 가지고 있다. 날카로운 부리, 강력한 머리뼈와 머리 근육, 가시가 달린 긴 혀, 나무에 붙어 있도록 도와주는 앞뒤로 뾰족하고 날카로운 발가락을 가진 발, 나무에 붙어 있는 동안 몸을 지탱해주는 단단한 꼬리 등이 그러하다. 대부분의 생물체는 일반general 적응과 특수special 적응을 가진다. 일반 적응은 넓은 환경 영역에 맞춘 것이며(예를 들면, 새의 날개), 특수 적응은 특화된 생활 방식을 가능하게 하는 것으로, 딱따구리의 날카로운 부리와 발가락이 그 예다. 생물체들은 비적응적이거나 중립적인 특성을 지닐 수도 있는데, 이 점은 논의의 여지가 있다.

생태형태학ecomorphology은 개체들의 생태적 역할과 그들의 형태 적응 간의 관계를 연구하며, 생태생리학ecophysiology(또는 생리생태학physiological ecology)은 개체들의 생태적 역할과 생리의 관계를 연구한다. 생물체의 생활형life-form은 보통 구조적structural 적응과 생리적physiological 적응을 모두 반영한다. 생활형은 형태 또는 외형·구조·습관·생활사life history 등을 포함한다. 생활형에는 전체 생활형overall form(식물을 예로 들면, 초본류·관목류·목본류)과 개별 생활형individual form(예를 들면, 나뭇잎)이 있다. 각 생태 지대ecological zone에서 식물의 주된 유형은 특정 기후에서의 생존에 잘 맞추어진 생활형을 가지려는 경향이 있다. 널리 사용되는 식물의 생활형 분류는 1903년 크리스텐 라

운키에르Christen Raunkiaer에 의해 고안되었다. 이는 새싹이 돋아나는 발아 꼭지shoot-apex(가지 끝)의 위치에 기초한 것으로, 하생夏生 일년생 식물therophyte, 지중식물cryptophyte, 반지중식물hemicryptophyte, 지표식물chamaephyte, 지상식물phanerophyte의 다섯 군으로 구분된다(Raunkiaer, 1934). 식물과 달리 동물 생활형은 생태 지대보다 분류 범주에 의해 나타나는 경향이 있다. 예를 들면, 대부분의 포유류는 기본적인 **서식지** 유형에 적응하며, 그들의 생활형도 이 유형에 따른다. 이들은 수중 생활(고래나 수달처럼 수중에서 생활하거나 수영하는 포유류), 지하 생활(뒤쥐처럼 구멍이나 굴을 파는 포유류), 지상 생활(말이나 날쥐처럼 달리거나 도약하는 포유류), 수목 생활(여우원숭이처럼 나무 위를 오르거나 다니는 포유류), 공중 생활(박쥐처럼 공중을 나는 포유류) 등으로 적응하고 있다.

다양한 생물체가 상대적으로 극단적인 환경(건조·습윤·고온·빙설·산성·알칼리성 등)에 특별한 적응을 보여준다. 예를 들어, 여러 동식물은 건조한 기후에서 생존하도록 잘 적응되어 있다. 매우 가혹한 환경에서 적응한 생물들도 있다. 이런 극한 동물extremophiles에는 혹서 선호형hyperthermophiles(고온에 적응), 혹한 선호형psychrophiles or cryophiles(혹한에 적응), 염분 선호형halophiles(고염분 환경에 적응) 등이 있다(Gerday and Glansdorff, 2007). 온건한 환경에서의 적응도 예민할 수 있는데, 여러 대륙을 관통하는 기후대에서의 점진적인 지리적 변화에 대한 적응이 그 사례다. 이러한 적응은 가끔 크기, 색깔, 또는 다른 특성에서 측정 가능한 변화와 같은 생물 표현형(환경과 교호하는 유전자형 표현의 결과로 나타나는 종의 특성) 자체에서도 나타난다. 기후 구배climate gradient에 따른 형태의 점진적 변화를 생물 경사cline라고 한다(Huxley, 1942). 생물지리적 원칙biogeographical rule은, 종의 서식 범위에서 더욱 한랭한 곳에서 살고 있는 종들이 더욱 큰 형태를 가진다는 일반적인 경향을 뜻하는 베르그만의 법칙Bergmann's Rule에서와 같이 경사 변이clinal variation를 반영한다.

다른 생물지리적 법칙들은 색소 형성pigmentation 및 개체 크기의 극단성(예를 들면, 귀)에서의 생물 경사와 관련이 있다(Huggett, 2004: 16 참조).

적응의 개념은 간단하고 상식적으로 보이지만 자연사에서 가장 성가시고 신비화된 개념 가운데 하나다. 이는 적응의 기원을 고려할 때 특히 그러하다. 깃털은 현재 비행을 위한 적응이지만 새들이 숙련된 비행체가 되기 전부터 진화해왔다. 그러면 그 당시에 깃털은 어떠한 용도로 사용되었을까? 이런 의문에 대한 해답은 아마도 기능의 변화 – 초기의 '비행' 날개는 빨리 달리는 새들에게 안정화 기능을 했거나 체온 조정 기능을 했을 것 – 에 있을 수 있다. 굴절적응exaptation은 조상에게서 물려받은 특성이 어떻게 새로운 용도에 맞추게 되었는가와 같이 기능의 변화에서 유래된 과정으로 본다. 그 예로 열대 아프리카 원산인 푸른꼬리 날도마뱀Holaspis guentheri을 들 수 있는데, 이 도마뱀의 납작한 머리는 나무껍질 아래의 좁은 틈에서 사냥을 하거나 숨을 수 있도록 해주고 나무들 사이를 날 수 있도록 해준다. 납작한 머리는 원래 좁은 틈에 적응되었던 것인데, 나중에 활공에 사용(굴절적응)된 것이다(Arnold, 1994).

▸ **더 읽어볼 자료:** Rose and Lauder(1996), Willmer et al.(2004), Gerday and Glansdorff (2007).

적응방산 ADAPTIVE RADIATION

적응방산adaptive radiation은 광범위한 종류의 **생태적 지위**ecological niche를 가질 수 있는 종의 다양화diversification를 말한다. 이는 생태와 **진화** 간의 가교 기능을 하는 매우 중요한 과정이다. 이러한 과정은 많은 종류의 후손 종들이 반복된 **종 분화**speciation를 통해 동소성sympatric(동일한 장소에 사는 것)이 되거나 동소성으로 남을 수 있도록 단일한 조상 종들이 분화할 때 나타난다. 이러한 종은 자원을 두고 다른 종과의 경쟁(종 간 경쟁interspecific competition)을 피하기 위해 다양화하려는 경향을 가진다. 방산이 이소성allopatric 종(다른 지역에 서식하는 종)을 만들어낼 때라도, 이소성 종이 다른 환경에 적응함으로써 다양성은 어느 정도 계속 발생한다. 약 40억 년 동안 이루어진 거대한 방산의 결과로 '생물 나무tree of life'가 형성되었으며, 주요 분과(계界, kingdom, 계통phyla 등)와 하부 분과(과families, 속genera) 모두에서 개별 적응이 이루어져왔다(그림 18). 그 예외는 원핵동물原核動物, prokaryotes(박테리아와 고세균류古細菌類, Archaea)로, 이 경우에는 연관성이 없는 생물체 간에 유전자 물질들의 전이가 일어난다.

적응방산의 사례는 매우 많다. 그중에서도 갈라파고스 섬의 다윈 핀치새Darwin's finches, Geospizinae가 유명하다. 이 단일 조상은 현대의 암청색 목도리참새Blue-black grassquit, Volatinia jacarina와 가까운 것으로, 약 10만 년 전에 남아메리카에서 건너와 군도를 점령했다. 반복된 정착으로 인한 이소성 **종 분화**와 섬의 군群, group 내의 분기分岐, divergence 작용으로 5속 13종이 만들어졌다. 여러 종들의 부리는 자신들의 먹이(씨·벌레·싹)에 맞춰진 것이다. 하와이 섬에서도 몇몇 적응방산이 일어났다. 하와이 벌새Drepanidinae의 적응방

그림 18. 족제빗과의 적응방산

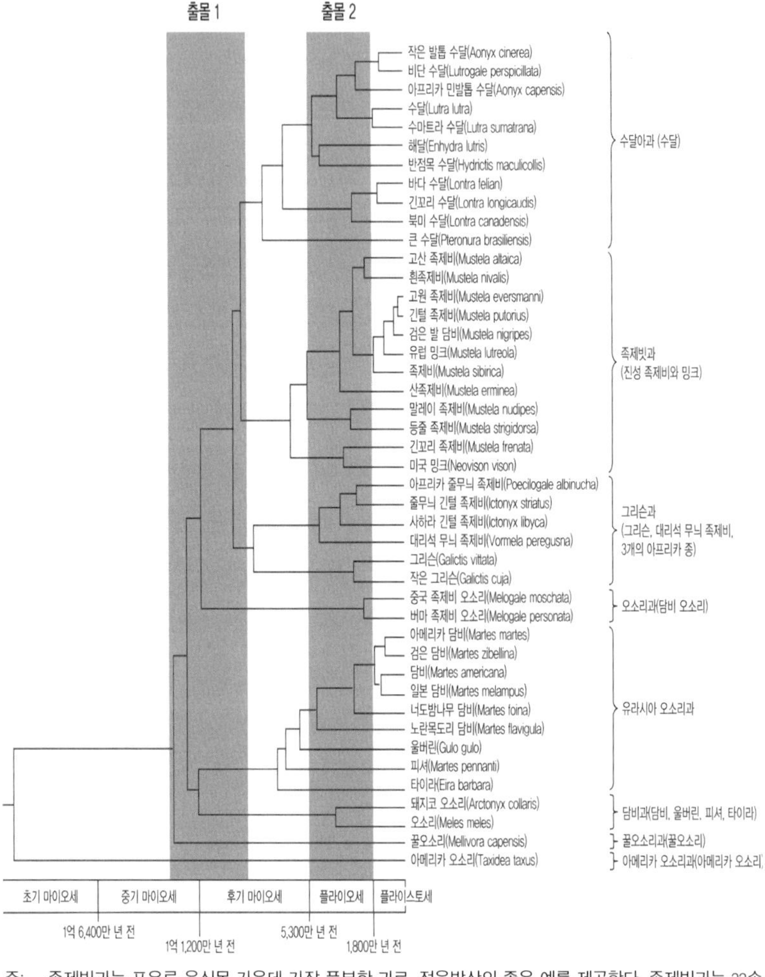

주: 족제빗과는 포유류 육식목 가운데 가장 풍부한 과로, 적응방산의 좋은 예를 제공한다. 족제빗과는 22속 59종으로 분류되며, 광범위한 생태형태적 다양성을 보인다. 여러 계통이 두 가지 주요 분기 현상으로 진화해서 일련의 적응대를 채웠는데, 굴을 파는 오소리에서 반수생 수달까지 다양하다. 족제빗과는 광범위하게 분포하며, 마다가스카르, 오스트레일리아, 또는 해양 군도를 제외한 여러 대륙에서 다양한 속이 발견된다.

자료: Koepfli et al.(2008).

산은 원래 아시아 원산의 단일 조상인 씨 먹는 핀치새에서 출발한 것으로 보인다. 하와이 벌새는 11속 23종으로 분화했고, 최근에 들어서는 더욱 많은 종이 생기면서 역사 시대에 29~33종이 기록되었으며, 14종은 준화석subfossil 상태로 남아 있다. 적응방산은 씨 먹는 새, 벌레 먹는 새, 과즙 먹는 새로 분화되었고, 모두 먹이에 맞게 부리가 적응되었다. 하와이 은검초銀劍草, silver-sword류는 식물 중에서 가장 잘 적응된 사례로 평가되는데, 형태와 생리에서 극단적이고도 빠른 분화를 보여준다. 은검초의 공통 조상은 1,300만~1,500만 년 전 캘리포니아의 타위드tarweed에서 분리된 것으로, 400만~600만 년 전 하와이에 도래했다. 이 식물은 고도 75m에서 3,750m 범위의 하와이에서 나타나는 거의 모든 조건에 걸치는 다양한 식물을 형성했다. 그 형태는 줄기가 없거나stemless 줄기가 짧은 일순一巡(또는 일회 결실, 단 한 번 개화하고 열매를 맺고 죽는) 또는 다결실(한 절기에 여러 차례 개화하고 결실을 맺는) 로제트rosette 식물, 줄기가 긴 일순 또는 다결실 로제트 식물, 목본·관목·아관목, 매트mat 식물·쿠션cushion 식물, 덩굴 식물 등을 포함한다.

마다가스카르 여우원숭이는 대략 5,000만 년 전에 공통 조상의 도래와 함께 시작된 영장류의 적응방산 산물이다. 이 섬에 인간이 처음으로 도래했던 약 2,000년 전 이후부터 최근까지도 최소 45종이 살고 있었다. 현재는 14속 33종이 서식하고 있다. 참여우원숭이는 5종으로, 나무에 살면서 열매·꽃·잎 등을 먹는 채식주의 종이다. 운동여우원숭이는 야행성이며 주로 점프를 하면서 이동한다. 쥐여우원숭이Microcebus는 체구가 매우 작으며(최대 60g), 쥐처럼 달리면서 과일과 함께 벌레도 먹는다. 인드리Indri원숭이와 시파카Sifaka원숭이는 대형(몸길이 1m 정도) 동물이다. 아이아이Aye-aye원숭이는 나무껍질을 비집어서 곤충 애벌레를 잡아내는 데 특화되어 있으며, 딱따구리의 생태 지위에서 남은 공백을 메우는 경우이다. 8속 또는 그 이상에서 준화석화된 여우원숭이 가운데 적어도 15종은 적응방산의 '큰' 끝머리를 보여주고 있다. 원시 여우원숭이Archaeolemur는 지상에 살았으며 대략의 크기가 암컷 개코원숭이 정도였다. 77kg급의 사라진 코알라 여우원숭이Megaladapis도 코알라와 유사한 생태 지위를 가지면서 나무 위에서 살았다. 60kg급인 원시 시파카속 여우원숭이Palaeopropithecus는 나무늘보 같은 수목 거주자였다.

모든 **적응**이 방산적이지는 않으며, 모두가 적응될 수 있는 것도 아니다. 비방산적 '적응방산'도 일어나는데, 비어 있는 생태 지위 공간이 남아서 혈통 내에서의 **종 분화**가 아닌, 분기와 관련된 일종의 생태적 방출을 허용하는 경우가 그러하다. 좋은 사례가 레후아 나무Ohia lehua, Metrosideros polymorpha다. 이들 하와이 군도 수목종은 다양하며 여러 형태를 띤다. 이들은 황량한 저지에서 고원 습지에 이르기까지 서식지가 다양하며, 형성된 지 얼마 안 되는 용암 대지에서는 관목림으로 자라거나 성숙한 삼림의 수관을 이룰 정도로 크게 자란다. 매우 다양한 형태를 지니고 있음에도 식물학자들은 이들을 하나의 종으로 취급한다. 비적응적 방산non-adaptive radiation은 방산이 어떤 뚜렷한 생태 지위 차별화와 연관이 없을 때 일어난다. 비적응적 방산은 파편화된 **서식지**에서 이소성적으로 방산이 일어날 때 발생할 수 있다. 예를 들면, 크레타 섬에서 알비나리아Albinaria 속屬의 육지 달팽이들은 생태 지위 차별화가 거의 없이 많은 종을 가진 속으로 분화해왔다. 모든 종은 대체로 동일하거나 좁은 서식지 범위를 가질 뿐이지만, 동일한 장소에서 두 종의 알비나리아가 사는 일은 드물다.

▸ 더 읽어볼 자료: Givnish and Sytsma(1997), Schluter(2000).

점진설 GRADUALISM

점진설gradualism 학파는 지구 역사 전 구간을 통해 지질 작용과 생물 작용이 현재 관찰되는 속도와 비슷하게 작동해왔다고 주장한다. 대부분의 비평가는 제임스 허턴James Hutton(1726~1797)을 점진설의 아버지로 인정한다. 의심할 여지없이 허턴보다 한참 이전 세대인 아리스토텔레스Aristoteles와 레오나르도 다빈치Leonardo da Vinci도 지표면을 개조하는 지질 기구agency(바람·비·바다·태양·지진)의 효과에 대해 논의했으나, 허턴이야말로 지구 역사에 대한 전면적인 점진적 체계를 확실하게 설계한 학자다. 그는 세계를 완벽한 기계로 보았는데, 이 기계는 파괴와 회복의 순환(지각 융기, 침식, 운반, 퇴적, 압축과 고결, 재생 융기)을 통해 영원히 지속된다는 것이다. 현재는 지질 순환geological cycle 또는 퇴적 순환sedimentary cycle으로 불린다. 존 플레이페어John Playfair(1748~1819)는 허턴의 혁신적 개념들을 적극적으로 옹호했고, 찰스 라이엘은 자신의 기념비적 저서인 『지질학 원리Principles of Geology』(1830~1833)에서 허턴의 가설을 보완해 더욱 징교하게 만들었다. 라이엘은 점진론의 주요 지지자로, 현재 지질 작용의 느리고 안정된 작동들을 통해 지구가 과거에 겪은 심대한 변화를 주의 깊고도 설득력 있게 설명할 수 있다고 주장했다. 점진설은 라이엘이 주장한 **동일과정설**uniformitarianism의 핵심 구성 요소였으며, **격변설**catastrophism이 최근에 복귀하기까지 지구과학과 생물과학에서 지배적인 이론이었다.

점진설에 확신을 가진 진화론자들은 생물이 조금씩 안정적인 절차를 거쳐 진화한다고 여겼다. 유기물 세계에서의 점진적 변화라는 개념은 다윈 이전의 많은 사상가들에게서 나타났다. 예를 들면, 브누아 마예Benoit de Maillet,

조르주 루이 르클레르 드 뷔퐁Georges-Louis Leclerc de Buffon, 에라스무스 다윈Erasmus Darwin, 장 바티스트 라마르크Jean-Baptiste Pierre Antoine de Monet de Lamarck, 로버트 체임버스Robert Chambers, 베른하르트 폰 코타Bernhard von Cotta 등이 그러하다(Huggett, 1990, 1997b). 다윈은 동물과 식물이 소규모 우연적 변이에 작동하는 외부적 영향 때문에 어떤 정해진 방향으로 점진적으로 진화한다는 견해에 최초로 도달한 사람이었다. 다윈이 말한 "자연은 도약하지 않는다Natura non facit saltum"라는 문장은 점진적 진화학파의 선전 구호다. 신다윈주의자Neo-Darwinian들은 미시진화론자micromutationist로서, **진화**는 소규모 유전적 변화의 점진적 집적을 통해 진전되어간다는 견해를 지지한다. 그러나 이런 극단적인 미시적 변이에 의한 점진설은 화석 기록에서 관찰된 변화를 설명하기에는 너무 느린 속도를 보이거나 상반되어 보인다. 조지 심프슨George Gaylord Simpson과 에른스트 마이어 같은 영향력 있는 미시변이론자들은 소규모 유기체 집단 내에서 상대적으로 짧은 세대 기간에 일어나는 유전자형의 재조직 현상을 인정한다. 거기에 더해 이들은 상대적으로 빠른 속도의 유전적 변이 기간을 포유류나 속씨식물 같은 주요 생물군의 기원처럼 더 큰 규모의 진화적 변화 가능성이 있는 단계라고 본다. 이와 같이 상대적으로 빠른 **종 분화**rapid **speciation** 개념은 다윈에 의해 엄밀하게 적용된 점진설에서 벗어나 단기간 급변설punctuationalism로 옮겨간다(**격변설catastrophism** 참조).

▸ 더 읽어볼 자료: Huggett(1997b).

제한 인자와 허용 범위
LIMITING FACTOR AND TOLERANCE RANGE

제한 인자limiting factor는 환경적 요인으로 **개체군**의 성장을 방해한다. 이 용어를 처음으로 제안한 사람은 독일의 화학자 유스투스 리비히Justus von Liebig(Liebig, 1840)다. 그는 어떠한 하나의 영양분이라도 부족하게 공급되면 농작물의 성장이 제한된다는 것을 알게 되었다. 밀을 경작하는 토지가 충분한 생산을 할 정도의 인燐을 함유했더라도 또 다른 영양분(예를 들면, 질소)이 부족하다면 밀의 생산량은 감소한다. 비료에 인이 아무리 많더라도 질소의 결핍은 밀의 생산량을 제한한다. 질소의 부족이 해결되어야 생산량이 향상되는 것이다. 이러한 관찰을 통해 리비히는 '최소의 법칙law of minimum'을 만들었다. 만약 하나 또는 그 이상의 환경 인자가 경계 수준 이하라면 생물체의 생산력, 성장, 재생산은 억제된다는 것이다. 그 후 생태학자들은 '최대의 법칙law of maximum'을 만들었다. 이 법칙은 환경 인자가 최대 경계 수준을 초과한다면 이 또한 개체군의 성장을 감소시킨다는 것이다. 밀 경작지의 경우 인의 과잉 공급은 과소 공급만큼 해롭다. 즉, 식물이 감내할 수 있는 영양분의 최대량이 존재하는 것이다.

온도 또는 습도와 같은 모든 환경 인자에는 세 개의 '지대'가 있다. 먼저 최소 경계lower limit로, 이 수준 이하의 경우 종들은 살지 못한다. 그다음은 생물들이 번창하는 최적 구간optimum range이다. 마지막은 최대 경계upper limit로, 이 수준 이상이면 생물종들은 살지 못한다(그림 19). 최대 경계치와 최소 경계치는 특정 환경 인자에 대한 종의 허용 범위tolerance range를 나타낸다. 이 경계치는 생물종마다 다르다. 허용 범위 내의 최적 구간에서 생물종은 번창한다. 한편 허용 범위 경계에 가까우면 종들은 생존은 하지만 생리적 스트

그림 19. 허용 범위와 경계

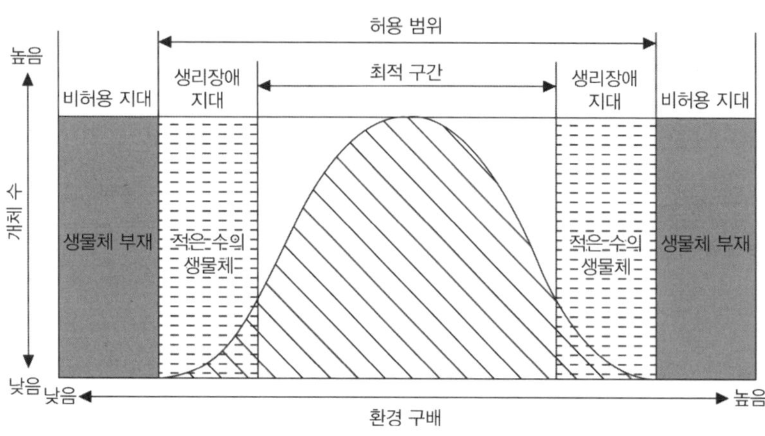

자료: Shelford(1911).

레스를 나타내며, 허용 범위 밖의 경우 생물들은 살아남지 못한다(Shelford, 1911).

개별 종(또는 속)은 독특한 허용 범위를 가지고 있다(그림 20). 협처성狹處性, stenoecious 종은 넓은 허용 범위를 가지며, 광처성廣處性, euryoecious 종은 좁은 허용 범위를 가진다. 모든 생물종은 허용 범위와 상관없이 환경 구배의 저준위(과소형寡少型, oligotypic), 중준위(중간형mesotypic), 고준위(다형多型, polytypic)에 적용되어 살 수 있다. 식물의 광합성을 예로 들어보자. 냉대 기후에 적응된 식물(저준위 열량종oligotherm)은 약 10℃에서 최적의 광합성을 하며, 25℃ 이상이면 광합성을 멈춘다. 온대 식물(중준위 열량종mesotherm)은 15~30℃ 범위에서 최적치를 가진다. 열대 식물(고준위 열량종polytherm)의 최적 광합성 범위는 40℃처럼 높을 수 있다. 흥미로운 사실은 이런 최적 구간이 '절대적'이지 않다는 것이다. 냉대 기후에 적응된 식물이더라도 좀 더 온화한 기후 조건에서 자라면 좀 더 높은 온도로 광합성 최적 구간을 옮길 수도 있다.

허용 범위는 폭이 넓거나 좁을 수 있으며, 최적점은 환경 구배상에서 낮은

그림 20. 생태 값의 최적 크기와 위치

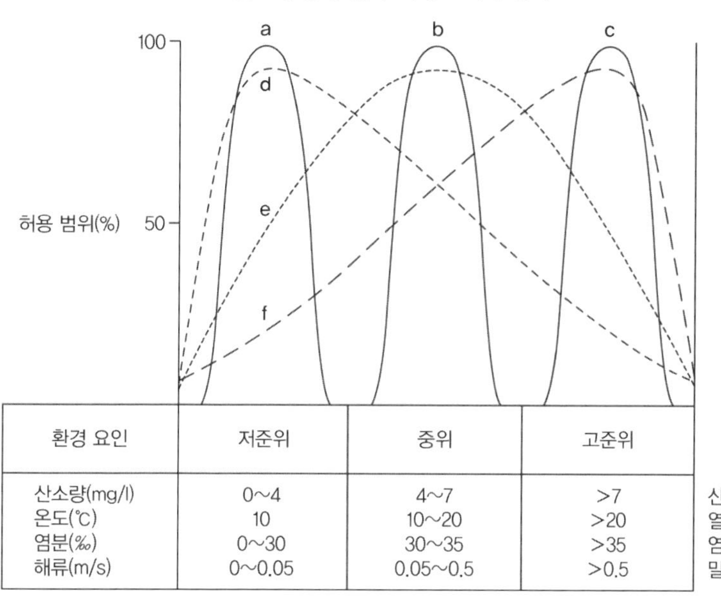

환경 요인	저준위	중위	고준위	
산소량(mg/l)	0~4	4~7	>7	산소성
온도(℃)	10	10~20	>20	열성
염분(‰)	0~30	30~35	>35	염분성
해류(m/s)	0~0.05	0.05~0.5	>0.5	밀도성

예) a. 저준위 열적 소범위종: 빙하 벼룩(Isotoma saltans)
b. 중준위 좁은 밀도 범위종: 돌잉어(Barbus fluviatilis)
c. 고준위 좁은 산소 범위종: 각다귀(Liponeura cinerascens)
d. 저준위 넓은 산소 범위종: 깔따구(Chironomus plumosus)
e. 중준위 넓은 밀도 범위종: 민물 삿갓조개(Ancylus fluviatilis)
f. 고준위 넓은 염분 범위종: 해파리(Aurelia aurita)

자료: Illies(1974).

위치에 있을 수도 있고 중간 위치에 있을 수도 있고 높은 위치에 있을 수도 있다. 모든 것을 종합하면, 6등급의 생태 값ecological valency이 나타난다(그림 20). 빙하 벼룩Isotoma saltans은 톡토기의 일종으로 좁은 온도 허용 범위를 가지며 한랭함을 좋아한다. 이 종은 저준위의 좁은 열 허용 범위oligostenotherm를 지닌다. 각다귀Liponeura cinerascens는 수초 곤충인데, 산소 수준의 구배상에서 가장 높은 부분의 좁은 산소 허용 범위를 가지고 있다. 이 종은 고준위의 좁은 산소 범위종이다. 그림 20은 다른 여러 사례도 보여준다.

종 분화 SPECIATION

새로운 생물종은 종의 분화speciation 과정을 통해 발생한다. 생물학자들은 종 분화의 본질과 그 원인에 대해 열띤 논쟁을 벌여왔다. 주요 쟁점은 새로운 종을 출현시키는 기제와, 그 종을 지속시키면서 각 개체가 교배를 위한 응집된 단위를 형성하고 그 특성을 유지시키는 기제에 대한 것이다. 소진화microevolution(종 사이의 **적응**adaptation을 통한 **진화**)가 대진화macroevolution(종과 상위층 분류군의 진화)로 되는 데에는 **임계치**가 있다는 것이다. 이 임계치를 초과하면 진화 과정은 종을 보전하게 되고 새로운 종을 생태적 지위에 맞게 조정해주며, 유전자 유동gene flow이 변종을 저지한다. 비정상적인 유전자형은 수정 능력이 떨어지거나, **환경**에 의해 제거되거나, 가짜 짝들의 대상으로 추락한다.

다양한 기제를 통해 **개체군**은 종 분화 임계치를 넘는다. 이러한 종 분화에는 이소성allopatric 종 분화, 근소성peripatric 종 분화, 정소성stasipatric 종 분화, 접소성parapatric 종 분화, 동소성sympatric 종 분화 등 여러 유형이 있다(그림 21). 진화 생물학자들은 각각의 종 분화 유형의 유효성에 대해 논쟁을 벌이고 있다(Losos and Glor, 2003).

이소성 종 분화는 지리적 고립 현상이 유전자 유동을 줄이거나 멈추게 하고 개체군 구성원 간의 상호 교배를 통해 일어났던 유전적 연결 관계가 단절될 때 발생한다. 더 오랫동안 단절되면 두 개의 딸 개체군daughter population은 아마도 다른 종으로 발전될 것이다. 이러한 기제는 전형적인 이소성('다른 장소' 또는 지리적으로 단절된) 모형의 기초가 되는데, 마이어(Mayr, 1942)는 이러한 종 분화를 지리적geographical 종 분화로 명명하자고 제안했으며, 지리적

그림 21. 종 분화의 유형

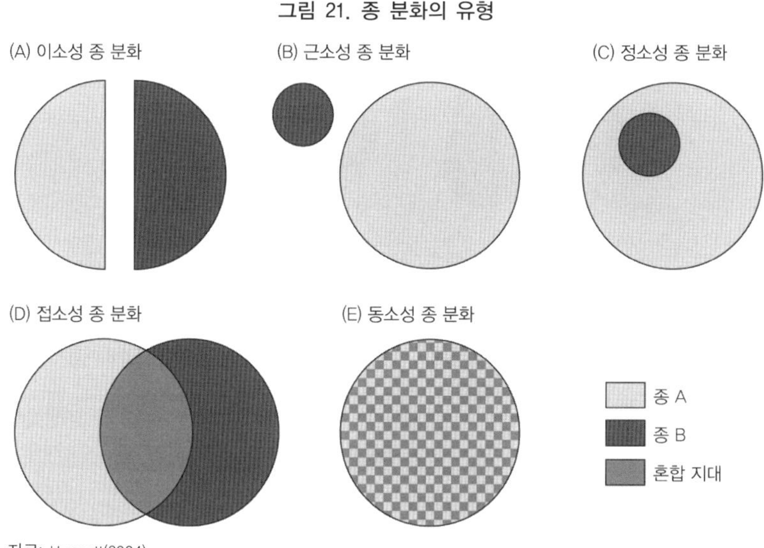

자료: Huggett(2004).

세분화subdivision를 종 분화의 주요 추진력으로 보았다. 마이어는 다음과 같은 세 가지 이소성 종 분화를 밝혔다. 첫째, 개체군의 장애가 없는 완전한 이소성으로, 이는 한 개체군이 장애를 넘어서 확장되어 두 개의 부개체군sub-population이 독립적으로 진화하는 것이다. 둘째, 개체군의 장애가 있는 완전한 이소성으로, 이는 한 개체군에서 소수의 창시자founder 개체가 새로운 지역에 정착하는 것이다. 셋째, 경쟁 사슬에서 일어나는 중간 개체군의 **멸종extinction**이다. 또 다른 이소성 종 분화의 사례로는 캘리포니아의 엔사티나 도롱뇽Ensatina salamander의 아종을 들 수 있다. 이 아종은 캘리포니아 센트럴 밸리의 광범위한 반시 모양의 영역 안에서 미묘한 형태적 차이와 유전적 차이를 보이고 있다. 이 아종은 가까운 이웃끼리 교배를 하지만, 캘리포니아 남부 지역 양극단의 두 종인 큰 반점 도롱뇽E. eschscholtzii klauberi과 몬터레이 도롱뇽E. e. eschscholtzii은 교배를 하지 않는다. **분단분포vicariance** 현상과 **산포 겸 창시자dispersal**-cum-founder 현상이 이소성 종 분화를 주도하는 것이다(그

그림 22. 이소성 종 분화의 주요 작동 인자: 분단분포 현상과 산포 겸 창시자 현상

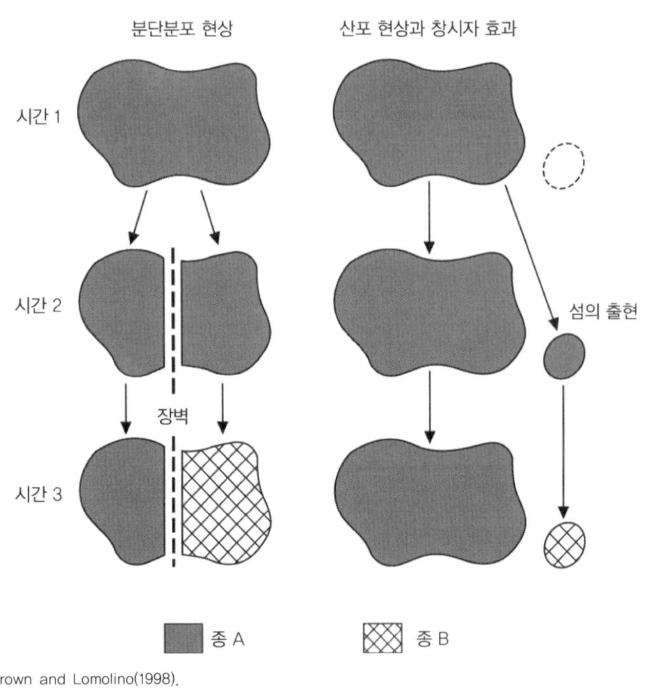

자료: Brown and Lomolino(1998).

림 22). 북미 소나무 두 종이 분단분포 종 분화의 사례다. 북미 서부의 로지폴 소나무와 북미 동부의 뱅크스 소나무는 공통 조상 개체군에서 진화되었는데, 로렌타이드 빙상이 약 50만 년 전에 그 둘을 갈라놓았다. 한편 아마도 가장 가까운 친척인 차코 육지거북Geochelone chilensis과 같은 종으로 추정되는, 갈라파고스 군도에서 현재 살고 있는 대형 육지거북Geochelone spp.의 조상들이 남미 대륙에서 갈라파고스 군도로 이동·정착한 것은 산포 겸 창시자 분화 모형의 한 예다.

근소성 종 분화는 이소성 종 분화의 부분집합이다. 한 종의 영역 가장자리(주변) 개체군에서 근소성 종 분화가 발생하는데, 개체군이 분리되어 다른 방향으로 진화해서 새로운 종이 만들어진다. 여기에는 작은 규모의 창시자

개체군이 주로 관련된다. 이런 종 분화의 뚜렷한 예로는 뉴기니의 파라다이스 물총새Tanysiptera가 있다(Mayr, 1942). 주 종인 일반 파라다이스 물총새Tanysiptera galatea galatea는 본섬에 서식한다. 현재 해안 주변 지역과 섬들은 형태적으로 뚜렷하게 차이가 나는 여러 종류의 파라다이스 물총새를 수용하고 있다.

접소성(접경하는) 종 분화는 지리적으로 인접한 두 개체군이 분기된 진화를 한 결과다. 분기 현상은 국지적 **적응**이 유전자 경사 또는 생물 경사cline를 만들 때 발생한다. 한번 만들어지면, 특히 산포에 약한 종이라면, 생물 구배는 유전자 유동을 줄이게 되며, 혼합종들을 주로 선택한다. 따라서 순혈종들은 점차적으로 생물 구배로 막다른 곳에 이르게 되면서 솎아지는 경향을 보인다. 진정한 잡종 지대로 발전할 수도 있는데, 재생산 분리가 효과적일 경우에는 잡종 지대가 사라지고 두 개의 인접한 종이 남는다. 이런 사례로는 유럽 생쥐의 주 종을 들 수 있는데, 잡종 지대에서 밝은 배 색깔을 가진 동유럽의 생쥐Mus musculus와 어두운 배 색깔을 가진 서유럽의 생쥐Mus domesticus의 두 종이 남게 되었다(Hunt and Selander, 1973).

동소성 종 분화는 지리적 분리 없는 유전자 분기 작용과 관련된다. 이 종 분화는 동일한 지리적 지역에서 발생하면서 새로운 종들이 서로 중첩되는데, 이는 부모 개체군의 공간적 분리가 없기 때문이다. 독립된 유전자형들은 서로 접촉을 하면서도 독립적으로 진화를 지속한다. 한때 일반적인 것이라고 생각되지는 않았으나, 새로운 연구 결과들은 동소성 종 분화 현상도 진화의 유력한 과정일 수 있음을 제시했는데(Via, 2001), 동소성 종 분화 현상이 유전자 유동과 함께 발생한다는 것이다(Nosil, 2008; Niemiller et al., 2008). 동소성 종 분화에 기여하는 몇 가지 작용은 다음과 같다. 분단성 선택distruptive selection은 극단적인 표현형을 선호하면서 중간형의 표현형을 제거한다. 일단 선택이 이루어지면 **자연선택**은 **서식지** 선택 또는 동종 짝짓기(서로 다른 표현형이 각자 같은 종류와 짝짓기를 선택하는 것)를 통해 재생산적 분리를 촉진한다. 곤충의 서식지 선택은 동소성 종 분화의 선호에 의한 것으로 보이며, 같은 부류에서 다양성의 사례가 밝혀지고 있다. 경쟁적 선택competitive selection은 분단성 선택의 변종 현상으로, 종 내부의 표현형을 선호해 극도의 경쟁을 피하면서도 중간형을 제거하는 것이다. 로드하우 섬의 외진 곳에서 자라는 두 종류의 야자수Howea는 동소성 종 분화에 의해 진화한 것으로 보인다(Savolainen et al., 2006).

정소성 종 분화는 염색체 변화에 기인한, 종의 영역 내에서의 변화다. 염색체 변화는 ① 염색체 수의 변화, ② 염색체상의 유전 물질의 재배열(역위逆位, inversion) 또는 유전 물질의 다른 염색체로의 전이(전좌轉座, translocation)를 통해 발생한다. 배수성polyploidy은 정상 염색체 요소를 두 배 또는 그 이상으로 증가시키는데, 이를 통해 원종原種, progenitor을 더 크고 더 생산적으로 만든다. 배수성은 동물에서는 드문 현상이지만 식물에서는 동소성 종 분화의 주요 원인으로 여겨진다. 쌍떡잎 식물종의 43%와 단자엽 식물종의 58%가 배수종polyploid이다. 정소성 종 분화는 일부 서유럽 생쥐 개체군에서 발생했다. 유럽의 경우 정상적인 생쥐의 핵형核型, karyotype은 20세트의 염색체를 가지고 있다. 그런데 스위스 남동부의 발레 디 포스키아보 지역에서 13세트의 염색체를 가진 종이 처음으로 발견되었다. 처음에 이 종들은 새로운 종으로 분류되어 담배쥐Mus poschiavinus라고 명명되었다. 그 뒤 스위스와 이탈리아의 다른 고산 지역(그리고 북아프리카와 남미 대륙)에서의 표본들도 비표준형 핵형을 가지고 있음이 알려졌다. 놀랍게도 모든 생쥐 개체군이 핵형에서의 차이만 있을 뿐 형태학적·유전학적 차이를 나타내지는 않았으며, 모두 서유럽 생쥐에 속한 것이었다.

▸ 더 읽어볼 자료: Coyne and Orr(2004), Dieckmann et al.(2004).

지각평형설 ISOSTASY

지각평형설地殼平衡說, isostasy은 부양 또는 부력의 원리를 대륙판과 해양판에 적용시킨 용어다. 이 가설은 암석권岩石圈, lithosphere과 약권弱圈, asthenosphere 사이에서의 중력 **평형**gravitation equilibrium 상태를 가정하는데, 이런 평형 상태에 의해 판의 두께와 밀도에 따라 결정되는 고도면상에서 지각판이 '떠다닌다는float' 것이다. 이 가설은 지표면상의 다양한 고산 지형의 존재를 설명한다. 암석권의 특정 지역이 지각평형 상태에 도달한 것을 지각평형적 균형isostatic equilibrium이라고 한다. 지각평형 현상은 균형을 무너뜨리는 작용이 아니라 빙상이 녹은 후 암석권이 다시 올라올 때처럼 균형을 회복하는 작용이라 할 수 있다. 어떤 지역(히말라야 산맥)은 지각평형적 균형 상태로 볼 수 없는데, 그것은 고산 지형을 설명할 수 있는 다른 요인에 의한 것이다(히말라야 산맥의 경우, 인도판 충돌의 힘이 높은 고도를 유지시킨다는 가설이다).

▸ 더 읽어볼 자료: Watts(2001).

지구 온난화 GLOBAL WARMING

인류가 지구 기후에 영향을 주고 있다는 것에 대한 증거는 점점 늘어나고 있다. 대기 온실 기체의 집중이 증가됨으로써 대기권과 해양의 온난화가 유발되고 있다. 그러나 **기후 변화**의 자연적 순환 또한 대기 이산화탄소량과 여러 온난 기체량에 변동을 일으키며, 이 때문에 대기의 온난화와 한랭화가 유발된다. 자연적 기후 변화는 인간이 유발한 지구 온난화의 범위를 평가하는 작업에서 무대의 배경 역할을 제공한다. 실제로 현재의 지구 온난화 현상은 자연적 측면도 가지고 있는데, 이에 따르면 궤도 강제력orbital forcing과 관련되어 온실 기체의 증가 현상 없이도 온도가 상승할 수 있다(Kukla and Gavin, 2004). 그럼에도 강력한 인공적 징조는 현재로서는 논쟁의 여지가 없다(Foukal et al., 2006).

지구가 따뜻해지고 있다는 증거는 계속 나타나고 있다. 강력한 관측 지표는 다음과 같다. 첫째, 지구 지표면의 평균온도(지표면 기온과 해수면 기온의 평균값)는 1861년부터 상승해왔다(그림 23a). 20세기 동안 온도 상승분은 약 0.6℃였으며, 온난화가 고르지는 않았지만 대개 1910~1940년, 1976~2000년에 주로 발생했다. 둘째, 전 지구적으로 1990년대가 가장 더웠던 10년간이었으며, 1998년은 1861년부터 시작된 계기 기록상에서 가장 더운 해였다. 셋째, 북반구에서는 20세기 동안 지난 1,000년 가운데 어느 시기보다 급속하게 온난화가 진행되었는데, 1990년대가 가장 더웠던 10년간이었으며, 그중에서도 1998년이 가장 더운 해였다(그림 23b).

대기에서의 이산화탄소와 미량 기체의 초과 부과량 효과에 대한 모의실험을 통한 기후 모형들은 거의 예외 없이 지구가 현 세기 동안 계속 더 더워

그림 23. 지표면 온도의 변동

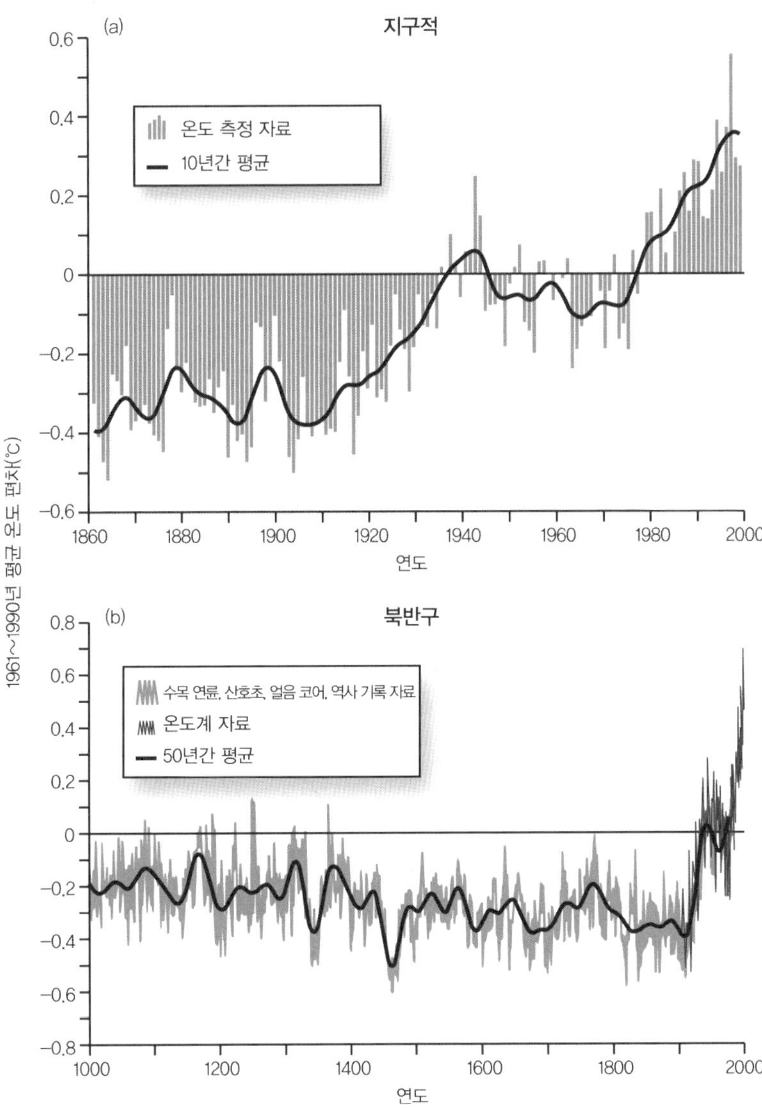

(a) 1860년부터 2000년까지 지구적 온도 변동

(b) 지난 1,000년간 북반구 온도 변동

자료: Houghton et al.(2001).

그림 24. 21세기 동안의 기후 변화에 대한 예측

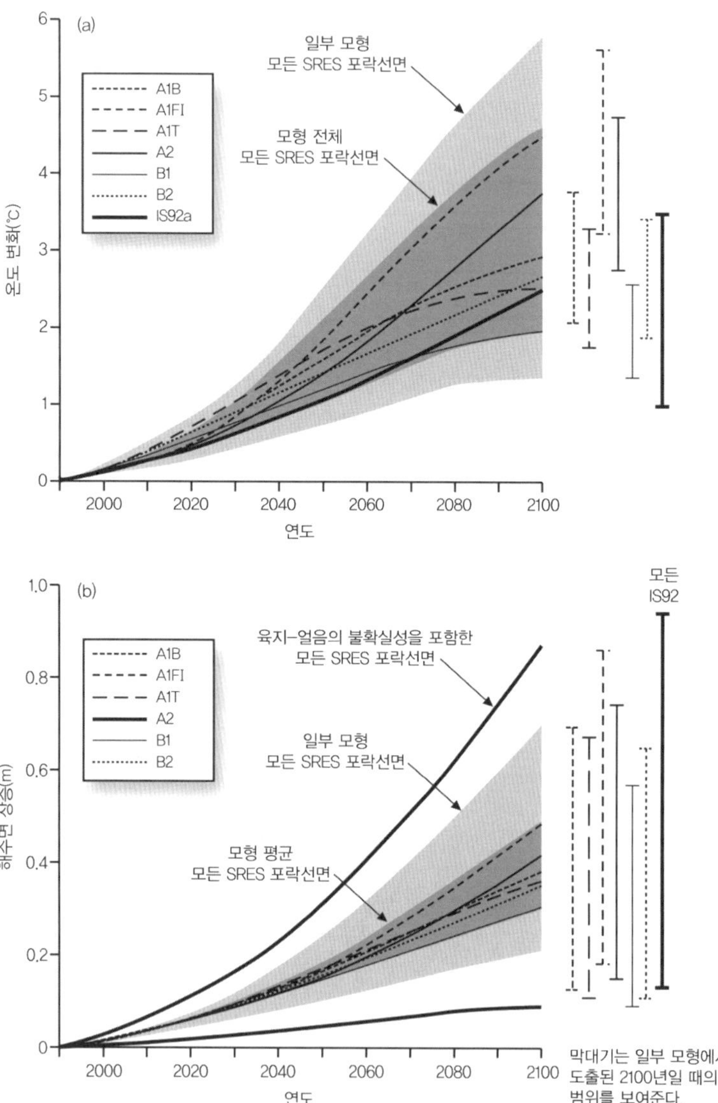

(a) 기온 변화

(b) 해수면 상승

주: 시나리오 A1FI(화석연료 강화 시나리오)는 최악의 경우이며, 시나리오 B1(환경친화적 시나리오)은 최상의 경우다.

자료: Houghton et al.(2001).

표 7. 극단의 기상과 기후 사건의 관측 값과 예측 값에 대한 신뢰 수준의 추정 구간

현상	관측된 변화 값에 대한 신뢰 구간(20세기 후반부)	예측된 변화 값에 대한 신뢰 구간(21세기)
거의 모든 육지상에서 최고기온의 상승, 더운 날의 증가	66~90%	90~99%
거의 모든 육지상에서 최저기온의 상승, 저온 일수 및 서리 일수의 감소	90~99%	90~99%
대부분의 육지에서 줄어든 일일 기온 범위	90~99%	90~99%
육지에서 열지수(체감온도)*의 증가	66~90% 많은 지역	90~99% 대부분의 지역
더욱 격렬한 강수 사건	66~99% 북반구 중위도, 고위도 육지의 많은 지역	90~99% 대부분의 지역
여름철 대륙 건조 현상의 증가와 관련된 한발의 위험	66~99% 몇몇 지역	66~90% 중위도 대륙 내부의 대부분 지역(다른 지역은 일관된 예측 결과가 없음)
열대성 저기압의 증가와 최대 풍속	몇 개의 분석으로는 관측되지 않음	66~90% 몇몇 지역
열대성 저기압의 증가 및 평균 강수량과 최대 강수량	평가하기에는 불충분한 자료	66~90% 몇몇 지역

* 열지수(heat index)는 온도와 습도를 결합한 것으로, 사람의 쾌적함에 미치는 영향을 측정하는 척도다.
자료: Houghton et al.(2001).

지고 습윤해질 것이라고 예측하고 있다. 시나리오에 따르면, 1990~2100년 동안 지구 지표면의 평균 상승 온도는 1.4~5.8℃ 범위가 될 것으로 예측된다(그림 24). 기온과 습도가 증가하는 것에 대한 근본적인 이유를 파악하는 것은 어렵지 않다. 대기의 온실 기체 집중도가 높아질수록 지표면에서 방출되는 적외선을 대기가 흡수하는 양이 증가해 대기가 따뜻해진다. 대기가 온난화되면 세계 해양에서의 증발 현상이 증가해 **수문 순환**hydrological cycle이 활발해진다. 이런 현상은 한발과 매우 습한 기상 조건의 발생 증가로 귀결되는데, 후자의 경우는 더 많은 강수량을 동반하는 뇌우에 의해 만들어졌다. 열대저기압 또한 더욱 파괴적으로 되었다. 대기의 증가된 습도 자체가 온실 온난화를 증대시킬 수 있는데, 수증기 자체도 적외선을 흡수하기 때문이다.

흥미롭게도 기후 모형은 지역적으로 대기의 고르지 못한 온난화를 예측하고 있는데, 육지가 바다보다 더 빨리 따뜻해지며, 특히 북반구 고위도 육지 지역이 차가운 계절 동안 더 빨리 따뜻해지고 있다는 것이다. 예측 결과는 북미의 북쪽과 아시아의 북부 및 중앙 지역이 지구 평균보다 40% 더 더워질 것임을 보여주었다. 달리 말하면, 여름철 남아시아 및 남동아시아와 겨울철 남미는 지구 평균보다도 덜 따뜻해진다는 것이다. 이는 지표면 온도가 열대 태평양에서의 엘니뇨 영향을 더 많이 받으며 열대 태평양의 동쪽이 서쪽보다 더 따뜻해진다는 의미다. 이러한 온난화의 차이는 증발량과 강수량의 전 지구적 패턴에 상당한 변화를 가져오는 동시에, 열대 지역 밖의 대부분 지역에서도 기후의 급격한 변화를 가져온다. 모형은 전 지구적 수증기 응축의 평균과 강수량이 21세기 동안 증가할 것임을 보여준다. 2050년 이후부터는 북반구 중위도와 고위도 지역, 남극 등이 더 높아진 습도의 겨울을 맞게 될 것이다. 저위도의 일부 지역은 좀 더 습도가 높아지거나 약간 더 건조해질 수도 있다. 더 많은 강수량이 예상되는 가운데 대부분의 지역에서는 강수량이 전년 대비 큰 차이를 보일 것으로 예측된다(표 7 참조).

▸ 더 읽어볼 자료: Houghton(2004), Lomborg(2007).

지구조론 TECTONICS / 신지구조론 NEOTECTONICS

지구조론tectonics은 지구의 주요 지각 구조의 형태와 지각 구조의 **진화evolution** of the Earth crustal structure를 연구하는 분야로, 산맥, 대지, 습곡 지대, 호상군도 등을 대상으로 한다. 주요 관심 분야는 산맥을 형성하고 습곡을 일으키며 대륙괴(또는 강괴鋼塊, craton)를 분리시키고 변형하는 힘과 운동에 관한 것이다. 지구조론적 연구는 지형학에서의 침식 유형과 이것이 기후에 끼치는 영향을 이해하거나, 경제지질학자들이 석유나 금속 광맥을 찾는 데 매우 중요한 역할을 한다. 신지구조론neotectonics은 지구조론의 하위 분야로, 특히 지진에 의해 형성된, 지질적으로 현세인 지각 구조를 집중적으로 다룬다. 일부 지질학자는 '지질적으로 현세'인 시기의 사건을 현재 활동적active이라고 여기지만, 다른 학자들은 신지구조 시기의 경계를 약 1,000만 년 전에서 마이오세 중기까지 보기도 한다. 1960년대부터 **판구조론plate tectonics**은 대륙과 해양분지의 지구조적 형태의 기원과 형성 과정을 설명하는 데 주요한 이론이 되어왔다.

▸ 더 읽어볼 자료: Willett et al.(2006).

지리 다양성 GEODIVERSITY

지리 다양성geodiversity 또는 지질 다양성geological diversity은 지구의 **지형**, 경관, 지질 구조의 기반을 구성하는 광물·암석·화석·**토양**·지형 및 이것들과 관련된 작용의 다양성이다. 한 지역에서의 지질적 요소 또는 고생물학적 요소의 범위가 그 지역의 지리 다양성을 결정한다. 높은 지리 다양성은 다양한 지질 구조를 가진 지역, 특히 다양한 지질적 시대를 거친 지역(예를 들어, 영국제도)에서 발생한다. 낮은 지리 다양성은 유사한 지질 구조가 넓은 면적을 차지하는 지역에서 일어나기 쉽다.

지리 다양성이라는 개념은 비록 **생물 다양성**이라는 개념보다는 훨씬 덜 알려져 있지만 점차 확산되고 있다. 점점 더 많은 지구과학자들이 지리 다양성의 보존 자체가 긴요하다고 보면서 지리 다양성을 생물 다양성과 문화 보전 프로그램의 필수 요소이자 인간의 자연 유산의 핵심적 요소로 인식하고 있다. 논의의 흐름은 지리 다양성은 많은 가치 — 미학적·내재적·생태적·경제적·과학적·유산적·교육적 가치 — 를 가지고 있으므로 당연히 보호받을 자격이 있다는 것이다. 지리 다양성의 문제는 지구 보존의 주제이면서도 최근에야 부상했다. 전통적으로 지구과학자들은 지질적 요소와 지형은 뚜렷하기 때문에 굳이 보호 또는 관리가 필요하지 않다고 여겼다. 그러나 오늘날에는 지리 다양성 상실에 대한 관심이 매우 높아지고 있다.

지질적 요소와 지형은 여러 방식에서 손상과 파괴 작용에 취약하다. 도시적·산업적 토지 개발은 자연 지형이나 지질 노두의 손상을 가져온다. 채석장을 메우는 작업은 과학적·교육적 가치가 있는 지질 노두를 묻어버리는 것이다. 또 자연적 풍화 작용, 식생의 성장, 가축에 의한 땅의 짓밟힘 등은 지질 요소들을 손상시키거나 모호하게 만들 수 있으며, 하천이나 해안에서의 토목 작업은 자연 작용에 간섭을 가하고 자연 지형에 손상을 가져올 수 있다. 이런 손상을 방지하기 위해 영국의 많은 지방단체는 지리 다양성 실행 계획Geodiversity Action Plan을 개발해왔다. 적절한 예로 페나인 북부 지역의 뛰어나게 아름다운 경관North Pennines Area of Outstanding Natural Beauty: AONB 협력체를 들 수 있다(22개의 법정 기관, 지방자치단체, 자원단체 또는 지역공동체로 구성된 제휴 단체). 이 단체는 영국 지질조사국과의 긴밀한 협력을 통해 페나인 북부 지역의 지리 다양성 실행 계획을 만들어왔고, 이 지역은 영국의 보호 경관protected landscape에서 최초로 이런 계획을 세운 곳이 되었다. 2003년 6월 페나인 북부의 AONB는 영국의 첫 번째 '유럽 지리 공원European Geopark'이 되었다. 지리 공원은 지질 특성이 뛰어난 지역이자 지구적 유산을 보전하기 위한 뚜렷한 전략과 지속적 활동이 있는 곳으로, 관광을 장려하면서 지질의 이해를 더 높인다. 2004년 2월 유네스코는 새로운 '세계 지리 공원 네트워크Global Geoparks Network'의 설립을 선언했는데, 페나인 북부 AONB 협력체는 세계적 명소의 창립 멤버였다(www.unesco.org/science/earth/geoparks.shtml).

▸ 더 읽어볼 자료: Gray(2003).

지리 순환 GEOGRAPHICAL CYCLE

윌리엄 데이비스가 제안한 '지리 순환geographical cycle(침식 윤회cycle of erosion, 지형 순환geomorphic cycle)'은 경관 **진화**에 대한 최초의 현대 이론이었다(Davis, 1899, 1909). 비록 더 이상은 인정을 받지 못하고 다른 가설들에 의해 대체되었지만 지리 순환은 자연지리학 분야에서 수십 년간 주요한 개념이었다. 이 개념의 매력은 이론적 강화와 그 단순성에 있다(Chorley, 1965). 당시에 상당히 혁신적이었던 이 개념은 현재 자연지리학의 발전에 일조했고, 지형학이라는 학문 분야를 만들었으며, 한때 매우 영향력 있던 삭박연대학denudation chronology을 제시했다.

데이비스의 지리 순환은 급속한 융기 작용의 가정으로 시작된다. 지형형성 작용은 지구조적 운동tectonic movement에 따른 복잡한 영향이 더 이상 없는 가운데 서서히 원原 **지형**을 삭박하여 없앤다. 또한 경관 내의 사면은 시간의 경과에 따라 감소해 최대 사면각이 서서히 줄어든다(비록 소수의 야외 조사 연구에서만 이런 주장이 증명되지만). 결과적으로 지형은 점차적으로 줄어들어 기준면 가까이의 평탄화된 준평원이 된다. 이러한 지역은 미국 뉴햄프셔의 모내드녹 산의 이름을 따 잔구殘丘, monadnock라 불리는 구릉에서 부분적으로 나타나는데, 이 구릉은 국지적 침식 잔류물로, 평탄면의 일반적 수준 위에 위치한다. 이런 감소 작용은 시계열적 지형을 만드는데, 유년기·장년기·노년기 지형으로 전개된다. 데이비스는 원래 융기된 암석들에 대한 지속적인 마모 현상을 통해 온대습윤 지형의 발달을 설명하기 위해 순환 과정을 제시했으며, 침식에 대한 균일한 저항력을 가정한다. 여러 지형학자들이 이 순환 과정을 다른 지형으로 확장해 적용했는데, 건조 경관, 빙하 경관, 주빙하 경관, 연안 작용으로 생성된 지형, 카르스트 경관이 포함된다.

데이비스의 지리 순환설은 많은 결점을 내포하고 있다. 특히 실제 경관은 데이비스가 상상했던 것처럼 그렇게 정연하지 않으며, 융기 동안에도 침식이 발생한다. 거기에 더해 유년·장년·노년이라는 용어는 데이비스가 생물학에서 빌려온 것으로, 모호하다는 비난을 받고 있다(Ollier, 1967; Ollier and Pain, 1996: 204~205).

지속가능성 SUSTAINABILITY

쌍둥이 개념인 '지속가능성sustainability'과 '지속가능한 개발'은 사회·경제·**환경** 분야에서의 공통된 요구의 집중으로 1990년대에 등장했다. 이 개념은 빠른 속도로 탄력을 얻고 인정을 받으면서 21세기 초 10년간 지배적인 개발 철학으로 자리 잡았다. 자연지리학에서의 관념적 역할에 대해서는 논란의 여지가 있지만 일부 자연지리학 연구 분야에서는 중심 주제가 되고 있다.

많은 수식어를 사용하면서도 지속가능한 개발에 대한 만족스러운 정의를 찾기란 쉽지 않다. 1987년의 브룬트란트 보고서Brundtland Report『우리 공동의 미래Our Common Future』는 지속가능한 개발에 대한 가장 익숙한 정의를 제공한다. 즉, "미래 세대가 필요한 요구 사항을 맞추기 위한 개발가능성을 해치지 않으면서 현재 세대가 현재의 요구 사항을 맞추는 것"(WCED, 1987)이다. 지속가능한 개발은 환경 지속가능성, 경제 지속가능성, 사회적·정치적 지속가능성 세 가지로 구분된다. '지속가능한 개발' 개념이 확장되고 사용되는 과정에서 이 개념의 다의성과 모호성은 장점이자 단점으로 지적되어왔다. 그러나 지속가능한 개발이란 용어를 둘러싼 여러 미사여구에도 불구하고 환경 철학과 실천의 성과에 대해서는 논쟁의 여지가 없다. 특히 1992년 지구정상회의에서 절정이 된 브룬트란트 보고서의 추천 사항에 대한 유엔 총회의 후속 조치 이후로 이러한 성과는 성공을 거두게 되었다. 이 토론에서는 두 가지 중요한 사항이 등장했다. '기후 및 **생물 다양성**에 대한 협약'과 '의제 21Agenda 21'(환경과 개발에 관한 리우 선언)인데, 이 둘은 지속가능성의 핵심 원리를 실제로 옮기려는 세밀한 계획의 일환이었다.

생물리적biophysical 환경에 대한 연구의 초점은 자원 소비, 폐기물 유통,

오염원 이동 등인데, 이는 자연환경과 인간 사회에 큰 영향을 끼치는 것들이다. 이런 연구 분야는 산업생태학industrial ecology의 한 주제로, 자체적인 학술지도 가지고 있다. 자원 소비 및 자원 유통과 관련된 과정들은 국지적 규모에서부터 전 지구적 규모까지 다양한 공간적 규모에서 작동하는데, 변화의 속도가 빨라 생물체가 따라잡기 어려운 실정이다. 예를 들면, 이런 부적응의 상태는 빠른 **기후 변화**와 여러 인공적 변화에 적응하는 동물(인간도 포함)과 식물에게 적용된다. 이러한 연구 활동으로 생태 발자국ecological footprint, 지형 발자국geomorphic footprint, **수용력carrying capacity**과 같이 자연지리학과 밀접하게 연관된 몇 가지 개념이 도출되었다. 생태 발자국은 현 상태의 기술 수준에서 인간이 소비하는 자원을 생산하고 소비된 폐기물을 부담할 수 있는 육지와 바다의 면적이다. 예를 들면, 2003년 말라위의 생태 발자국은 일인당 0.6gha(글로벌 헥타르global hectare)였고, 영국은 5.6gha였다. 전 세계적으로는 2.2gha였는데, 이 수치는 전 세계가 재생산할 수 있는 것보다 약 23% 많다(지구 발자국 연대Global Footprint Network). 지형 발자국은 인간이 새로운 지형을 만들고 퇴적물을 이동시키는 속도에 대한 측정치다(Rivas et al., 2006). '발자국footprint' 개념의 사용은 확장되어왔는데, 많이 알려진 것으로 탄소 발자국carbon footprint이 있다.

▸ 더 읽어볼 자료: Rees(1995), WCED(1987), www.footprintnetwork.org

지역 REGION

자연지리학 및 그와 유사한 학문 분야에서 지역region은 일반적으로 어떤 형태를 가진, 즉 군집(군락), **생태계**, 사면, **유역분지**drainage basin, **토양**, 해양 등의 공간적 단위를 말한다. 지역은 특성상 관심 분야의 전체 구역(지구적 식생 구역 또는 지구적 토양 구역)보다는 규모가 작지만 지역의 구성단위보다는 규모가 크다. 지역의 정의는 단 하나의 속성이 아니라 여러 가지 속성에 따라 달라지며, 등질(동질 또는 형식) 지역 또는 기능(결절) 지역이 대표적인 속성이다. 생태학의 경우 일반 단위의 포섭적 계층에 따라 다양한 범위의 공간 규모를 가진다. 소규모 단위들은 다양한 명칭을 가지며, 장소, 미시 생태계, 토지 형태, 토지 단위 등이 포함된다. 이들 소단위는 경관 모자이크, 중규모 생태계, 토지 유형 총군association, 아지역subregion 등을 형성한다. 다음으로 중규모 공간 단위들은 대규모 단위, 다양한 형태의 지역, **생태 지역**ecoregion, 구역province, 부분部分, division, 영역domain, 지대zone, 생태 지대ecozone, 생태 권역kingdom 등을 형성한다. 이런 단위들은 기능 지역으로 정의될 수 있는데, 흐름 현상에 의해 단위 통합성이 유지된다.

수문학에서의 지역 단위를 예로 살펴보자. 기능적 지표수 지역들을 정의하는 체계는 많다. 유역은 근본적으로 하천 기반 지역이다. 유역은 수문학적 단위들의 계층적 체계의 기초를 구성한다. 미국의 경우 '유역 단위의 경계 설정에 대한 연방 표준Federal Standard for Delineation of Hydrologic Unit Boundaries'은 미국 국가 전체 범위에서 수문학적 단위를 6단계 계층으로 설정한다. 큰 단위부터 나열하면 지역, 아지역, 분지basin, 아분지subbasin, 유역watershed, 아유역subwatershed 순서다. 미국의 경우 21개의 수문 단위 지역, 222개의 아지역, 352개의 분지, 2,149개의 아분지, 약 2만 2,000개의 유역과 약 16만 개의 아유역이 있다.

지질 순환 GEOLOGICAL CYCLE

지질 순환geological cycle은 지각 물질인 암석과 광물의 반복되는 생성·파괴 작용이다(그림 25). 화산 작용, 습곡 작용褶曲作用, folding, 단층 작용斷層作用, faulting, 융기 작용隆起作用, uplift 등은 화성암과 여러 암석·물·기체를 대기권과 수권의 기저로 올려 보낸다. 이 암석들은 일단 공기와 천수에 노출되면 풍화 작용에 의해 분해되거나 붕괴되기 시작한다. 중력, 바람, 물은 풍화 산물을 해양으로 운반한다. 퇴적 작용은 해저에서 이루어진다. 느슨한 퇴적물의 매몰은 치밀화 작용致密化作用, compaction, 교결 작용膠結作用, cementation, 재결정 작용再結晶作用, recrystallization을 통해서 퇴적암을 형성한다. 지하 심층 매몰은 퇴적암을 변성암으로 변화시킬 수 있다. 다른 심층 작용deep-seated process은 화강암을 만들 수 있다. 느슨한 퇴적물, 고결 퇴적물, 변성암, 화강암 등은 융기 작용, 지표면에서의 관입, 또는 분출과 노출에 의해 암석 순환의 다음 단계로 접어들 수 있다.

화산 작용, 습곡 작용, 단층 작용, 융기 작용은 모두 지형권toposphere에 잠재적 **에너지**potential **energy**를 전달해 '원原기복raw relief'을 만들며, 그 원기복 위에서 다양한 지형 기구geomorphic agent가 작용해 지표면에 드러나는 여러 형태의 지형 배열, 즉 자연 지형권physical toposphere을 만들어낸다. **외적 영력 exogenic force** 또는 지형적 기구에는 바람·물·파도·얼음이 있는데, 이들은 지형권 바깥 또는 상부에서 작동하며, 이런 작동은 지구 내부에서 지형권에 작용하는 내적 영력 또는 기구(지구조적 작용 또는 화산 활동)와 대비된다.

암석 순환의 표면 단계, 특히 지표면 단계는 지형학자들의 영역이다. 지표면상에서 물질의 흐름은 전반적으로 단방향적이며unidirectional, 순환보다

그림 25. 암석 순환과 물 순환, 상호작용

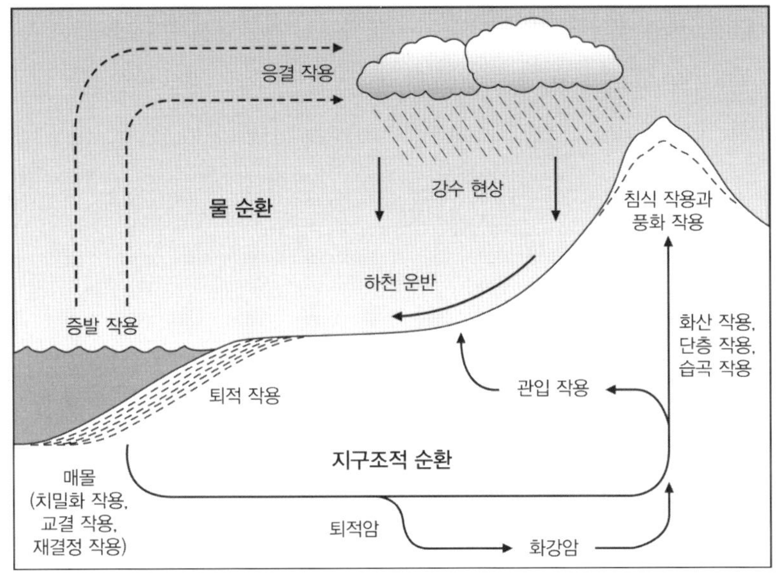

자료: Huggett(2007a).

는 계단상cascade이다. 지표면 암설 단계의 주요 내용은 다음과 같다. 풍화 기구weathering agents가 풍화 전선을 따라 **토양**과 암석으로 침투하면 신선한 암석은 지형권 체계로 들어서게 된다. 이렇게 되면 바람·물·얼음 또는 동물에 의한 퇴적 작용을 통해 물질들이 지표면에 첨가될 수 있다. 이 체계의 모든 물질은 복잡한 풍화 작용을 받아 쉽게 변형될 수 있다. 어떤 풍화 산물은 더 많은 변형 작용을 거쳐 암석 상태로 복귀하기도 한다. 적절한 조건이 주어지면 어떤 화학물은 용해 상태에서 침전되어 경반층hardpan 또는 단단한 지각crust을 이룬다. 그리고 수많은 생물체가 자신의 몸통을 보호하거나 지탱하기 위해 저항성 있는 유기물과 무기물을 만들어낸다. 풍화된 표층mantle은 그 자리에 머물거나 아래로 이동한다. 이동 현상에는 포행匍行, creep, 활동滑動, slide, 붕낙崩落, slump, 중력 방향으로의 흐름(매스 무브먼트mass movement)

등이 있다. 또한 유수에 의해 씻겨 침식되어 사면을 따라 운반될 수 있다. 이에 더해 바람에 의해 침식되어 다른 지역으로 날아가 쌓일 수도 있다.

지질연대학 GEOCHRONOLOGY

지질연대학geochronology은 암석·화석·지형·퇴적물 등의 절대 연령을 결정하는 과학 분야다. 모든 측정 방법에는 어느 정도 불확실성이 내재되어 있다. 지질연대학자는 지구 역사의 연대를 측정하기 위해 여러 방법을 이용하는데, 측정 방법에 따라 정확성이 다양하다. 여기에는 네 가지 유형, 즉 절대 연대법numerical age method, 측정 연대법calibrated age method, 상대 연대법relative age method, 대비 연대법correlated age method이 있다. 절대 연대법은 비율적(또는 절대적) 시간 범위상에서 결과를 도출해 **환경 변화**environmental change가 발생한 정확한 시기를 산출하는 방법이다. 이런 정보는 환경 변화에 대한 정확한 평가에 결정적인 역할을 한다. 연대 정보가 없으면 변화 속도에 대한 어떤 추정도 불가능하다. 측정 연대법은 근사치 연대를 제공한다. 이 연대 방법 중 정밀성이 높은 몇 가지는 토양생성 또는 암석 풍화 같은 환경 요인으로 발생한 퇴적 작용 이후부터의 변화를 측정함으로써 퇴적물의 연대를 추정할 수 있다. 상대 연대법은 시간적 순서를 제공하며, 사건을 정확한 순서로 단순하게 정리한다. 이 방법은 '지구 역사의 사건들'을 모아서 순서대로 정리한다. 상대 연대법의 핵심은 층서 중첩層序重疊, stratigraphic superposition의 원리다. 이 원리는 변형되지 않은 퇴적층의 경우 저위의 층서가 고위의 층서보다 오래되었다는 것이다. 이 연대법에서는 어떤 기준층marker을 사용해 다른 지역과의 층서적 순서를 맞추게 된다. 전통적으로 지질학자들은 이런 목적을 위해 화석을 사용한다. 변별적 화석 또는 화석군化石群, fossil assemblage은 동시대에 같이 쌓인 층서의 확인을 통해 지역 간 상호 비교가 이루어진다. 유명한 지질학자 윌리엄 스미스William ('Strata') Smith(1769~1839)가 처음으로 층서 단면stratigraphic column을 세운 방법이 바로 이런 방식이었다. 이 기법은 현생 퇴적암의 전반적인 발달 단계를 정립하는 데 성공적이었으며, 올바른 층서 중첩의 원리에 기초를 두는 절대 연대법과 연계되어 가장 잘 쓰이는 방법이다. 상대 연대법과 절대 연대법을 함께 이용하면서부터 지질 연대표를 정립하고 계산하는 작업이 유리해졌다.

대비 연대법은 연대를 직접적으로 측정하지 않지만 독립적으로 연대가 측정된 퇴적층 또는 사건과 대비하여 동일한 값을 보여줌으로써 연대를 제시하는 방법이다. 항성법恒星法, sidereal, 동위원소법同位元素法, isotopic, 방사능법放射能法, radiogenic, 생화학법生化學法, chemical and biological, 지형적 방법geomorphic, 상관관계법correlation 등의 연대 측정 기술 분야가 있다(Colman and Pierce, 2000). 일반적으로 항성법·동위원소법·방사능법은 절대 연대를 나타내고, 생화학법·지형적 방법은 측정된 연대 또는 상대적 연대를 제공하며, 상관관계법은 상관적 연대를 제공한다. 그러나 어떤 방법은 기존의 분류법을 넘는 연대 측정이 가능하다. 아미노산 라세미화amino-acid racemization 측정법은 측정법과 환경 변인의 제어가 반응 속도를 제한하는 범위에 따라 상대적 연대, 측정된 연대, 상관대비 연대, 또는 절대적 연대까지 얻을 수 있다. 동위원소법과 방사능법은 더욱 복잡한데, 일반적으로 절대 연대를 생성할 수 있다. 이들 중 몇몇 방법은 실험적이거나 경험적이기도 하다. 절대 연대를 생성하기 위해서는 정밀 측정이 요구된다.

▸ 더 읽어볼 자료: Colman and Pierce(2000).

지형 TOPOGRAPHY

지형topography은 지면의 형세 또는 지표면의 일반적 형태로, 지표면의 기복과 자연적·인공적 지형들로 구성되어 있다. 또 지형은 해저의 형세나 해저 기복 지형을 기술하는 데 쓰일 수도 있다. 몇 가지 입지적·구조적 지세 요소는 생물지리학·생태학·기후학·기상학·지형학·수문학·암석학 분야에서 중요한 역할을 한다. 위도·경도·고도, 그리고 지세 구조가 지형에 미치는 영향은 매우 크다. 위도·경도·고도는 지역적 지세 요소이며 직간접적으로 환경 **체계**에 기본적인 영향을 미친다. 한 장소의 입지는 간접적으로 그 지역의 기후를 결정하거나 규정지으며, 어느 정도는 다른 환경 조건을 결정한다. 이러한 이유로 지형은 자연지리학 분야에서 매우 중요한 개념이다.

지형은 기후, 물의 흐름과 저장, **토양**과 쇄설물, 그리고 유기체에 직접적으로 영향을 준다. 몇 가지 구조적 지세 특성은 기상학적 요소와 기후에 영향을 끼친다. 본질적으로 지형은 3차원 특성을 가지는데, 기류 형태를 바꿔 강우·구름 등을 변형시키기도 한다. 지세는 지표면 복사 균형에 영향을 미치며, 지표면 부근의 대기와 토양의 열적 특성을 변화시킨다. 대규모 공간적 범위에서 보면, 대륙과 해양 배치처럼, 산맥과 대지 같은 지세의 크기와 방향이 강력한 요인으로 작용하며, 지역적 범위에서 보면 상대적인 기복과 지형 형태가 두드러지게 영향력을 미친다.

지표면의 3차원 형태는 지역적 범위에서 기후와 생물에 영향을 미친다. 어떤 산지는 고유의 기상 체계와 고유한 기후를 만든다. 모든 지형은 기류 패턴을 교란시켜 독특한 대기 순환 패턴을 만든다. 어떤 효과는 전 지구적으로 일어나는데, 남북 방향의 산맥은 행성파行星波, planetary wave를 간섭하고 저기압을 유발시키기도 한다. 지역적·국지적 효과는 맑고 잠잠한 기상 상태에서 발생하는데, 계곡은 독특한 대기 순환을 생성하는 경향이 있다. 대규모 지형의 지역적 방향(방위)은 탁월풍prevailing wind에 대한 노출면을 만든다. 대규모 구릉이나 산지의 풍하측leeward 사면은 대체로 비그늘rain shadow 지역이 된다. 비그늘 효과는 미국의 베이슨 앤드 레인지 지대Basin and Range Province처럼 식생에 미치는 영향이 뚜렷하다. 시에라네바다 산맥의 영향으로 인한 대분지Great Basin 및 산맥의 기후와, 로키 산맥으로 인한 대평원prairie and plain의 반건조 기후가 비그늘 효과의 사례다. 캐스케이드 산맥 동쪽의 풍하측 사면은 서쪽 방향의 풍상측windward 사면보다 건조하다. 결과적으로 식생 순서를 보면 미국 솔송나무Tsuga heterophylla와 산악 솔송나무Tsuga mertensiana, 미인 전나무Abies amabilis와 로키 산맥 전나무Abies lasiocarpa, 서양 낙엽송Larix occidentalis과 폰데로사 소나무Pinus ponderosa, 마지막으로 쑥Artemisia tridentata 사막으로 변한다(Billings, 1990). 북미 서부 지역의 경우, 로키 산맥 야생 염소Oreamnos americanus와 송골매Falco peregrinus는 가파르고 험준한 지형을 선호하며, 가지뿔 영양Antilocapra americana과 초원 뇌조Tympanuchus cupido는 평탄하고 완만한 지형에 국한되어 산다(Beasom et al., 1983).

국지적인 지형 요인도 기후에 영향을 준다. 주된 국지적 요인은 지표면의 방향과 경사다. 울타리·벽·건물 같은 장벽의 방위, 식생과 인공물의 수직적 구조, 하천과 호소, 식생 분포와 토지 이용 유형 등도 기후에 영향을 주는 지형 요인이다. 이러한 지형적 영향으로 야기된 **미기후**microclimate와 **국지기후**local climate는 국지적 수분 균형, 토양 **진화**, 지형형성 작용, 동물과 식물의 분포에 영향을 준다.

사면 방향은 미기후나 국지기후에 큰 차이를 만들어 **생태계**에 커다란 영향을 미친다. 미국 웨스트버지니아 주에 위치한 리틀 로럴 런 유역의 삼림 지역에 대한 연구에 따르면, 북사면과 동사면이 서사면과 남서사면보다

50%까지 더 생산적이라는 사실이 밝혀졌다. 더구나 어떤 종은 특정 방향을 두드러지게 선호하는데, 노란 포플러Liriodendron tulipifera와 블랙 체리Prunus serotina는 북사면과 동사면 방향을 선호하며, 밤나무Quercus prinus와 백참나무Quercus alba는 서사면과 남서사면 방향을 선호한다. 반면에 북가시나무Quercus rubra와 아메리카 꽃단풍Acer rubrum은 넓은 **허용 범위tolerance range**를 가지며 사면 방향을 그렇게 가리지 않는다(Desta et al., 2004). 스웨덴 남서부 지역에 위치한 쿨라베리 반도의 남사면상에는 몇몇 절지동물이 주요 분포지보다 상당히 북쪽까지 올라와 자생한다. 이러한 종들로는 비단광택나방Idaea dilutaria, 딱정벌레Danacea pallipes, 거미Theridion conigerum 등이 있다(Ryrholm, 1988). 프랑스 알프스 지역의 알프스 마못Marmota marmota에 대한 연구 결과는 사면 방향이 **서식지** 선호와 성장 정도를 결정하는 데 중요한 역할을 한다는 사실을 보여준다(Allaine et al., 1994, 1998).

사면 구배slope gradient와 사면 굴곡도 생태계에 상당한 영향력을 행사한다. 산의 정상에서 곡저까지의 순서 배열은 토양과 식생의 층서(카테나catena) 또는 지형연속체를 형성하는데, 그러한 사례는 무수히 많다. 지표면의 3차원적인 특성과 관련된 미묘한 효과로는 물과 쇄설물 이동을 마루 부근에서는 분기시키고 함몰지에서는 수렴시키는 것을 들 수 있다. 애팔래치아 산맥 중앙 지역의 경우, 소나무 삼림은 볼록한 마루 사면 지역에서 생장하는 경향이 있으며, 떡갈나무 삼림은 언저리 사면 지역을 선호하고, 북경목종northern hardwood species(너도밤나무·단풍나무·자작나무)은 오목한 함몰지에서 자란다. 미국 매사추세츠 주의 중앙 지역의 경우, 오목한 사면은 얇은 양토壤土, loam soil로 피복이 되어 물푸레나무Fraxinus americana를 부양한다. 볼록 사면의 경우 두꺼운 양토가 발달되어 북가시나무 또는 상수리나무Quercus borealis를 부양한다(Hack and Goodlet, 1960).

진화 EVOLUTION

진화론은 자연지리학의 상당한 부분을 뒷받침하는데, 특히 자연지리학에서 **환경**environment의 역사적인 측면을 다루는 세부 분야의 토대가 되고 있다. 유감스럽게도 진화라는 용어는 많은 의미를 가지고 있어서 혼란도 따른다. 문자적인 의미로 진화는 '펼침unfolding' 또는 '풀림unrolling'이라는 뜻인데, 생물학에서는 이 의미가 두 가지 방식으로 이해되고 있다(Mayr, 1970). 첫째, 진화는 유기물 개체의 펼침 또는 성장과 발달development을 의미한다. 이런 개체발생ontogeny 과정은 **항류성**homeorhesis을 뜻한다(Waddington, 1957). 둘째, 더 포괄적인 의미에서 진화는 계통발생 진화phylogenetic evolution – 모든 살아 있는 유기체는 단일한 공통 조상에서 유래함 – 를 의미한다. 이 두 개념 간에는 상당한 차이가 있다. 발달(항류성)은 조상과 거의 일치하는(또는 무성생식의 경우와 일치하는) 새로운 유기체를 만들어내는 것이다. 계통발생 진화는 과거에 존재하지 않았던 유기체를 만들어내는 것으로, 그들의 조상보다 더욱 복잡한 개체가 만들어지는 것이다. 복잡화complexification 과정은 두 경우 모두에서 나타난다. 개체 발달에서의 복잡화는 기존의 유기체와 유사한 방향으로 가며, 계통발생 진화에서의 복잡화는 새로운 유형의 유기체, 때로는 더 고등한 수준의 유기체를 유도한다. 간단히 말하면, 이 두 가지 복잡화는 '진화'에 대한 생물학적 의미다. 생물학적 진화론(생물체의 진화)과 함께 무생물학적 진화(우주와 행성의 진화)와 심리학적 진화(인류와 그들 문화의 진화)도 존재한다(Huxley, 1953). 여기서 **토양**과 지형 같은 비생물적 **체계**에서 진화란 어떤 의미인가라는 어려운 질문이 제기될 수 있다. 현대 자연지리학은 19세기 말에서 20세기 초의 이론들로부터 지형·토양·군집 등에 대한 발달론

developmental view을 받아들였다. 논의의 과정은 비생물적 체계들(동물 군집과 식물 군집을 포함)이 미리 결정된 발달 경로(항류적)를 반복해서 따랐다는 점이다. 예를 들면, 지형학의 경우 윌리엄 데이비스에 따르면 경관 발달은 지형 환원reduction 과정이다. 이 이론에 의하면 경관은 항상 동일한 발달 단계, 즉 유년기·장년기·노년기를 통해 진전하며 대부분 평평한 평원이 된다는 것이다(**지리 순환** 참조). 토양학의 경우 전통적인 견해(토양형성 이론soil formation theory, **토양생성 작용**pedogenesis 참조)에 따르면, 토양은 환경 상태 인자들의 영향 아래 형성하거나 발달한다. 발달 단계는 토양이 탁월한 환경 조건과 **평형** 상태를 이룰 때까지 계속 진행되다가 토양이 '성숙한mature' 단계(예를 들면, 포드졸podzol 또는 체르노젬chernozem)에 이르면 더 이상의 변화가 없게 되는 것이다. 생태학의 경우, 식생은 연속적 천이 계열遷移系列, seral 단계를 통해 '성숙된' 또는 극상 상태(예를 들면, 스텝 초원 및 낙엽수림)에 도달해 환경 조건, 특히 기후 조건과 균형을 이루게 된다는 것이다(**극상 군집**climax community 참조). 간단하게 발달적 견해에 따르면, 지형·토양·군집 등은 새로운 육지의 융기나 출현에 따라 항상 예측 가능한 방법으로 변화를 한다. 변화의 연속 과정은 특성상 항류적이며, 어떤 영구적인 **항상성**homeostasis(성숙 또는 극상 단계)으로 끝이 난다.

환경 변화environmental change에 대한 최근의 경험적 연구는 발달론적 이론 토대를 허물고 있는데, 이 연구는 환경 조건이 불변하기보다 변화되기 쉬운 것이 정상임을 보여준다. 이러한 사실을 고려한다면 지형, 토양 또는 식생의 연속적 발달이 불변의 환경 속에서 끝까지 유지될 수는 없다는 것이다. 문제를 더욱 복잡하게 만드는 것으로, 모든 환경 체계(기후·군집·지형·토양을 포함)를 비선형 관계와 추진 요인에 따라 평형 상태에서 강제로 멀어진 소산적 구조dissipative structure로 취급하는 것이 유용하다는 일부 연구자들의 의견이 있다. 평형에서 멀어진 체계의 비선형성은 혼돈 체제를 생성할 수 있다. 혼돈 체제에 들어선 이후부터는 내부의 역학과 **임계치**가 지형·토양·군집들을 근본적으로 예측 불가능한 연속적 상태로 나아가게 한다. 이러한 상태들의 특성은 초기 조건에 강하게 결정된다. 이는 초기 상태를 덜 중요하게 보는 발달 관점과 대비된다. 환경의 변질 가능성과 비선형적 역학에 관해서는 환경 변화에 대해 초기 과학자 세대가 상상했던 것보다 훨씬 더 동역학적인 연구가 이루어졌다. 생태권의 체계는 본질적으로 대개 가소성可塑性, plastic을 가지며, 환경 변화에 반응을 하고 체계 내의 임계치에 반응한다. 그 결과, 기후·군집·경관·토양은 발달보다는 진화로 나타나는 것이다(Huggett, 1995 참조). 이들의 생성은 모든 규모에서의 지속적인 건설 및 파괴와 연관되며, 환경 상태에 따라 진전되거나 후퇴될 수 있다. 이들은 필연적으로 예정된 발달 경로를 따르지 않는 듯하다. 그보다 이들은 내부적·우주적·지리적 환경에서의 끊임없는 변화에 반응하면서 일관되게 진화한다. 환경 변화에 대한 이런 진화적 관점은 매우 중요하다. 이 과정은 환경 체계들이 어느 순간에도 변하고 있으며, 역사적 사건에 크게 좌우됨을(초기 조건과 관련 정도에 따라) 뜻한다. 이것은 **진화지형학**evolutionary geomorphology과 **진화토양학**evolutionary pedology의 기본 토대다. 진화론적 관점은 변화를 예측하는 작업이 매우 어렵다는 것을 인식시켜준다. 똑같은 환경 제약 요인 속에서 형성된 지형·토양·군집(그리고 기후)은 넓게 보면 유사할지도 모르지만, 자세히 보면 언제나 다르다. 요컨대 진화론적 관점은 환경 변화에 대한 사고와 연구에 새로운 접근법을 제공한다.

▸ 더 읽어볼 자료: Futuyma(2005), Milner(1990), Ridley(2003).

진화지형학 EVOLUTIONARY GEOMORPHOLOGY

진화지형학evolutionary geomorphology으로 알려진 지표면 역사의 비동일실현적 체계(Ollier, 1981, 1992)는 경관 발달landscape development에 대해 명백한 변화의 방향성을 제시했다. 논의의 관점은, 지표면은 시간의 흐름에 따라 일정한 방향으로 변해왔으며, 허턴이 처음으로 제안했고 데이비스의 **지리 순환** geographical cycle에서 내포된, 침식 순환erosion cycle의 '끝없는' 진행을 겪지 않았다는 것이다. 지표면이 끊임없는 침식 순환을 반복했다면 백악기 경관 및 현대의 경관과 매우 유사한 실루리아기 경관의 안정된 상태가 유지되었을 것이다. 진화지형학자들은 지구의 경관이 전체로서 발전해왔다고 주장한다. 따라서 경관은 몇 번의 지형적 '변혁revolution'을 거쳤으며, 이런 변혁은 독특하고도 본질적으로 뒤집어질 수 없는 작용 체제의 변화로 이어져, 침식 순환의 특성은 시간의 진행과 함께 변화해왔다는 것이다. 이 같은 변혁은 아마도 대기가 산화되기보다 환원되던 시생대, 육상 식생 피복이 출현한 데본기, 초지가 출현해 확산했던 백악기에 발생했을 것이다(**동일실현주의**actualism 참조).

대륙의 분리와 결합 역시 경관 **진화**landscape evolution에 변화를 가져왔다. 판게아의 지형은 몇 가지 면에서 현재의 지형과 달랐다(Ollier, 1991: 212). 광범위한 내륙 지역은 해양에서 너무 먼 거리에 위치해, 많은 하천이 현재의 어떤 하천보다도 더 길었으며 육상의 퇴적 작용이 더 광범위했다. 판게아가 분리되면서 하천은 짧아졌고, 대륙의 새로운 가장자리는 회춘되고 침식되었으며, 대륙 주변부는 지구조적으로 휘어졌다. 초대륙에서 분리되자 각각의 판게아 파편들은 각각 독자적 역사를 따랐으며, 분리된 대륙들은 각각 독특한

그림 26. 오스트레일리아 남동부의 주요 분지와 분수계

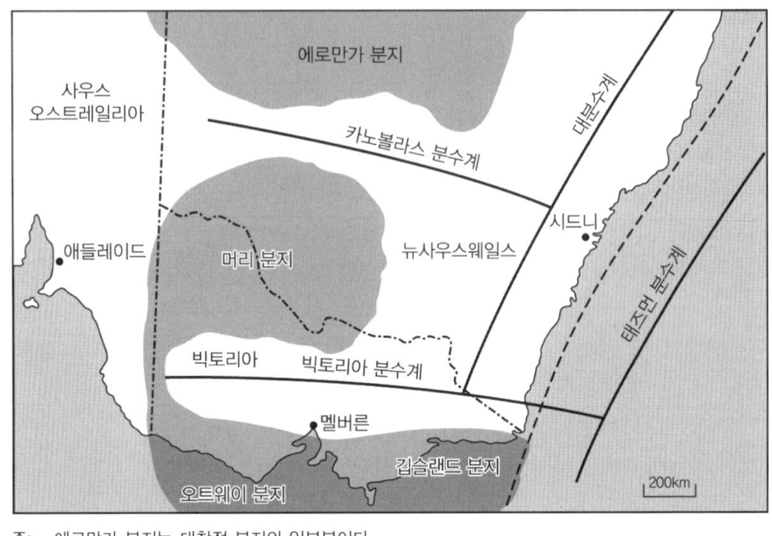

주: 에로만가 분지는 대찬정 분지의 일부분이다.
자료: Ollier(1995).

사건을 겪었다. 이들 사건은 새로운 지각판 경계를 형성하는 것과 기후와 위도의 변화를 포함한다. 또한 이는 배수 체계의 상당한 변화와도 관련된다(Beard, 2003; Goudie, 2005). 각 대륙의 경관 진화는 이러한 장기간의 시점에서 봐야 하는 것이다. 이 같은 진화적 맥락에서 볼 때 형성 작용 연구process studies, 동적 **평형**dynamic **equilibrium**, 순환 이론cyclical theories 같은 지형학의 현대적 유행과 풍조는 응용 분야를 제한할 수도 있다(Ollier, 1991: 212).

오스트레일리아 남동부 지역의 **지구조론**tectonics과 경관 진화는 진화지형학의 좋은 예를 보여준다(Ollier and Pain, 1994; Ollier, 1995). 지형 지구조론적 진화는 독특하고 비순환적인 사건에 대한 반응을 보여준다. 오늘날 카노볼라스와 빅토리아 분수계는 동쪽의 대분수계 및 추정상의 태즈먼 분수계와 교차해 세 개의 주요 분지, 즉 대찬정 분지, 머리 분지, 깁스랜드 - 오트웨이 분지를 구분한다(그림 26). 이들 분수계는 주요 집수계다. 이들은 태즈먼 분

그림 27. 오스트레일리아 남동부 지역의 유역 분수계 진화

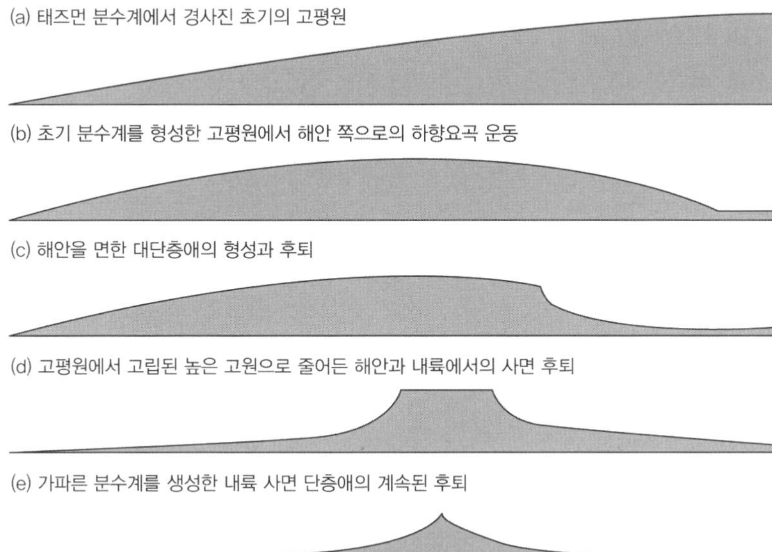

자료: Ollier(1995).

수계에서 서쪽으로 경사진 트라이아스기 최초의 고평원에서 다음과 같은 몇 단계를 거치면서 발달했다(그림 27). 먼저 고평원paleoplain은 현재의 해안으로 하향요곡下向撓曲되어 최초의 분수계를 형성했다. 그 뒤 대단애great escarpment가 형성되었고 서쪽으로 후퇴하면서 해안과 직면하게 되었다. 대부분의 대분수계들은 이런 단계에 있다. 해안과 내륙에서 후퇴된 사면은 고평원 지역을 줄여서 빅토리아 분수계상에서 흔한 고립된 고원을 만들었다. 계속된 단층애의 후퇴는 고평원을 소멸시켰으며, 빅토리아 분수계의 대부분 지역에서 보이듯이 가파른 능선 분수계를 형성했다. 저기복의 고평원에서 쐐기 모양의 분수령으로의 배열 상태는 준평원 작용의 역전이다. 지구조적 복잡성이 더 이상 없다면 현재의 **지형**은 저고도의 새로운 평야로 지속될 것으로 추정된다. 그러나 첫 번째 고평원은 시대적으로 트라이아스기이고 계속되는

지구조적 변화가 침식 작용을 방해하는 것을 고려하면 '침식 순환'은 끝난 게 아닐 것이다. 이 지역 지형의 구조적 역사는 독특한 지질 사건들과 관련되어 있다. 이러한 사건들로는 머리 분지의 침하 현상, 태즈먼 해의 열림opening, 새로운 대륙 주변부의 생성, 대규모 모나로Monaro 화산의 분출, 마이오세에 일어났던 대육괴의 단층 작용 등이 있다. 지형은 진화 중이며, 침식 순환 또는 정상 상태 같은 징후는 없다.

▸ 더 읽어볼 자료: Phillips(2006b).

진화토양학 EVOLUTIONARY PEDOLOGY

그림 28. 토양목과 풍화 특성에 대한 지질 시간 범위

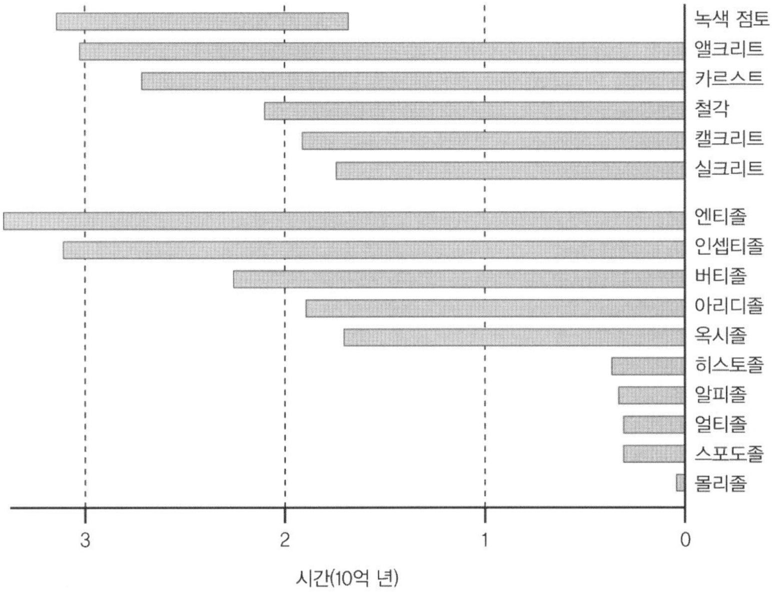

녹색 점토
앨크리트
카르스트
철각
캘크리트
실크리트
엔티졸
인셉티졸
버티졸
아리디졸
옥시졸
히스토졸
알피졸
얼티졸
스포도졸
몰리졸

3 2 1 0

시간(10억 년)

자료: Retallack(1986).

토양과 풍화 특성은 지질 시간을 통해 진화되어왔다. 이러한 **진화**의 대부분은 새로운 토양형 및 새로운 풍화 특성의 출현과 관련된다(그림 28). 새로운 토양은 새로운 환경과 새로운 생태계에서 발달했다. 오래된 토양은 지구 역사를 통해 새로 진화된 토양과 같이 지속해왔다. 결과적으로 환경 다양성의 증가와 함께 — 비록 현대의 모든 토양목(예외는 몰리졸로, 에오세 이전에는 알려져 있지 않다)의 조상격인 토양들이 고생대에도 존재했지만 — 토양 다양성은 증가해왔다(그림 28). 이론적으로 토양도 '소멸할' 수는 있으나, 실제로는 선캄브리아기의 녹색 점토Green Clay 고토양paleosol만이 더는 존재하지 않는다

(Retallack, 2001). 녹색 점토 고토양은 현무암과 같이 철분이 풍부한 모재에서 형성된다. 이 고토양은 이름에서 알 수 있듯이 녹색이며 점토질이다. 또 이 토양은 반토礬土, alumina가 풍부하고 염기鹽基, base는 부족하다. 현무암은 현재에는 풍화되어 철분이 풍부한 붉은 토양이 되었다. 녹색 점토 고토양은 매우 낮은 대기 산소 수준에서의 풍화 체제에서 발달했다. 소멸된 토양은 드문 편이다. 그것은, 극히 특이한 고토양이라서가 아니라 매몰된 이후에도 계속 변화를 가지긴 하지만, 현대의 유사 토양의 특성을 가진 고토양을 인지하는 것이 더욱 쉽기 때문이다.

▸ 더 읽어볼 자료: Retallack(2001, 2003).

질량 평형 MASS BALANCE

질량mass 또는 물질material 평형은 질량보존의 법칙을 물리 **체계**physical system 분석에 응용한 것이다. 질량보존의 법칙은 물질이 동시적으로 생성되거나 파괴되지 않는다는 것으로, 달리 표현하면 한 체계 내로 들어가는 것은 저장되거나, 나오거나, 다른 형태로 변형된다는 것이다. 질량 교류에서 질량보존의 법칙은 경우에 따라 연속 조건continuity condition이 되면서, 다음과 같은 질량저장등식mass storage equation(또는 질량연속등식continuity of mass equation)을 유도한다.

질량 저장 변화 = (유입 질량 − 유출 질량) × 시간 간격

자연지리학자들은 질량 평형을 여러 상황에 적용한다. 수문학자들은 물의 저장·유입·유출을 다루며, 빙하학자들은 질량 평형을 얼음의 저장·유입·유출에 적용한다. 지형학자들은 퇴적물의 저장·유입·유출에 초점을 두며, 생태학자들은 오염원을 포함한 생화학 물질의 저장·유입·유출에 중심을 둔다. **개체군** 생태학자들은 개체 수 '평형'population balance을 사용하는데, 정해진 시간 간격 내에서의 개체 수(저장)는 출산 수와 이동해온 수(개체군 유입) 및 사망 개체 수와 유출 개체 수(개체군 유출)에 따른다. **도서생물지리학 이론**theory of island biogeography은 '종의 평형' 등식을 다룬다.

질량 평형에서 유래된 유용한 측정지수는 전환 속도turnover rate와 전환 시간turnover time이다. 전환은 한 체계 속으로 들어가거나, 통과하거나, 밖으로 나가는 **에너지**와 질량의 이동이며, 구체적으로 말하면 소모depletion와 대체

replacement 속도다. 질량 저장 구획이라는, 집단으로 정의된 체계의 경우 전환 속도(속도 상수rate constant, 전이 계수transfer coefficient)는 방출되는 흐름량을 정상 상태의 저장량으로 나눈 것이다. 예를 들면, 알류샨 열도 **생태계**Aleut ecosystem의 경우 약 14.3%의 탄소가 대기에 저장되었다가 해양 표면수로 전이되며, 전환 속도는 0.143이다(Hett and O'Neill, 1974). 전환 시간(주재 시간residence time, 시간 상수time constant, '존속 기간life-span')은 전환 속도와 역의 관계다. 전환 시간은 평균적 '분자'가 저장 구획에 머문 시간을 나타낸다. 알류샨 열도 대기의 탄소는 '1/0.143 = 6.99년'이라는 전환 시간을 가진다.

천문학적(궤도) 강제력 ASTRONOMICAL(ORBITAL) FORCING

행성과 그들의 위성은 태양 궤도를 돌면서 서로를 밀어낸다. 이러한 밀어내기는 중단기의 궤도 변이를 가져오는데 그 주기가 1만~50만 년이며, 이러한 궤도 변이는 지구의 기후에 영향을 미친다. 이는 어느 한 해의 공전 기간에 지구가 받는 태양 **에너지**solar energy 총량의 변화 때문이 아니라 태양 에너지의 계절적 변동과 위도상 분포의 변동 때문이다.

1만~50만 년에서의 궤도 변이 빈도대는 플라이스토세와 홀로세의 기후 변화에 영향을 미쳤다. 궤도 강제력orbital forcing은 중위도와 고위도에서 기후 변화climate change를 일으켜 빙하권을 확장 또는 축소시키며, 저위도에서는 고위도의 기후 순환climatic cycle에 발맞추어 물 수지water budget와 열 수지heat budget가 영향을 받는다. 제4기의 뢰스 퇴적, **해수면 변동**sea-level change, 그리고 해양 코어에서의 산소동위원소비 등은 10만 년 주기의 이심률eccentricity을 기록하고 있다. 세차 순환precessional cycle(2만 3,000년 주기와 1만 9,000년 주기)과 4만 1,000년 주기의 기울기 순환tilt cycle은 10만 년 이심률 순환과 겹치면서 일어난다. 이들 모두가 기후 변화를 유발하면서 해양과 육상의 퇴적물에 그 증거를 남긴다. 해양 코어에서의 산소동위원소비(δO^{18})는 정상적으로 지구의 모든 궤도 순환의 신호를 내포하고 있다. 그중에서도 기울기 순환은 계절성에 영향을 미치면서 고위도의 퇴적물에 더 강한 신호를 준다.

제임스 크롤James Croll과 밀루틴 밀란코비치Milutin Milankovitch는 천문학적 강제력astronomical forcing에 의한 **기후 변화** 이론을 처음으로 제시했다. 이들의 이론은 1950년대를 풍미하다가 그 명성이 약해졌다. 1960년대 후반에서 1970년대 초반에 과학자들은 밀란코비치의 큰 계절great season 순환을 재발견했다. 즉, 빙하기의 '겨울'과 간빙기의 '봄', '여름', '가을'에 스며 있는 것을 찾아낸 것이다. 10만 년 주기인 기후 대순환의 증거는 체코슬로바키아에 있는 채석장의 뢰스 노두에서, 해수면에서, 해양 코어의 산소동위원소비에서 각각 드러났다. 더욱이 육상과 해양의 기록들은 빙하 팽창(기후적 냉각)의 긴 주기가 급속한 해빙 작용(기후적 온난)에 의해 갑자기 중단된다는 것을 입증했다. 이후의 연구들은 세차 및 기울기 순환이 10만 년 순환 위에 겹쳐진 기후 변동을 설명한다는 사실을 보여주었다. 이러한 주장에는 플라이스토세의 사건들에 대한 매우 정밀한 역법이 뒷받침되어야 한다. 클리맵CLIMAP(장기 기후 조사·지도화·예측Climate: Long-range Investigation, Mapping, And Prediction) 조사 사업에 참가한 학자들의 노력에 크게 힘입어 후기 플라이스토세 기후의 정확한 편년을 보여주는 상세한 역법이 어느 정도 완성되었다. 크롤과 밀란코비치의 이론은 과학자들이 인도양에서 적합한 퇴적물 코어를 찾아내면서 확정될 수 있었다. 인도양 코어는 지난 45만 년 동안의 기후 변화를 기록하고 있었는데, 스펙트럼 분석(자료에서 주기성periodicity을 나타냄)을 통해 확인되었다. 분석 결과는 전적으로 궤도 강제력에 부합하는 빈도를 가지는 기후 변화 순환을 보여주었다(Hays et al., 1976). 2만 3,000년 주기의 세차 순환에 더해 1만 9,000년 주기의 세차 순환 성분이 존재했는데, 이 순환 성분의 발현은 뒤에 천문학 이론으로 밝혀졌다. 이러한 결과물들의 발표는 태양 주위를 돌고 있는 지구의 운동이 지난 플라이스토세 동안 세계 기후 체계를 지배했으며 당시의 궤도 변이가 빙하기의 '조절자'였음을 대부분의 과학자에게 확신시켰다.

기후 변화에 대한 천문학 이론은 수많은 플라이스토세와 홀로세의 기후 및 환경 변동의 지배적인 이론이 되었다. 그러나 궤도 변수에서의 변이가 제4기 기후 변화의 모든 측면을 설명하지는 못한다. 엘키비와 리알(Elkibbi and Rial, 2001)은 빙하기의 천문학적 이론에 도전하는 다섯 가지 문제점을 제시했는데, 그중 세 가지는 '10만 년 주기의 문제점'에 관한 것이다. 첫째, 이심률 변화에 의해 강제되는 일사량의 10만 년 주기의 변이는 빙하기를 유발하기에 너무 작다(1% 이하)는 것이다. 둘째, 10만 년 주기 변동이 지난 90만 년 동안에는 지배적이었지만 제3기 말과 제4기 초에는 4만 1,000년 주기 변동이 지배적이었다는 것이다. 이 전환을 플라이스토세 중기 전이mid-Pleistocene transition라고 한다. 셋째, '40만 년 주기 문제점'인데, 이심률 강제력의 가장 큰 성분임에도 지난 120만 년 동안을 밝히는 해양 코어로부터의 산소동위원소비에서는 41만 3,000년 주기의 신호가 결여되어 있다는 것이다. 넷째, 지난 50만 년 동안 대략 8만 년에서 12만 년에 이르는 빙하기 길이의 변이에 관한 것으로, 이런 변이는 일사량 변화와 선형적linearly으로 맞지 않다는 것이다. 다섯째, 일사량 강제력과 관계가 없어 보이는 기후 변화에 대한 신호의 존재에 관한 것으로, 이는 기후 체계의 비선형적인 반응을 보여준다는 것이다. 이러한 다섯 가지 문제점에 더해 고기후 기록에 대한 많은 연구물들을 재검토한 결과에 따르면, 궤도 변화가 기후 변화에 기여한 바는 20%를 넘지 않는다(Wunsch, 2004).

천이 SUCCESSION

식생(또는 생태계) 천이succession는 생태학에서 매우 중요한 개념임이 입증되었다. 콜스(Cowles, 1899)는 미국의 미시간 호 연안에 있는 사구(인디애나 사구)상의 식생을 바탕으로 천이의 개념을 제안했다. 프레더릭 클레먼츠(Clements, 1916)는 이 천이 개념을 발전시켰는데, 그는 천이를 정해진 발전 단계의 연속 또는 계열sere로 보았으며, 궁극적으로 천이는 기후적 극상 식생에 의해 자체적으로 지속적이면서도 안정된 군집을 이룬다고 했다. 클레먼츠는 다음과 같이 천이 과정의 여섯 단계를 인지했다.

① 나지nudation 단계 : **교란** 현상 이후 남겨진 노출지
② 이주migration 단계 : 종자·포자 형태의 종이 이주
③ 정착ecesis 단계 : 식물종이 정착
④ 경쟁competition 단계 : 정착종이 자원 사용을 위해 다른 종과 경쟁
⑤ 상호작용reaction 단계 : 정착종이 **환경**을 변경시켜 새로운 종이 이주해서 정착할 수 있도록 만듦
⑥ 안정stabilization 단계 : 몇 번의 정착 단계가 일어난 후 지속적인 **평형** 상태가 달성

클레먼츠는 천이를 일차적 천이와 이차적 천이로 구분했다. 일차적 천이는 새롭게 노출된 나대지상에서 발생하는데, 식생을 부양한 적이 없는 곳이다. 새로 형성된 해양섬, 빙하 전면의 소모대消耗帶, ablation zone, 생성 중인 사구, 새로 생성된 하천 충적지, 단층 작용 또는 화산 활동으로 인해 새로 노출

된 암석 지대, 인공 토사 더미 같은 지형물은 초기의 정착 활동에 개방되어 있다. 천이 군집의 전체적 계열은 일차 천이 계열prisere로, 물에서의 습성 천이 계열濕性遷移系列, hydrosere(천이가 수목지로 발전할 수 있음), 염생 습지에서의 염생 천이 계열鹽生遷移系列, halosere, 사구상의 모래 천이 계열砂地遷移系列, psammosere, 암석 노두상의 암석 천이 계열巖石遷移系列, lithosere과 같이 여러 형태의 저층에서 다양한 천이 계열이 발생한다. 이차적 천이는 그 전에 식생을 부양했으나 심하게 교란된 장소에서 발생한다. 산불, 홍수, 삼림 제거, 방목에 의한 식생 제거, 허리케인, 기타 여러 요인이 이차 천이를 일으킨다.

촉진facilitation, 내성tolerance, 억제inhibition는 천이를 이끄는 세 가지 기제다(Horn, 1981). 과학자들은 이러한 기제의 상대적 중요성에는 동의하지 않으나 세 가지 천이 모형을 제시하고 있다. 첫째는 촉진 모형으로, 초기의 정착종은 **서식지**를 자신들에게 알맞게 만드는 것이 아니라 나중의 새로운 정착종에게 더 많이 적합하도록 바꾼다는 것이다. 그리고 이런 상호작용의 과정이 계속되어 한 무리의 종은 다음 무리의 정착을 촉진한다는 것이다. 이것이 바로 천이에 대한 전통적인 클레먼츠식 천이 모형이다. 상호작용이 천이적 변화를 이끄는 것이다. 영국 모래 해변의 경우, 최초로 정착한 식물은 벼과의 유럽산 잡초Ammophila arenaria다. 근경根莖의 파편은 자리를 잡은 후 새싹을 낸다. 새싹은 기류를 방해하고 모래는 새싹 주위에 쌓이게 된다. 모래는 점차 이 식물을 파묻게 되고, 이 식물은 '질식'되는 것을 피하기 위해 더 긴 새싹으로 자라게 된다. 새싹들은 계속 자라고 모래 둔덕도 점차 커져 결과적으로 사구가 형성된다. 이 사구는 다양한 종에 의해 정착되는데, 모래 김의딜Festuca rubra var. arenaria, 사초莎草, Carex arenaria, 바다 메꽃Calystegia soldanella, 두 종류의 등대풀Euphorbia paralias, Euphorbia portlandica이 모래 표면을 안정화시킨다. 둘째는 내성 모형으로, 천이 초기의 식물과 함께 천이 후기의 식물도 정착의 초기 단계에 간섭을 할 수 있다는 특징을 가진다. 온대림의 북쪽 지역을 예로 들면, 공터에 후기 천이종들이 초기 식물종들과 거의 동시에 나타난다. 초기의 천이 식물은 빨리 성장하며 곧바로 지배종이 된다. 그러나 후기의 천이 식물이 거점을 지키면서 나중에 지배적이 되어 초기 천이종을 수적으로 몰아낸다. 이 모형의 경우, 천이란 특정 초기 정착종에 의해 준비된 땅에 후기의 종들이 침범해서 이루어지는 것이 아니라 원래 있던 종들이 솎아지는 것이다. 어떠한 종이라도 처음부터 정착할 수 있으나, 특정 종은 다른 종을 경쟁에서 앞서게 되고 완전히 성숙한 군집에서 지배종이 된다. 셋째로는 억제 모형을 들 수 있는데, 이는 만성적으로 발생하며 작은 지면상에 일어나는 교란 현상을 설명할 수 있다. 이 교란 현상은, 예를 들면 강풍이 수목을 넘어뜨리고 삼림 나대지forest gap을 형성할 때 발생한다. 어떤 종이라도 다른 종이 쓰러지고 난 후 생긴 나대지에 침투할 수 있다. 이 경우에 천이 현상은 직접적이고 경쟁적인 간섭 없이 최근에 생긴 나대지를 점령하기 위한 무경쟁의 경주가 되는 것이다. 어떠한 종도 다른 종보다 경쟁적으로 우세하지 않다. 천이는 '먼저 온 순서' 원칙에 따르는 것으로, 처음으로 도착한 종이 정착을 하게 되는 것이다. 이 현상은 무질서한 과정이며, 어떤 방향성을 가진 변화는 장수하는 종을 대치하는 단명하는 종들에 의해 발생한다. 이 모형은 다방향 또는 다경로 천이(**군집 변화** 참조)와 공통점이 많다.

천이의 유발에는 군집 내부의 원인과 군집 외부의 원인이 있다. 군집 내부의 구성원들은 자생적 천이autogenic succession를 촉진한다. 촉진 모형의 경우 자생적 천이란 군집의 비방향적 연속 배열과 관련된 생태계의 변화를 뜻하며 새로운 서식지의 생성을 가져온다. 이런 변화는 물리적 환경이 변하지 않더라도 일어난다. 그 예로 스코틀랜드의 히스 순환heath cycle을 들 수 있는데(Watt, 1947), 히스Calluna vulgaris는 나이가 들수록 생장력을 잃어 지의류地衣類, Cladonia spp.의 침입을 받는다. 시간의 경과에 따라 지의류 피복은 죽고 나대지가 만들어지는데, 이곳으로 베어베리Arctostaphylos uva-ursi가 침입한다.

베어베리도 결과적으로는 히스의 침입에 굴복한다. 이런 순환은 20~30년 정도 걸린다. 물리적 환경과 방향성의 변화는 외부 발생 천이allogenic succession를 끌어들인다. 다수의 환경 요인이 개별 종 간의 상호작용을 붕괴시키면서 군집과 생태계를 교란시킬 수 있다. 예를 들면, 하천이 침적토를 호소로 운반할 때 퇴적 작용이 발생한다. 이에 따라 호소는 천천히 소택지나 습지로 변하게 되고, 결국에는 이 습지가 건조한 땅이 되는 것이다.

천이에 대한 이해는 생태계 복원 작업에서 매우 중요하다. 복원 생태학restoration ecology은 현재 성장하고 있는 학문 분야로, 자연적 천이에 대한 연구 성과를 도출하고 있으며 천이 기제에 대한 통찰력을 제공해준다(Walker et al., 2007).

▸ **더 읽어볼 자료:** Dale et al.(2005), Walker and Moral(2003), Walker et al.(2007).

체계 SYSTEM

다수의 자연지리학자는 자신들의 연구 주제에 체계적인 접근법을 채택한다. 문헌을 조사해보면 **생태계**, **유역** 체계, 수문 체계, 하천 체계, 기상 체계, **토양** 체계 등 여러 체계를 볼 수 있다. 체계가 어떤 것인지 이해하는 데는 예시를 드는 것이 가장 쉬운 방법인데, 사면 체계가 좋은 예가 될 것이다. 사면은 하간 산릉interfluve crest에서 시작해 곡측면valley side을 따르다가 경사진 곡저valley floor까지 이어진다. 어떤 방식으로 정렬된 대상체들things(암석 쇄설물·유기물 등)이 구성되면 한 체계를 이루는 것이다. 정렬 방식은 우연적이라기보다는 어떤 의미를 가지는데, 그것은 물리적 과정으로 설명될 수 있다(그림 29). 사면을 구성하는 '대상체'들은 입자 크기, 토양 수분 함량, 식생 피복, 사면각처럼 여러 변인으로 설명될 수 있다. 이러한 변인은 다른 변인과 함께 상호작용을 통해 규칙적이고 연관된 전체를 형성하게 된다. 즉, 산지의 사면과 사면의 암설 피복층상에서 변인들 간의 복잡한 상호 보완적 조정 과정이 일어난다. 이러한 변인에는 암석 유형, 기후, 지구조적 운동, 사면 형태 등이 있다. 암석 유형은 풍화 속도, 토양의 지공학적 특성, 침투율rate of infiltration에 영향을 준다. 기후는 사면의 수문에 영향을 주기 때문에 사면 피복층에서의 물의 흐름에 영향을 끼친다. 지구조적 운동tectonic activity은 기저면 높이를 바꿀 수 있다. 사면 형태는 사면각과 분수계에서의 거리에 따라 작동하면서 랜드슬라이딩, 포행, 솔리플럭션, 씻김wash과 같은 지형형성 작용 속도에 영향을 준다. 여러 변인 중 한 변인에서 변화가 일어나면 사면의 형태와 형성 과정에서 재조정이 발생할 수 있다.

모든 체계는 주변 환경과의 상호작용 여부에 따라 개방되거나 폐쇄되거

그림 29. 체계로서의 사면

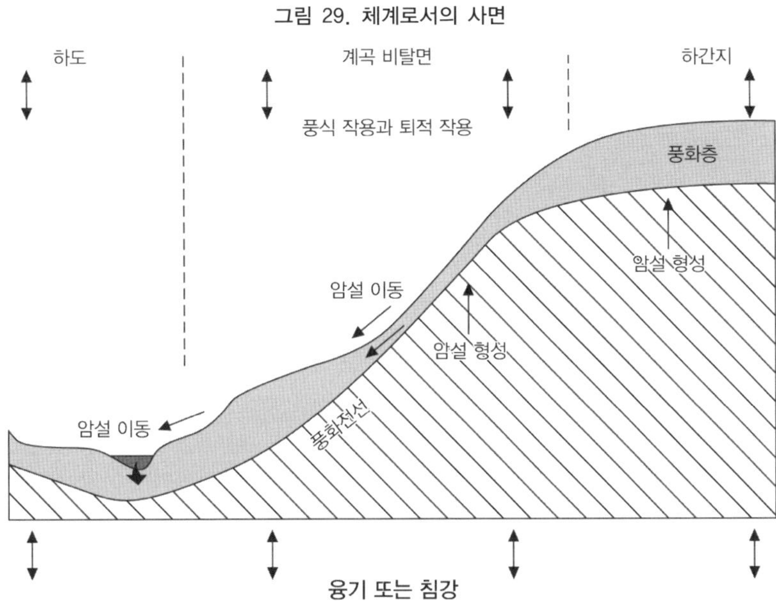

주: 저장소(퇴적물 피복), 유입(예 : 풍적과 암설 공급), 유출(예 : 풍식), 내부 작용(암설 이동), 단위(하도, 곡측 사면, 하간지).

자료: Huggett(2007a).

나 고립된다(Huggett, 1985: 5~7). 고립된 체계isolated system는 주위 환경과 완전히 분리된 체계로, 물질 또는 **에너지**를 들여오거나 내보내지 않는다. 폐쇄된 체계는 물질은 통과하지 않고 에너지만 통과하는 경계를 가지고 있다. 개방 체계는 에너지와 물질이 경계를 가로질러 이동할 수 있다. 자연지리학에서의 모든 체계는 사면 체계를 포함해 개방 체계open system인데, 에너지와 물질을 주위 환경과 교환할 수 있기 때문이다. 더구나 체계는 모두 내부 변인과 외부 변인을 가지고 있다. 유역분지의 경우를 보면, 토양 습도, 하천 흐름 등의 여러 변인이 체계 내에 존재하는 내재적·내부적 변인이다. 강수량, 태양복사량, 지구조적 융기 작용 등의 변인들은 체계의 외부에서 기원해 유역분지 역동성에 영향을 주기 때문에 외재적·외부적 변인이다.

체계라는 것은 지식 개념임을 잘 인식해야 한다. 과학자들은 다양한 방식으로 체계를 정의하고 있다. 자연지리학에서는 두 가지 체계 개념이 중요한 역할을 하는데, '과정과 형태 구조로서의 체계'와 '단순하거나 복잡한 구조로서의 체계'가 그것이다(Huggett, 1985: 4~5, 17~44). 자연지리학자들은 과정과 형태 체계에서 세 가지 유형을 인식하는데, 바로 형태 체계, 과정 체계, 형태와 과정 체계다. 형태 또는 형태학적 체계는 형태 변인들의 집합으로, 체계의 기원 또는 체계의 기능 면에서 의미 있는 방향으로 상호작용을 한다. 사면 체계의 형태는 여러 가지 방법으로 기술이 가능하다. 형태 요소는 사면상의 모든 측정 가능한 것으로 크기, 형태 또는 물리적 특성들이다. 그림 30a에서는 사면 형태에 관한 간단한 기술을 보여주는데, 이 그림은 절벽과 사면 기저의 애추를 보여주고 있다. 이런 형태 체계는 애추가 절벽 아래에 존재한다는 것을 간단하게 보여주지만, 절벽과 애추 사면 간의 지형형성 작용상의 인과적 연결에 대한 유추는 보여주지 않는다. 디지털 지형 모형은 사면과 지표면 형태에 관한 정교한 특성을 설명 가능하게 한다.

과정 체계(계단형 체계cascading system 또는 순서 흐름 체계flow system)는 '에너지와 물질의 저장소를 필수로 가지고 있으며, 에너지 또는 물질 이동의 상호 연결된 경로'다(Strahler, 1980: 10). 하나의 예로 물질 저장소로서의 사면을 들 수 있다. 기반암의 풍화 작용과 풍성 퇴적 작용에 의해 생성된 물질들이 추가로 여기에 저장되며, 사면 기저에서의 풍식과 하천 침식은 이 저장소에서 이들 물질을 제거한다. 물질은 체계를 통과하면서 형태적 요소들이 연결된다. 절벽과 애추 사면의 경우, 암석과 암설이 절벽에서 낙하해 에너지와 암석 쇄설물을 사면 아래의 애추로 공급한다(그림 30b). 과정·형태 체계(과정·반응 체계)는 에너지 흐름의 체계로 구성되어 있는데, 형태 체계와 연결되어 체계 과정이 체계 형태를 변경할 수 있으며, 변경된 체계 형태가 체계 과정을 변경할 수도 있다. 이런 관점에서 사면 형태 변인은 사면 과정 변인과 상

그림 30. 절벽과 애추 사면

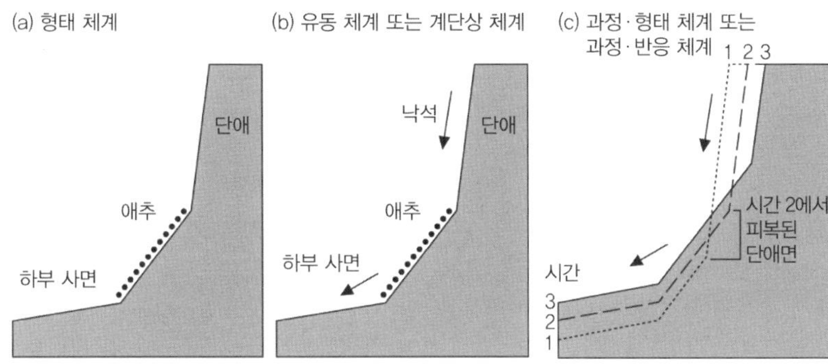

자료: Huggett(2007a).

호작용을 하는 것이다. 절벽·애추의 사례처럼 절벽에서 낙하한 암석은 애추라는 저장소에 축적되는 것이다(그림 30c). 그러나 애추 저장소가 커짐에 따라 절벽면을 파묻기 시작하면 암설 공급이 감소된다. 결과적으로 애추의 성장 속도는 감소되고 체계는 점차 느린 속도로 변하게 된다. 이런 변화 과정은 역방향 **피드백**negative feedback의 한 예이며, 이것은 수많은 과정·형태 체계에서 중요한 요인이다.

체계 접근법은 때로는 각 체계가 인정하는 것보다 더 큰 목표를 가지고 있으며, 일반 체계 이론과 분파 체계 이론을 함께 자연지리학 분야의 여러 대상체에 적용할 수 있다. 체계 이론은 전체론적 접근법을 적용하며 모든 체계에서의 공통된 특성을 다룬다. 예를 들면, 체계생태학은 생태계를 연구할 때 전체적 접근법을 취하는데, 생태계는 생태계 구성 요소에 대한 지식만으로는 예상되지 않는 창출 특성(예를 들면, 식생 **천이**vegetation succession)을 가진 복잡 체계complex system(다수의 상호작용하는 부분을 가진 체계)임을 강조한다. 흥미롭게도 창출 특성은 소산적 체계에서 발생하는데, 이 체계에서는 균형이 무너지고(이방성anisotropy이 생성되며), 종종 체계 요소 간의 비선형적 상호작용으로 인해 복잡하고 때로는 혼란한 소산적 구조dissipative structure가 형성된다(**복잡성**complexity 참조). 이런 구조는 거꾸로 되돌릴 수 없는 과정들로 특징지을 수 있는 다양한 열린 체계 속에서 존재한다. 지형학의 경우 소규모 퇴적물 이동과 하도의 안정된 수리 현상조차도 망류 하도braided channel의 변화 양태를 예측할 수 없게 만드는데, 이런 것을 창출 특성emergent property이라고 한다(Harrison, 2001). 생태학의 경우 창출 특성은 군집이 집중적으로 다루어질 때에 드러난다. 군집의 역동성은 군집의 구성 요소 종들의 합 또는 종들의 상호작용의 합 이상인 것이다. 종의 다양성과 군집의 생물 총량처럼 총체적 특성collective property과 창출 특성을 구분하는 것은 중요하다.

자연지리학과 지구과학의 수많은 소분야는 일반적으로 각 분야의 체계에 대한 전체적이고 좀 더 학제적인 관점을 채용하기 시작했다. '지구 체계 과학Earth System Science: ESS'이라는 용어는 사실상 '단일 통합된 자연과 사회 체계로서의 지구에 대한 연구'인데(Pitman, 2005: 138), 이런 관점을 채용한 연구 방법론들과 관련된 자연지리학 분야로 점차 적용되고 있다(Tooth, 2008).

▸ 더 읽어볼 자료: Kump et al.(2004).

침입종 INVASIVE SPECIES

침입invasive, 이국풍exotic, 도입introduced, 비토착non-indigenous, 외래alien, 비고유non-native 같은 이름은 정상적인 지역 범위 밖에서 살아가는 동물과 식물종에게 주어진다. 몇몇 과학자는 이들 종을 '생물학적 오염 현상biological pollution'으로 부르기도 한다. 현재 외래 동식물종에 의한 침입 현상은 심각한 환경 문제이며, **생물 다양성 감소**biodiversity loss를 일으키는 주된 원인 중 하나다.

고유종과 외래종의 경계선은 — 비록 이런 분류법에 대한 몇 가지 기준이 존재하지만 — 확실하지 않다. 예를 들면, 외래적이라는 단어의 기준은 '인간의 활동에 의해 고유의 지역적 범위 밖에서 살아가는 것'일 수 있다. 고유종의 기준은 '유럽인이 도래하기 전의 자연적 범위에서 발생한 것'으로 정의할 수도 있다. 그러나 외래종의 발생 과정은 훨씬 복잡하다. 하와이 군도를 처음으로 방문한 유럽인은 제임스 쿡 선장Captain James Cook으로 그때가 1800년이었는데, 그가 방문하기 전부터 폴리네시아인들은 하와이로 외래종을 도입했다. 유사한 경우로 어떤 종은 인간의 도움 없이도 새로운 지역으로 확산되었는데, 이들은 고유종인가, 외래종인가? 게다가 유럽, 아프리카, 아시아에서 고유종과 외래종을 구별하는 작업에는 어려움이 많다. 비록 초기의 외래종 도입 증거는 없어도 인간이 이 대륙에서 수천 년을 거주해왔기 때문이다. 고유종만의 특정한 몇 가지 기준과 외래종의 독특한 구분 기준을 받아들임으로써 그러한 문제점들을 이론적으로는 해결할 수 있지만, 어떠한 기준도 특정한 종을 고유종이나 외래종으로 구분하기에는 충분하지 않다(Woods and Moriarty, 2001).

어떤 외래종 **개체군**은 원래 자신들의 자연적 생활 범위에서보다 더 많이 성장해 고유의 동물과 식물, **생태계**에 심각한 문제를 발생시킨다. 이들 외래종이 번창하게 되는 것은 그들의 고향에서 존재했던 질병, 기생충, 경쟁자, 포식자가 이제는 존재하지 않아 그들의 수를 억제할 수 없기 때문이다. 전 지구적으로 보았을 때 외래종은 지난 수세기 동안 생물 다양성 상실에 크게 기여해왔다. 외래종은 파충류 **멸종**의 42%, 어류 멸종의 25%, 조류 멸종의 22%, 포유류 멸종의 20%를 설명한다(Cox, 1999). 높은 멸종의 원인은 다양하다. 외래종은 고유종보다 먹이와 서식지 경쟁에서 앞서 나가고, 강한 포식자 역할을 하면서 고유종에게 서식지를 불리하게끔 변경하며, 자신들 군집에 폭포 효과cascade effect를 촉진시키고, 이종교배를 통해 유전적 완전성을 줄이며, 외래 질병을 퍼뜨릴 수 있다. 외래 경쟁종은 때때로 고유종을 쫓아내기도 한다. 모리셔스 섬의 목도리앵무Psittacula krameri는 고유의 모리셔스 앵무새P. echo가 점차 멸종되도록 위협하고 있는데, 이 외래종이 보금자리 동굴에서 고유종을 몰아내기 때문이다. 런던 남서부 지역, 런던 남동부 지역, 타넷Thanet 섬, 이 세 개의 주요 이주지가 존재한다는 것이 영국에 사는 고유종들에게 잠재적 위협이 되고 있다. 외래성 포식자들은 종종 고유 먹이종에게 심대한 영향을 미치는데, 특히 도서 지역의 고유 먹이종들은 고유 포식자들이 부재한 가운데 진화를 해와서 스스로 자신을 방어할 능력이 없거나 선천적 경계심이 부재할 가능성이 크기 때문에 더 많은 영향을 받는다. 특히 외래성 쥐, 고양이, 사향고양이는 섬 고유종인 파충류와 조류 개체군을 파멸시킨다. 갈라파고스 군도의 경우 파충류(이구아나, 대형 거북)와 다윈 핀치새를 비롯한 조류가 고유종이다. 1800년대에 초기 정착인들은 야생 축우, 당나귀, 말, 염소, 돼지, 쥐, 개를 도입했다. 그 후 어민들과 방문자들은 다른 종들도 도입했다. 외래 초식동물은 식생을 지나치게 먹어서 고유 식물들을 몰락시키고 외래 식물의 확산을 촉진했다. 때때로 외래종은 원래의 서식지에 변경을 가해 고유종들에게 불리한 환경을 만든다. 외래 잉어는 수많은 습지에서 부분적으로 경쟁을 함으로써, 또는 배란기와 먹이를 먹을 때 물을 탁하게 해서 고유 물새들의 먹이인 무척추동물 개체군을 줄임으로써 물새의 쇠퇴를 가져오도록 했다. 또 이들 종은 고유 물새가 먹이로, 보호막으로, 둥지로 사용하는 수생식물을 파괴한다.

외래종은 일련의 군집 변화를 유발해 고유종에게 간접적으로 영향을 미칠 수 있다. 하와이에서 방사된 돼지들은 이러한 일련의 폭포적 변화의 예가 된다. 하와이로 도입될 당시 방사된 돼지는 정착하기가 힘들었는데, 먹는 음식에 단백질이 부족했기 때문이다. 지렁이를 도입한 이후부터 단백질 공급원이 안정되면서 돼지 개체군 수는 치솟았다. 돼지 수가 한번 엄청나게 늘어나자 양치류 같은 고유 식물들이 쇠퇴했으며, 이런 쇠퇴 현상은 외래 식물의 개체 수 증가를 가져왔다. 태평양의 섬인 괌에서도 비슷한 유형의 폭포 효과가 발생했는데, 이 섬은 파충류들이 도착하기에는 너무나 먼 거리에 위치하기 때문에 포식자 뱀이 없어 원래 고유 동물종들이 발달했다. 그러나 제2차 세계대전 중 갈색나무뱀Boiga irregularis이라는 야행성 포식자가 뉴기니에서 선적된 군수 트럭과 군수 장비에 실려 도착했다. 갈색나무뱀의 포식에 적응이 되지 않아 22개의 고유 조류종 중 13개 종, 3개의 고유 박쥐종 중 2개 종, 지역 고유의 도마뱀 10개 종 중 4개 종이 멸종했다.

외래종과 고유종의 교배는 고유종의 유전적 온전성을 감소시킨다. 영국의 경우, 고유종 붉은 사슴과 극동에서 들어온 외래종 꽃사슴Cervus nippon이 서로 교배하려는 경향이 있어서 종종 교배종 시내를 만들기도 한다. 이러한 이종교배가 붉은 사슴 개체군을 위험에 처하게 할 우려가 있다는 것이다. 영국의 식물을 사례로 들면, 고유의 야생 히아신스Hyacinthoides non-scripta는 도입된 스페인산 히아신스Hyacinthoides hispanica와 교배한다. 런던에 서식하는 히아신스는 대부분 이런 교배종이다. 질병을 가진 도입종은 고유 개체군을 격감시킨다. 오스트레일리아의 퀸즐랜드에서는 애완 물고기를 통해 도입된 바이러스가 개구리 개체군의 급감으로 이어졌다. 1998년과 2002년 북극에서 온 하프물범Phoca groenlandica이 디스템퍼 바이러스distemper virus를 도입하면서 북해의 고유종 바다표범(주로 잔점박이물범과 회색물범)이 개체군의 붕괴를 겪었다. 그나마 다행으로 고유종들은 그럭저럭 회복되었다.

마지막으로, 모든 침입종이 성공하는 것은 아니다. 예를 들면, 뉴질랜드에는 수많은 포유류가 도입되어 번창해왔지만, 주머니쥐 · 캥거루 · 너구리 · 다람쥐 · 산양 · 누 · 낙타 · 얼룩말 등 여러 종은 정착하는 데 실패했다.

▸ 더 읽어볼 자료: Elton(1958), Mooney et al.(2005), Terrill(2007).

카테나 CATENA

1935년 탕가니카에서 연구를 수행하던 토양화학자 제프리 밀른Geoffrey Milne은 사면 지형의 토양에 대한 기능적 측면을 연구하는 과정에서 통합적인 체계의 개념으로 카테나catena를 제시했다. 우간다에서 활동한 토양화학자 마틴W. S. Martin이 그에게 영감을 주었던 것이다(Brown, 2006). 밀른은 구릉지의 정상에서부터 낮은 저지에 이르기까지의 토양 단면이 매우 다양한 토양층들로 구성되어 있다고 보았다. '정확하게 말하자면, 전혀 개별적인 토양들이 아니며, 일정한 방식으로 단면 차이의 연속을 보여주는 또 다른 형태의 토양 복합체compound soil 단위'로 보았다(Milne, 1935a: 192). 편의상 지도화mapping 단위를 형성하는, 정상 저지 **지형**crest-hollow **topography**에서의 토양층의 일정한 반복을 기술하기 위해 '카테나'(라틴어로 '연속'이라는 의미)라는 용어를 채택했는데, 이는 지형연속체와 같은 의미를 가진다(Jenny, 1941). 밀른 연구의 주된 관점은 구릉지 사면을 따라 나타나는 모든 토양은 지형과 토양의 매개 작용 때문에 서로 관련성을 지닌다는 것과 각각의 토양대는 식생의 특성에도 영향을 미치면서 식생 카테나vegetation catena를 형성한다는 것이다(Milne, 1935a, 1935b).

카테나 개념의 도입 덕분에 토양과 사면 간의 관계에 관한 연구가 봇물을 이루었고, 결과적으로 기본 모형의 정교화를 가져왔다. 그 예로 카테나를 따라 세 가지 토양대(또는 복합체complex)의 특징적 구분이 나타나는데, 각 토양대는 전반적인 지형 특성과 연관성이 있다. 세 가지 토양대는 용탈대eluvial zone, 붕적대colluvial zone, 집적대illuvial zone로 나뉜다(Morison, 1949). 용탈대는 가장 높은 곳에 있으며 토양수와 용해질과 부유 물질들이 빠져나가는 곳이다. 여기서 빠져나간 물질들은 붕적대와 집적대에 쌓인다. 붕적대는 사면상에 위치하는데, 여기서는 용탈대의 토양으로부터 물질을 받아들이고 그 일부는 다시 집적대로 내보낸다. 집적대는 낮은 곳에 위치한다. 많은 경우 집적대는 매우 혼합된 모재의 특징parentage을 지니며, 배수망drainage의 정도와 특성에 따라 단순한 모자이크 또는 대상의zonal 패턴을 지닌 모자이크로 이루어져 있다. 집적대는 다음과 같이 분명히 구분되는 세 가지 특징을 지닌다. 평균적인 기후 지역보다 더 많은 수분을 가지고, 더 많은 용해 물질과 부유 물질을 가지며, 수분은 표면 이동, 하계망 이동, 증발 등에 의해 빠져나간다. 1960년대에 연구자들은 밀른과 모리슨의 독창적인 아이디어를 따라잡기 시작해 경관의 맥락에서 토양 **진화**soil evolution를 연구했다. 몇몇 연구는 모리슨의 견해를 지지했는데, 그것은 용해와 물의 이동이 선택적으로 작용하므로 토양 측방의 카테나 작용(카테나화concatenation)은 토양 물질의 분화를 가져온다는 것이다. 이것은 자연 상태의 토양은 A층으로 판단되며, 계곡 토양은 B층으로 이루어져 있음을 의미한다(Blume and Schlichting, 1965). 이러한 아이디어는 카테나 개념의 인식에서 나온 것으로, 사면을 따라 토양 물질의 측방 이동 분석으로 이어진다. 결과적으로 사면의 수문학적 조사에서의 점진적 정교화는 사면 토양의 실험이 더 상세해지고 더 잘 드러나도록 만들었다(Huggett, 1995: 171~172 참조).

오늘날 카테나는 여전히 연구의 한 목표이며, 토양학자들은 토양과 사면 지형 간의 관계를 연구하고 있다. 그들은 카테나 연구를 위해 두 가지 주요 방법을 채용하고 있다. 첫째, 토양 유형 또는 토양 속성과 사면 요소들(정상, 견부, 중간 사면 등) 또는 사면의 지형적 요소들(일반적으로 사면 구배, 사면 곡률, 사면 방향 등)의 관계를 연구한다. 둘째, 사면 토양 및 토양 과정과 수문학 간의 인과관계를 확립하고자 한다. 이러한 방법은 토양수와 용해 물질 이동에 대한 야외 측정, 토양 요소별 비율 또는 지표 광물을 이용한 토양 물질의 장기적인 이동에 대한 평가, 또는 수학 모델 등을 포함한다. 그 외 다양한 연구 방법으로 특정 지형(사면 지형) 변수와 관련된 토양 속성을 연구하고 있다. 가장 단순한 사례를 보면, 연구 지역의 토양 지형연속체에서의 몇 가지 토양 속성과 이에 대한 단일 지형 요소의 기여도를 측정한다(특히 Swanson, 1985). 한편 더 복잡한 사례 연구들은 수많은 토양 속성과 몇몇 지형 속성, 때로는 이에 더해 식생까지 분석한다(특히 Chen et al., 1997). 토양·사면 수문학 관계 연구는 크게 보면 야외에서의 토양 물질 및 수분의 현재 이동 상태를 조사하는 분야(특히 Litaor et al., 1998)와, 수문학의 이해와 함께 과거의 물질 이동을 복원하기 위한 기법을 결합하는 분야(특히 Thompson and Bell, 1998; Thompson et al., 1998), 이렇게 두 그룹으로 나눌 수 있다.

토양과 식생 카테나에 관한 연구는 의심의 여지없이 여러 토양 및 생태적 과정에 대한 더 나은 이해를 가져왔지만, 현재의 많은 연구는 카테나가 그 일부로 포함되는 3차원적 **토양·경관**three-dimensional **soil-landscape**에 초점을 맞추고 있다.

샤이데거(Scheidegger, 1986)가 발표한 지형학geomorphology에서의 카테나 원칙에 대해서도 살펴볼 가치가 있다. 이 원칙은 모든 경관은 카테나의 집합이며, 각 카테나는 용탈대·붕적대·집적대로 이루어져 있다는 것이다. 용탈대는 카테나의 꼭대기에 위치하며, 평탄한 정상summit과 견부shoulder로 이루어져 있다. 붕적대는 카테나의 중간에 위치하며, 중간 사면과 하부 사면foot-slope으로 이루어져 있다. 카테나의 바닥에 있는 집적대는 말단 사면에 위치하며, 정상부와 같이 상대적으로 평탄하다.

크기 MAGNITUDE / 빈도 FREQUENCY

대략적인 계산으로도 대홍수, 강풍, 높은 파도 등은 그에 대응되는 작은 홍수, 약풍, 낮은 파도보다 자주 발생하지 않음을 알 수 있다. 실제로 환경 작용의 빈도와 크기(강도) 간의 상관관계를 나타내는 수많은 그림은 우측 왜곡도를 보이는데, 이는 대규모의 사건 발생 수와 비교해볼 때 소규모 사건이 훨씬 많이 발생하며 거대 규모의 사건 발생은 아주 낮다는 뜻이다. 반복 주기return period 또는 재현 기간recurrence interval은 특정 크기의 사건이 발생하는 빈도를 표현한다. 이 척도는 주어진 크기의 사건들 사이의 평균 시간 길이로 계산될 수 있다. 하천 범람의 경우를 보자. 관측 작업으로 몇 년간의 최고 유량에 대한 자료를 만들어낼 수 있다. 범람·빈도 관계를 계산하기 위해 유량의 최고치를 먼저 기입하고 크기에 따라 정렬한다. 재현 기간은 다음 공식을 통해 계산된다.

$$T=\frac{n+1}{m}$$

T는 재현 기간, n은 기록 연도, m은 홍수 크기다(m=1은 최대 기록치). 각각의 홍수는 검벨 그래프Gumbel graph의 재현 기간에 대비해 그려지고, 각각의 점들은 연결되어 빈도 곡선을 형성한다. 만약 특정 크기의 홍수가 10년의 재현 기간을 가지고 있다면, 이와 똑같은 크기(2,435m^3/s, 그림 31의 워배시 강의 경우)의 홍수가 매년 10분의 1(10%)의 발생 확률이 있다는 뜻이다. 또한 그런 홍수가 평균적으로 10년마다 발생할 것이라는 의미다. 5년, 10년, 25년, 50년이라는 홍수의 크기는 토목공사, 홍수 통제, 홍수 경감 작업에 유용하

그림 31. 미국 인디애나 주 라피엣의 워배시 강의 매년 홍수의 크기와 빈도

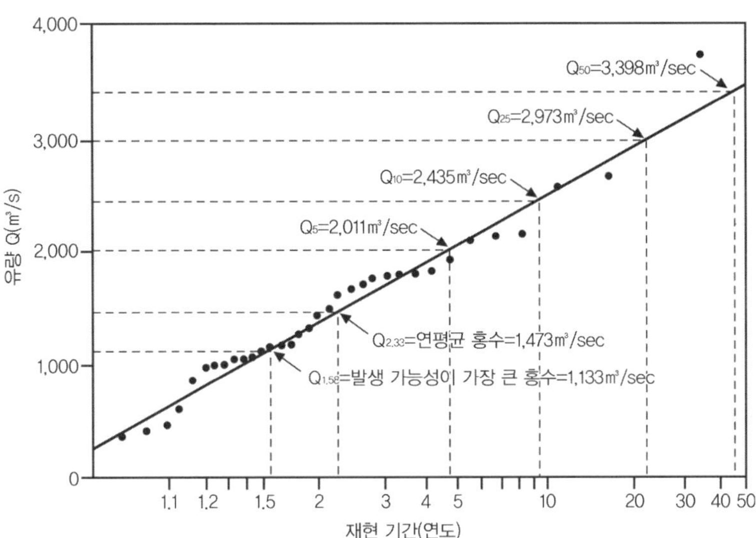

자료: Dury(1969).

다. 2.33년 홍수($Q_{2.33}$)는 매년 홍수의 평균(예시에서는 1,473m^3/s)이고, 2.0년 홍수($Q_{2.0}$)는 매년 홍수의 중앙값이며(표시되지 않음), 1.58년 홍수($Q_{1.58}$)는 발생할 가능성이 가장 높은 홍수(예시에서는 1,133m^3/s)다.

탄성 RESILIENCE

일반적으로 탄성resilience은 한 체계가 **교란**disturbance 현상에서 회복되거나 교란으로 인한 영향에 저항할 수 있는 능력이다. 탄성은 최소한 두 가지로 정의할 수 있다. 첫째, 토목공학적 정의에 따르면 탄성은 한 체계가 교란 현상에 따라 어떤 상태나 순환적 상태로 돌아가는 속도를 나타낸다. 이런 정의는 체계가 항상 정상 상태(끌개attractor 또는 평형점equilibrium point)를 포함한 안정 영역에 있다는 것을 가정한다. 둘째, 생태학의 경우 하나 이상의 안정 영역(다중 끌개, 다중 평형점)을 가진 체계에 적용될 때 탄성은 교란 현상의 안정된 영역의 체계가 또 다른 안정된 영역으로 넘어가는 데 필요한 교란 현상의 총량이다. 이런 정의에 따르면, 탄성은 기후 현상, 산불, 오염 현상, **외래 침입종**invasive species, 인간 등의 교란 현상에 당면한 특정 **생태계**가 지속될 수 있는 능력을 측정하는 것이다. 다르게 표현하면, 한 생태계가 새로운 형태로 변하기 전에 얼마나 많이 교란 현상을 받아들일 수 있는지를 측정하는 것이다(Holling, 1973). 산호초는 빈번한 교란 현상에 대해 생태적 탄성을 보여준다(Woodroffe, 2007). 많은 산호가 다채로운 단기간의 교란 현상에서 회복된 여러 단계상에서의 군집의 시간적 모자이크를 보여준다(McManus and Polsenberg, 2004). 생태계에 따라 복원력은 높으나 안정도는 낮을 수도 있다. 예를 들면, 캐나다와 알래스카 중부의 냉대림 군집 지대에 서식하는 조류와 포유류 **개체군**은 북미산 산토끼 수의 10년 주기에 따라 상당한 불안정을 보여왔는데, 그런데도 이 군집은 수세기 동안 지속되어왔다.

지형학의 경우, 탄성은 한 체계가 교란 현상 이후 원래의 상태로 복원되는 정도를 나타낸다(Brunsden, 2001). 이 정의는 교란 현상이 발생한 이후 한 지형 체계가 원래 상태로 똑같이 복원되지 않을 수 있다는 사실을 설명한다. 그것은 원래 상태로의 복원 과정을 방해하는 장벽들이 있기 때문이다. 지형 체계는 시간의 흐름에 따라 변할 수도 있는데, 이는 경계면 상황이 다양한 시간 규모에서 변화하기 때문이다. 예를 들면, 해안 체계의 경우 해수면은 다양한 시간 규모 동안 변화하면서 해안 지형에 커다란 영향을 주었다.

태양 강제력 SOLAR FORCING

태양의 활동과 태양의 복사 에너지 방출(태양복사 조도)은 매일, 매년, 그리고 그 이상의 시간 동안 달라진다. 인공위성 이용 전까지 태양 활동에 대한 지식은 대리 변수(예를 들어, 태양의 흑점sunspot 수)만으로 만족해야 했다. 인공위성은 과학자들이 전체 태양복사 조도량(일사량insolation)을 측정할 수 있도록 만들었는데, 일사량은 태양 흑점의 11년 주기 동안 약 1.3W/m^2(또는 0.1%)로 변동된다. 측정된 자료와 고환경 기록은 태양 활동의 좀 더 긴 순환 주기를 보여준다(표 8). 중요한 의문은 그러한 태양 방출량의 변동이 태양 강제력solar forcing을 통해 지구 기후에 주는 결과에 관한 것이다.

태양의 흑점 순환과 지표면 형성 과정 사이의 상관관계는 이론의 여지가 없는 것처럼 보이지만 인과적 관계에 대해서는 파악하기 어렵다. 태양의 밝기 값(복사 조도 총량) 변화, 자외선 방사 조도의 변화, 태양풍solar wind과 태양의 자속 변화(우주선 선속cosmic ray flux을 바꾼다), 우주선이 구름양cloud cover에 미치는 영향 등과 **기후 변화**의 상관관계에 대해서는 몇 가지 가설이 제시되었다.

태양 극소기solar minimum는 지난 몇 세기에 걸쳐 지속되었다(그림 32). 일부 기후학자는 이런 현상이 저온의 시기와 관련되어 있다고 주장했다(Eddy, 1977a, 1977b, 1977c). 예를 들면, 마운더 극소기Maunder minimum와 소빙기Little Ice Age는 서로 일치한다. 하지만 두 현상의 연관 관계는 의심의 여지가 많으며(Eddy, 1983; Legrand et al., 1992), 이 문제는 아직도 완전히 풀리지 않았다. 그러나 최근의 경험적 연구와 이론적 연구는 태양 활동의 저하기와 대기 특성 간에 명확한 상관관계가 있음을 보여주고 있다. 나무의 나이테에 대한 방

표 8. 태양 주기가 환경에 미치는 영향

태양 주기	대략적인 기간(년)	기후 자료상의 예
흑점 또는 슈바베(Schwabe)	~11	대기 온도 기록(미국) 영구동토층 온도와 적설량(알래스카 북부 지역) 연간 최저 온도(미국 걸프 해안 지역) 많은 지역에서의 나이테 넓이
헤일(Hale)	~22	미네소타 주 엘크 호와 스위스 소펜제의 빙호(氷縞) 두께
글라이스버그(Gleissberg)	~87(70~100)	지난 130년 동안의 북반구 지표면과 대기 온도
드 브리스-수스 (De Vries-Suess) 또는 태양 궤도	~210	소빙기 때부터의 대기 온도 지난 9,000년 동안의 나이테상의 방사성 탄소 연대
할슈타트(Hallstatt) 또는 2000년	~2,300	지난 9,000년 동안의 나이테상의 방사성 탄소 연대

그림 32. 1610~2000년의 연간 평균 태양 흑점 수

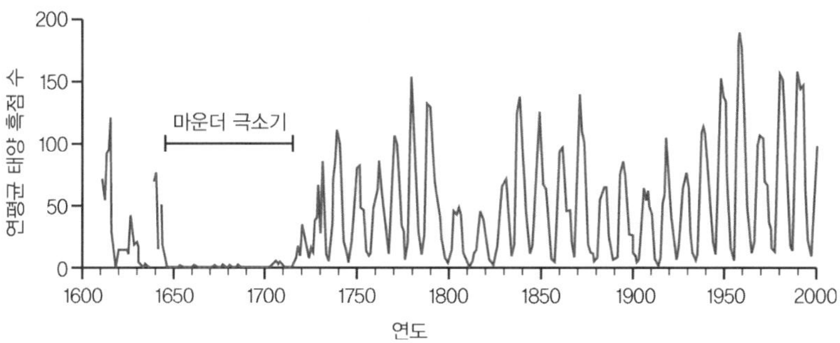

주: 1645~1715년에는 태양이 잠잠해져서 태양 흑점이 드물었는데, 이 기간이 마운더 극소기다. 그러나 이러한 태양 흑점의 결핍 현상은 역사적 기록의 부족 때문일 수도 있다. 태양 흑점의 11년 주기와 글라이스버그의 80년 주기는 1800년 이후의 자료에서 선택되었을 수도 있다.
자료: Huggett(2007c).

사성 탄소 측정은 마운더 극소기에 태양 활동이 저하되었음을 보여주었다. 또 이론적 연구 측면의 경우, 단순한 에너지·균형 기후 모형 연구는 마운더 극소기와 같은 차가운 시기는 태양복사 조도가 0.22~0.55% 정도 감소하는 현상에 의해 발생되었음을 설명해주었다(Wigley and Kelly, 1990).

흥미로운 연구 주제는 현재의 지구 온난화global warming 현상이 인간의 활

동 외에 어느 정도로 태양 강제력과 관련되어 있는가 하는 것이다. 피터 포컬Peter Foukal과 그의 동료들(Foukal et al., 2006)은 연구를 통해 태양 광도가 1970년대 중반부터 순수 증가 현상을 보이지 않았으며 17세기 이후부터의 태양 방출량의 변화가 지구 온난화에 주요한 역할을 하지 않았다는 결론을 내렸다. 그러나 그들은 결론에 유의점을 추가했는데, 우주선 또는 태양의 자외선 방사량이 기후에 끼치는 미묘한 영향에서 어떤 역할을 할 수 있다는 것이다.

▸ 더 읽어볼 자료: Soon and Yaskell(2003).

토양 SOIL

토양soil은 사랑이나 가정처럼 정의하기 어려운 복잡한 개념이다(Retallack, 2003). 지질학자들과 토목공학자들은 토양을 분해되거나 부스러진 암석 물질로 본다. 기원과 관계없이 풍화된 암석과 부스러진 암석 물질의 전체 단면이 변하지 않은 기반암 위에 위치한다면 토양 물질이 되는 것이다. 토양에 대한 이 같은 정의에 따르면, 토양은 표토regolith와 같고 '신선한 기반암 위에 있는 모든 지표 물질'을 말한다(Ollier and Pain, 1996: 2). 토양은 본래 위치에서 풍화된 암석(석비레saprolite), 교란되고 풍화된 암석(잔여토residuum), 운반된 지표 퇴적물, 화학 풍화 산물, 표토층topsoil, 화산회火山灰, volcanic ash를 포함한 혼합 토양 등이다. 토양학자들은 식물을 부양하고 토양형성soil-forming 작용이 활발히 발생하는 표토 부분을 토양으로 간주한다(Buol et al., 2003). 이런 정의에도 문제가 있다. 염류토saline soil나 적색토laterite(철분이 풍부한 아토양으로 열대 지역에서 주로 발견됨)는 식물을 부양할 수 없다. 그렇다면 이것들은 진정한 토양인가? 지의류로 덮인 암석면은 토양인가? 토양학자들은 이런 성가신 문제에 대해 합의를 볼 수는 없을 것이다. 이 문제를 피하는 한 방법은 노출된 암석을 토양으로 정의하는 것이다(Jenny, 1980: 47). 하지만 이런 제안은 토양의 의미를 충분히 전달하지 못하는 것으로 보인다. 노출된 암석은 토양처럼 기후의 영향을 받는다. 노출된 도양은 도양에 따라 약간의 식물을 부양하거나 식물을 부양하지 못한다. 이러한 정의를 따르면 토양은 '생태권과 접하는 암석'이라고 정의될 수 있다(Huggett, 1995: 12). 이런 정의는 토양과 표토 간의 어느 정도 자의적인 구별법을 피하고, 토양형성 과정과 지형형성 과정 간의 구분도 피하는 것이다. 이는 토양권은 생물이 영향을 미치는 암석권의 일부이며, '토양'은 물리적·화학적 작용의 영향을 받은 퇴적 물질을 포함한다는 것을 뜻한다. 고토양학자들(고토양에 관심을 가진 과학자들)은 이런 관점의 정의를 선호한다(Nikiforoff, 1959; Retallack, 1990: 9).

토양학자들은 지질학적 정의의 토양보다 순수 토양학적 용어인 토양체土壤體, solum를 선호한다. 토양체는 토양을 형성하는 영력에 의해 진행된 발생학적 토양으로(Soil Survey Staff, 1999), 대개 토양 단면soil profile의 A층과 B층, 즉 표토층과 심토층subsoil으로 구성된다. 이것이 '진성 토양soil proper' 또는 토양고유권edaphosphere이다(Huggett, 1995: 13). 토양권pedosphere의 다른 한 부분으로, 토양고유권 아래에 위치하며 생태권의 영향 범위 경계면 바로 위에 존재하는 것이 암설권debrisphere이다(Huggett, 1995: 13). 암설권은 지표면의 모든 풍화 물질을 포함하고 있으며, 하천의 바닥, 호수의 바닥, 해양의 바닥에 위치해 사실상 동물, 식물, 미생물의 영향을 받지 않는 곳이다. 이 권은 부식권decomposition sphere과 유사한 개념이지만(Büdel, 1982), 화학적 풍화 작용에 따른 생산물과 함께 기계적 붕괴 작용으로 만들어진 암설detritus을 포함한다. 암설권은 유사형태적 작용epimorphic process(풍화 작용, 용탈, 새로운 광물의 형성 작용, 계승 작용)이 특징인 반면, 토양고유권은 '전통적인' 토양형성 작용이 특징이다(Paton et al., 1995: 110 참조). 흥미롭게도 몇몇 토양학자는 자신들의 이해 범위를 넓혀 전체 표토regolith를 포함하기도 한다(Creemans et al., 1994).

토양 단면은 토양생성적으로 변경된 물질과 함께 심층토deep layer(기저층 substrata)를 포함하며 **토양생성 작용**에 영향을 준다. '심층토'는 모재母材, parent material 또는 모암parent rock으로 불리며, 암석권 물질lithospheric material로도 불린다(Paton et al., 1995: 108). 모재는 암석권(화성암·변성암·퇴적암) 또는 생물권(토탄과 유기적 암설)에서 유래한 물질이며, 생태권의 영향 범위 내에 있거나 생태권에 의해 변화된다. 모재는 암석권의 물질이다. 암석권에서 유래된 모재는 생물권이 도달하지 못하는 암석권 영역에서 사실상 변하지 않은 상태로 존재한다. 이처럼 거의 변화가 없는 물질을 조부모 물질grandparent material 또는 기반암bedrock이라고 한다. 이 부분은 암설권이 아니다. 그러나 이러한 하층 깊은 곳에도 생태권의 영향이 미칠 수 있다. 박테리아 **개체군**은 태평양 바닥 아래 500m 이상까지 존재하며, 미생물종은 대륙 지각의 4,200m까지 퍼져 있는데 지하의 지화학적 작용과 관련되어 있는 듯하다. 이것은 엄청난 토양 단면이다!

토양 단면은 일반적으로 토양 층위土壤層位, soil horizon라고 불리는 평행하고 수평적이며 어느 정도 구분이 가능한 일련의 층들을 보여준다. 이들 층위는 대문자와 소문자의 체계로 표기되는데, 대문자는 주된 구분을 의미하며 소문자는 세분을 뜻한다. 불행하게도 어떠한 기호 체계도 국제적으로 인정되지 않았다. 통례적으로 A와 E 층위는 용탈溶脫, eluviation과 기계적 세탈(실트와 점토의 기계적 용탈) 작용에 의해 용해 물질, 교질 물질, 미세 물질이 결핍되어 있는 반면, B 층위는 A 층위에서 내려온 용해 물질, 교질 물질, 미세 물질이 풍부하다. C 층위는 풍화된 모재층이다. O 층위는 유기물질층으로 토양 표면에 쌓인 것이다. A·E·B·C 층위의 이름은 중위도 토양을 기술하기 위해 고안된 것이다. 이 명명법이 열대나 아열대 토양에 적용될 수 있을지는 논란거리다. 열대 또는 아열대 토양 층위는 때때로 M·S·W 문자로 표기되는데(Williams, 1968), 이 표기법은 대부분의 열대와 아열대 토양의 3등분된 토양 단면을 기술하기 위한 것이다. 광물층(M)은 암석질층(S) 위에 위치하며, 암석질층은 풍화된 암석층(W) 위에 있다. 지금까지의 연구 결과를 보면, 중위도의 A, E, B·C 층위가 열대 지역의 M, S, W 층위와 동급으로 여겨진다(Johnson, 1994).

토양 단면은 다양한 정도로 차이가 나는데, 그에 따른 분류도 다양하다. 토양 분류soil classification는 본질적으로 층위 배열을 비교하는 작업으로, 층위의 화학적·물리적 특성을 비교하는 것이다. 토양 분류의 체계는 다양하고, 국가에 따라서도 다르며, 혼란스럽고 다양한 명명법을 사용하고 있다. 지리학과 생성genesis 이론 분야에서는 기초적이고 더욱 전통적인 체계를 사용해 왔는데, 이 체계는 토양목土壤目, soil order을 성대zonal 토양, 간대intrazonal 토양, 비성대azonal 토양으로 명명했으며, 더 세분하여 아목亞目, suborder으로 불렀다. 좀 더 하위로 세분해 대토양군大土壤群, Great Soil Group을 만들었는데, 툰드라 토양, 사막토, 프레리 토양 등이 그러하다. 더욱 새로운 체계는 토양의 생성 과정 또는 토양의 **진화**에 영향을 주는 요인을 반영하는, 측정 가능한 토양의 특성에 좀 더 강조점을 두었다. 미국 농업국의 토양보전청The Soil Conservation Service of the US Department of Agriculture은 매우 상세하고도 포괄적인 분류법을 1975년에 새로 발표했다(Soil Survey Staff, 1975, 1999). 토양 조사자 간의 원활한 소통을 위해 명명법은 초기의 발생학적 용어들을 피하며, 통統, series 이상의 단위에 대해서는 그리스어나 라틴어에서 유래된 이름을 사용한다. 분류법은 세밀하게 정의된 특징적 층리, 토양 수분형과 토양 온도형에 따른 분류에 기초를 두고 있다. 이리하여 엔티졸, 버티졸, 인셉티졸, 아리디졸, 몰리졸, 스포도졸, 알피졸, 얼티졸, 옥시졸, 히스토졸, 안디졸 등 11개의 목目, order으로 구분되었다. 이 목들은 다시 계층별로 아목亞目, suborder, 대층군大層群, great group, 아층군亞層群, subgroup, 과科, family, 통統, series으로 세분된다.

▸ 더 읽어볼 자료: Ashman and Puri(2002), Brady and Weil(2007), Buol et al.(2003), White(2005).

토양·경관 SOIL-LANDSCAPE

토양, 퇴적물, 물, **지형** 간의 밀접한 관련성은 경관상에 나타난다. 경관 내에서의 토양 작용, 수문 작용, 지형형성 작용을 모두 연결하는 몇 가지 연구들이 제안되었는데, 모두 2차원의 **카테나**catena와 관련되어 있다. 토양·경관soil-landscape **체계** 개념은 초보적인 통합 3차원 모형으로 시도되었다(Huggett, 1975). 요점은 모든 풍화암설(고체·교질체·용해 물체)의 분산 이동이 일반적으로 또는 근본적으로 지표면 형태에서 영향을 받으며, 배수 체계에 의해 조정되는 틀 내에서 조직된다는 것이다. 사면 아래로 이동하는 풍화 산물은 지표면 등고선에 직각을 이루며 이동하는 경향이 있다. 물질의 흐름선은 등고선의 굴곡에 따라 수렴되거나 분기된다. 이러한 분기 현상의 패턴은 물, 용해 물질, 교질 물질, 쇄설성 퇴적물 등이 경관의 위치에 따라 축적되는 양에 영향을 준다. 풍화 산물의 이동은 자연적 상태에서 지형을 변화시키며, 지형은 다시 풍화 물질의 이동에 영향을 미친다. 즉, 이 두 체계 간에는 **피드백** 현상이 존재하는 것이다.

토양 **진화**가 3차원의 지표 물질층의 변화와 관련되므로, 토양 특성의 공간적 패턴은 지표면의 3차원 지형을 반영한다. 이 논리는 경험적 관찰법과 통계 분석을 통해, 또는 이론적·수학적 모형으로 검증될 수 있다. 초기의 연구 작업은 소규모 **유역분지**의 토양 특성에 작용하는 3차원적 지형의 영향에 관한 것(Huggett, 1973, 1975; Vreeken, 1973), 그리고 유역분지 내의 토양·사면 간의 관계에 관한 것이었다(Roy et al., 1980). 토양생성 작용에서의 경관의 영향에 대한 연구에서는 지형의 3차원적 특성화 작업이 요구된다. 지형의 특성을 기술하려는 최초의 시도(Aandahl, 1948; Troeh, 1964)는 디지털 지형 모형에서 도출된 정교한 기술 용어descriptor들을 발전시켰다(Moore et al., 1991). 지형 속성 중 중요한 것은 2차원적 카테나에 적용되는 것들(고도, 사면, 구배, 사면 곡률, 사면 길이)이거나 3차원 지형과 관련된 것들(사면향, 등고선 곡률, 비집수역 등)이다. 여러 연구에서 3차원적 지형 영향이 실제로 존재하는 것이 확인되었고, 일부 토양 특성 또한 지형 요소의 작은 변동에도 민감하게 작용한다는 것이 밝혀졌다. 캐나다 서스캐처원 주의 남부 지역에 위치한 버르세이에서의 식물과 토양 내부의 자연 상태 질소 15nitrogen-15에 대한 연구 결과에 따르면, 듀럼밀durum wheat 관개지의 소단위(110×110m)에서도 소규모의 지형적 다양성이 토양과 식물 내부의 질소 15의 경관 분포 패턴에 심각한 영향을 끼친다(Sutherland et al., 1993).

토양 · 경관 연속체에 대한 또 다른 모형은 기술적 진보에 바탕을 두고 있다. 즉, 수문 작용의 지형 모형을 만들기 위한 수문학과 지표면 형태 간의 연관 관계가 그 사례다(McSweeney et al., 1994). 이 새로운 토양 · 경관 체계 모형의 경우, 지리정보 체계Geographic Information System: GIS 기술을 통해 다양한 공간 자료(예를 들면, 식생과 지질층)와 속성 자료(예를 들면, 토양 유기물 함량도, 토양 입자 크기 분포)를 통합할 수 있다. 지리정보 모형은 네 가지 정도의 기술 설명 작업에 관여한다. 첫째, 자연지리적 영역의 설명으로, 이 작업은 원격 탐사 자료와 함께 지질 · 기후 · 식생 등의 이용 가능한 자료들을 수집해 한 지역의 자연지리를 정의하고 기술하는 것이다. 둘째, 지형 측정적 설명으로, 디지털 지형 모형을 사용해 경관 지형 속성을 정립하는 것이다. 셋째, 토양층 기술에 대한 것으로, 야외 시료 작업에 의한 것이다. 넷째는 토양성 기술 작업으로, 세 번째 작업을 통해 얻어진 토양층의 속성에 대한 실험실 작업과 통계 분석 작업이다. 이 모형의 근간을 이루는 가설은 동일한 형태의 작용들이 토양과 지형적 패턴을 연계한다는 것이다. 만약 이 가설이 옳다면, 그리고 상당한 정도의 증거가 도출되었다면, 경관의 여러 구성 요소에서 지표 형태는 그 기반이 되는 자연 및 토양층의 배열과 강하게 상호 관련이 있음이 분명하다. 의미 있는 과제로는, 어느 지역에서 지형·토양층의 상호 관련성이 높은가를 밝히고, 그런 상호 관계를 이용해 경관을 통한 토양 패턴의 가능성을 인지하며, 토양·경관의 진화를 결정하는 작용과 발생 사례 파악을 통해 지형·토양의 상호 관련성을 기술하는 것이다(McSweeney et al., 1994). 그러나 일부 경관은 소규모 지역에서 매우 복잡한 지형·토양층 패턴을 가지고 있으므로 3차원 모형 기술에서 세밀한 처리가 요구된다. 소규모 요곡 지형이나 작은 웅덩이 등의 미세 지형 경관이 문제의 사례들이다. 이에 더해 다양한 기반암 또는 염분을 가진 지하수층의 작용이 토양에 많은 영향을 줄 경우 경관상의 지형·토양층 간의 상관관계를 해석하는 작업은 더 어려워진다.

토양·경관에 대한 연구 작업은 매우 정교해졌으며, 과학자들은 토양, 수문학, 식생, 생화학적 흐름에 관해 다양한 연구를 해왔다. 예를 들면, 미국 플로리다 주의 에버글레이즈 지역에서 이루어지고 있는 토양과 생태계에서의 생화학적 공간 패턴에 관한 연구 작업이 그러하다(Corstanje et al., 2006; Grunwald and Reddy, 2008).

토양생성 작용 PEDOGENESIS

토양생성 작용土壤生成作用, pedogenesis은 **토양**이 생성되는 작용으로, 토양 발달soil development, 토양 **진화**soil evolution, 토양형성soil formation이라고도 불린다. 19세기 말에 나온 토양형성 이론soil formation theory은 토양학pedology(토양에 대한 과학적 연구) 분야의 고전적 패러다임이 되었다. 토양생성 과정은 먼저 하방 이동 과정의 결과물로 전제하고, 다음으로 대략적으로 수평을 이루는 상호 관련된 두 개의 층리를 생성하는 과정으로 본다. 두 층리는 A층과 B층으로, 토양체를 이룬다. 용탈eluviation 작용을 통해 A층에서 용질과 미세 물질이 씻겨 토양 단면상의 하층인 B층에 집적된다. 용탈과 집적illuviation 작용이 계속되면 굵은 조직의 잔여물인 A층과 E층이 생성되며 점토질의 B층이 형성된다. 어떤 환경에서는 유기물이 집적되어 뚜렷하게 O층을 이루면서 A층의 최상위부 위에 위치한다. 한편 어떤 토양 작용은 토양 물질들을 섞어서 토양 층리를 파괴하기도 한다. 이에 따라 토양학자들은 토양형성 이론을 수정해 층리의 형성horizonation과 함께 층리의 파괴haploidization 효과를 포함했다(Hole, 1961).

러시아의 바실리 도쿠차예프Vasilii Dokuchaev, 미국의 유진 힐가드Eugene W. Hilgard 같은 토양학의 창시자들은 환경 요소, 특히 기후와 식생이 토양생성 작용의 특성을 결정짓는다는 것을 각각 독자적으로 제시했다. 온대 지역 초원 토양의 경우처럼 서로 다른 지역의 토양들이 같은 기후 조건 아래에서 형성되었다면 같은 종류가 된다는 것을 예의 주시한 것이다. 한스 제니(Jenny, 1941)는 이런 견해를 더욱 정교하게 다듬었는데, 토양생성 작용의 성격과 속도는 토양형성 인자, 즉 기후, 생물체, 지형 기복, 토양 모재, 시간 등의 조정에 의한 것이라고 주장했다. 이와 같은 토양생성에 관한 **기능·요인 접근법** functional-factorial approach은 수많은 환경과학 분야에 커다란 영향을 미쳤으며, 여전히 토양생성 작용의 지배적인 이론으로 자리 잡고 있다(Johnson and Hole, 1994 참조).

그러나 1990년대에 경쟁 관계의 개념인 동적 삭박 이론dynamic denudation theory이 출현했다(Johnson, 1993a, 1993b, 2002; Johnson et al., 2005; Paton et al., 1995). 이 이론은 암석 물질, **지형**, (생역학적biomechanical 토양 작용을 통한) 생물체 등을 토양생성 작용의 주요 결정 요인으로 보았다. 이 이론의 주된 가설은, A층은 생역학적 작용에 의해 생성된 생물막biomantle(Johnson, 1990)이며, B층은 암석 물질에 유사형태적 작용(풍화 작용, 용탈, 새로운 광물 형성 작용)이 가해진 후 생성되었다는 것이다. 이 가설은 A층과 B층 사이의 조직적 대비는 미세 물질의 용탈 작용과 집적 작용이 주된 원인이 아니라는 것을 의미한다. 토양생성에서의 생역학적 작용의 역할은 이미 지렁이에 관한 다윈(Darwin, 1881)의 논고에서 인지되었으며, 그 뒤 여러 연구에서도 밝혀졌다(Johnson, 1993b 참조). 근래에 들어서야 일부 과학자는 동물과 식물의 활동이 토양 진화의 주요인임을 재발견했다(Johnson, 1993b; Butler, 1995). 최근에는 토양 속에 사는 유기체들에 의한 혼합 작용이 풍화된 표토의 최상위 부분에서 발생한다는 점이 널리 받아들여지고 있다. 이러한 혼합 작용을 생물교란 작용bioturbation이라고 하는데, 이는 주로 동물의 활동에 의해 일어난다(동물 교란 작용faunal turbation). 토양의 경우 지렁이가 가장 효과적인 생물교란 요소이며, 그다음으로는 개미, 흰개미, 굴속에 숨는 작은 포유류, 설치류, 무척추동물 순서다. 생물교란 작용은 거의 모든 환경의 지표면 토양층에서 활발하게 일어나기 때문에, 그 작용을 받은 토양을 생물교란적 표토bioturbated mantle 또는 생물막이라고 한다. 어떤 생물교란 작용은 토양 그대로의 더미를 지표상에 만들기도 한다. 이런 소규모의 퇴적물 더미는 강수에 의한 흙

그림 33. 토양과 지형 진화 간의 상호작용: 동적 삭박 작용

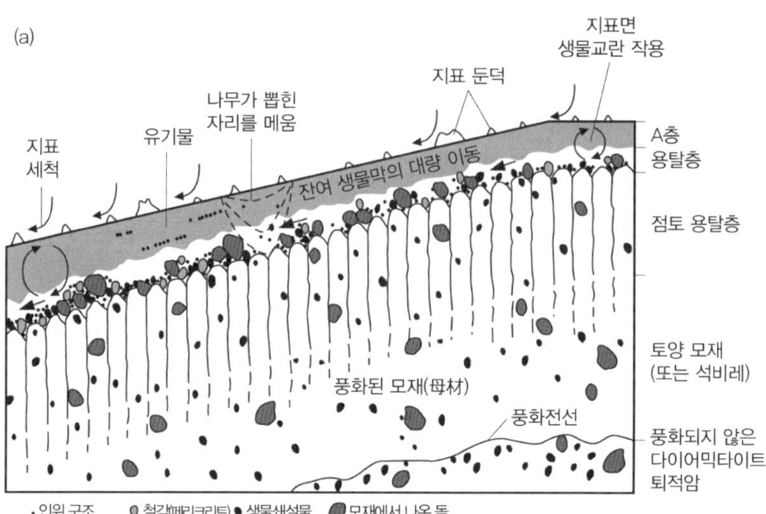

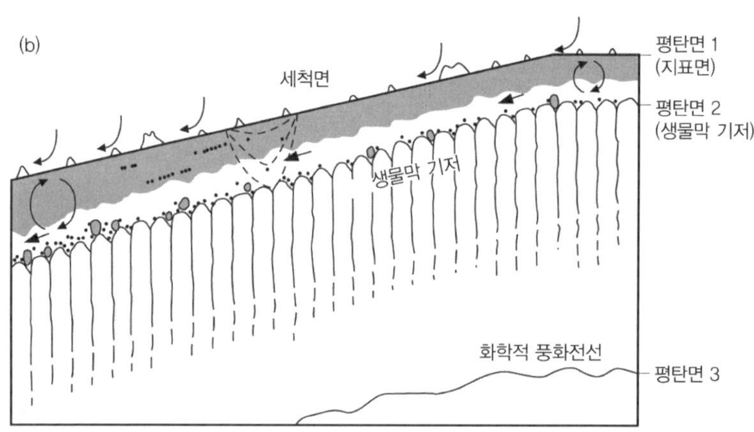

주: (a)는 암석질 퇴적물이 깔린 경관상의 동적 삭박 작용이고, (b)는 암석이 없는 퇴적암이 깔린 경관상의 동적 삭박 작용이다. (a)와 (b) 모두 세 개의 평탄면(平坦面, planation surface)이 존재한다. 첫째, 화학적 풍화 작용 또는 용해 전선이 시간의 경과에 따라 아래로 이동한다. 용해 작용에 의해 내보내진 물질은 지하수나 관통류(throughflow)에 따라 측방으로 운반된다. 둘째, 지배적인 세척 표면(지표면)이다. 동물과 식물에 의한 교란 작용이 활발하다. 강수와 바람은 미세 물질을 사면 아래로 운반하며, 가장 미세한 입자는 훨씬 멀리 이동한다. 셋째, 상층토(A층과 E층)와 하층토 간의 경계면이다. 이 경계면은 대부분 원위치에서의 모재 물질에서 생물막을 분리하는데, 주로 암석선(stone line) 또는 금속괴로 이루어져 있다. 용해 가능한 물질은 대부분 생물막 밖으로 씻겨 나와 사면 아래로 운반되는데, 이 경계면 바로 위의 관통 흐름에 의해 발생한다.

자료: Johnson(1993b).

튀김splash 작용과 씻김 등에 의해 쉽게 침식을 받는다. 지표면 물질에 대한 세척 작용이 누적된 결과로 생물막에서의 미세 물질에 대한 점진적인 선별 침식winnowing과 부수적 작용인 토양 조직의 조악화가 나타난다.

3차원 경관 분석을 통해 유사형태 작용과 생물교란 작용을 동시에 보여주는 토양생성에 관한 새로운 가설이 제시되었다(그림 33). 요약하면 유사형태 작용은 석비레saprolite(썩은 바위)를 생성하며, 석비레의 상부 및 미세한 조직 부문은 중소 크기의 동물에게 파헤쳐져 표토층(생물막)을 형성한다. 씻김 작용은 상층토를 더욱 미세하게 만들어 이들을 사면 아래로 더욱 잘 이동시킨다. 그 결과로 토양 단면이 역동적 생물막으로 구성되어 암석 층리 위에 위치하는데, 이 토양 단면은 하층토를 이루는 석비레에 놓인다. 상층토와 하층토 간의 대비는 종종 토성soil texture으로 표현되는데, 생물막은 주로 석영 잔유물로 구성되며, 약간의 기반암 특성을 보인다. 이런 대비는 토양 조직fabric에서 아주 드물게 볼 수 있다. 풍성 작용aeolian process은 세립 물질을 차별적으로 침식하며, 거칠지만 잘 분류된 상층토를 남기면서 조직적 대비를 진전시킨다. 잔여 물질residue은 이동 사구를 형성할 가능성이 있다. 그러므로 바람은 토양생성 작용의 최종 잔여 생산물인 석영 축적의 원인이 된다. 이는 현 시기의 아프리카 대륙과 오스트레일리아 대륙에서 뚜렷하게 나타난다. 과거에는 훨씬 더 일반적인 현상이었다.

▸ 더 읽어볼 자료: Schaetzl and Anderson(2005).

토지 악화 LAND DEGRADATION

토지 악화land degradation 현상은 복잡한 문제로, 농경지의 상당한 부분에 영향을 끼치고 있다. 악화의 결과는 바람과 물에 의한 토양 침식의 가속화, 토양 산성화, 염기성화, 염화, 토양 조직의 유실, 토양 유기물의 유실, 유기된 토양derelict soil(산업 시설이나 기타 개발에 의해 손상되거나 폐기된 토양) 등에서 확인된다. 악화의 영향은 하천·습지·호수까지 확장되는데, 하천·습지·호수가 악화된 토지로부터 퇴적물과 영양물, 오염 물질을 받아들이기 때문이다. 토지 악화의 원인으로는 삼림 벌채나 토지 개간 같은 나대지화, 서투른 농경 방식으로 인한 토양의 영양 소모, 방목, 도시적 토지 이용, 관개, 오염, 차량의 비포장도로 운행 등이 있다. 자연지리학자들은 토지 악화 및 개선에 대해 많은 연구를 해왔다.

▸ 더 읽어볼 자료: Barrow(1991), Bridges et al.(2001).

판구조론 PLATE TECTONICS

판구조론plate tectonics은 지구의 지각 변화에 대한 가장 지배적인 이론이다. 이 이론은 지질 구조, 화성 활동과 변성 활동, 퇴적상堆積相, sedimentary facies의 분포와 차이를 비교적 잘 설명하고 있다. 사실 이 이론 모형은 지구에서 장기간 일어나는 지구조적 **진화**tectonic **evolution**의 모든 측면을 설명하고자 한다. 판구조론은 해양판과 대륙판 두 가지의 지구조론적 '형태'로 구성된다.

해양판은 해저의 중간권中間圈, mesosphere, 약권弱圈, asthenosphere, 암석권岩石圈, lithosphere으로 구성된, 냉각과 재순환 체계의 한 부분이다(그림 34). 냉각의 주요한 기제는 섭입subduction이다. 새로운 해양 암석권은 중앙해령mid-oceanic ridge의 화산 분출 활동을 통해 생성된다. 새로 형성된 물질들은 해령에서 멀어지면서 이동한다. 이에 따라 해양 지각은 냉각되고 수축되며 두꺼워진다. 결국 해양 암석권은 아래의 맨틀보다 밀도가 높아져 내려앉는다. 이런 침하 현상은 섭입대에서 일어나며, 지진 및 화성 활동과 관련된다. 냉각된 해양 지각판은 중간권으로, 지표면 아래 약 670km 또는 더 깊은 곳까지도 침하할 수 있다. 실제로 섭입된 물질들은 집적되어 '암석권 묘지lithospheric graveyards'를 형성한다(Engebretson et al., 1992). 판들이 움직이는 이유는 확실히 알 수 없다. 몇 개의 추진 기제에 대한 가능성을 보자. 중앙해령에서의 현무암질 용암의 용승 작용이 주변의 지각판을 양쪽으로 밀어낸다. 또는 생성 장소에서 멀어지면서 낮은 곳으로 내려간다. 또한 판의 두께가 두꺼워짐에 따라 지각판이 중력 활동滑動, sliding에 의해 이동한다. 다른 가능성은 주요 추진 기제로 유력해 보이는 것으로, 섭입대에서 냉각되고 침하된 판들이 따

그림 34. 약권, 암석권, 중간권 간의 상호작용

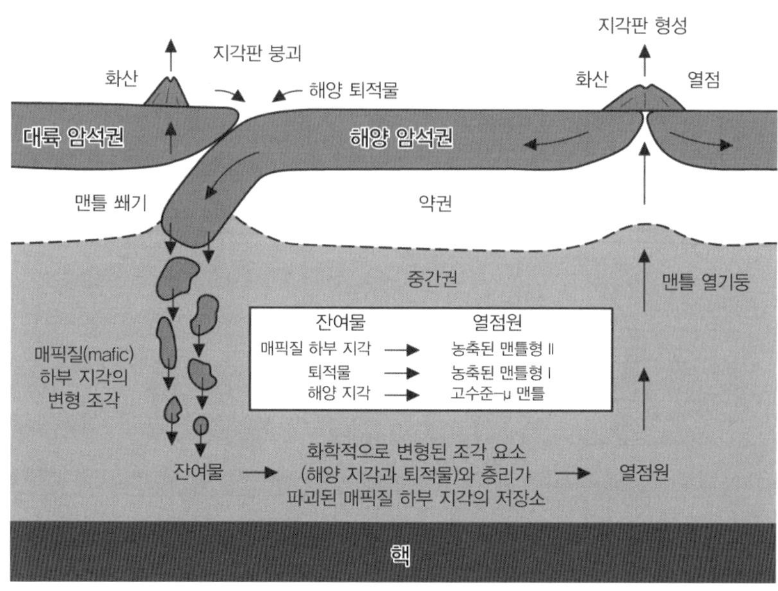

주: 해양 암석권은 건설적인 판경계 지대의 중간권(약권을 통해)에서 물질을 얻으며, 파괴적인 판경계 지대에서 중간권으로 물질을 잃는다. 섭입 작용은 판 물질(대륙과 해양 지각의 삭박 작용으로 유래된 해양 퇴적물), 맨틀 암석권, 맨틀 쐐기 물질을 맨틀 하층으로 공급한다. 이러한 물질들은 화학적 변형을 받으며, 맨틀 하층에 집적되다가 맨틀 열기둥이 이들을 지표면으로 나르면 새로운 해양 암석권을 형성하게 된다.
자료: Tatsumi(2005).

라오는 판의 나머지 부분을 끌어당긴다는 것이다. 이런 과정을 통해 중앙해령은 수동적 확장passive spreading을 이루며, 또한 섭입 지대에서 맨틀 깊이까지 가라앉는, 오래되고 무거운 암석권의 지구조적 인력에 의해 해양 암석권이 잡아당겨져서 가늘어진다. 이러한 현상들을 통해 길게 늘어진 섭입대에 붙은 지각판에서 해저면이 더욱 빠르게 확장되는 경향을 설명할 수 있다고 여기는 것이다. 이와 같은 세 가지 기제와 함께, 또는 새로운 제안으로 맨틀 **대류**mantle convection가 유력시된다. 하지만 현재 이 설명도 만족스럽지 못한 것은 확산 지점의 상당수가 맨틀 대류의 용승 지점에 위치하지 않기 때문이다. 만약 맨틀 대류설이 옳다면 중앙해령은 일관된 중력 이상의 패턴을 보여야 하며, 단열斷裂, fracture 현상(변환 단층變換斷層, transform fault)은 발생하지 않아야 한다. 그러나 대류 현상이 판 이동의 주요 추진력은 아니라 하더라도 이 현상은 현재도 계속되고 있다. 대류 세포의 깊이에 대해서는 이 세포가 약권에 제한되는가, 맨틀 상부 또는 맨틀 전체(맨틀 상부와 하부)에 국한되는가를 놓고 약간의 의견 차이가 있다. 맨틀 전체 대류설(Davies, 1999 참조)은 많은 지지를 얻어왔지만, 현재로서는 맨틀 전체 대류와 함께 좀 더 얕은 순환 현상도 동시에 작동하는 것으로 여겨진다.

대륙 암석권은 맨틀 대류 작용에 속하지 않는다. 대륙 암석권은 두께가 약 150km이며, 부력浮力이 있고 낮은 밀도를 가진 지각(조구권造構圈, tectosphere)과, 상대적으로 부력성을 가지는 맨틀 상부로 구성되어 있다. 그러므로 암석권은 하층의 약권 위를 떠다니게 된다. 대륙은 흩어지거나 다시 모이거나 하면서 맨틀 위에 떠 있는 것이다. 대륙은 맨틀의 측방 이동을 따라 이동하게 되며, 지구 표면을 통해 잘 미끄러진다. 대륙은 쪼개지면서 작은 조각들로 나뉘는데, 이런 대륙 조각들을 부착지terrane라고 한다. 이 조각들은 표류하면서 다른 대륙과 만나 섭입되지 않고 부착되거나 대륙이동과 함께 계속 떠다니기도 한다. 만약 대륙의 조각들이 인접하게 된 대륙과 다른 곳에서 왔다면 이 조각들은 외래外來 또는 혐의嫌疑 부착지라고 불린다. 북미 대륙의 서부 연안 지대는 대부분 이러한 외래 부착지들로 구성된 것이다. 대륙이동의 경우 대륙은 맨틀 열지대에서 표류해나가는 경향을 가지고 있으며, 상당수의 맨틀 열지대는 대륙에 의해 형성된 것이다. 정지된 대륙은 하층의 맨틀에 단열 작용을 가해 맨틀을 데운다. 이런 데우기 현상은 결국 대규모 대륙 분열을 가져와 몇 개의 작은 대륙들을 생성한다. 현재 대부분의 대륙은 맨틀의 냉각된 부분에 위치하고 있거나 이동해가고 있다. 이런 현상의 예외는 아프리카 대륙으로, 이 대륙은 판게아의 중심핵이었다. **대륙이동**은 대륙 덩어리 간 충돌을 일으키며, 섭입 지대를 따라 대륙 암석권이 해양 암석권 위를 올

그림 35. 2억 4,500만 년 동안 변화된 대륙의 배치도

2억 4,500만 년 전

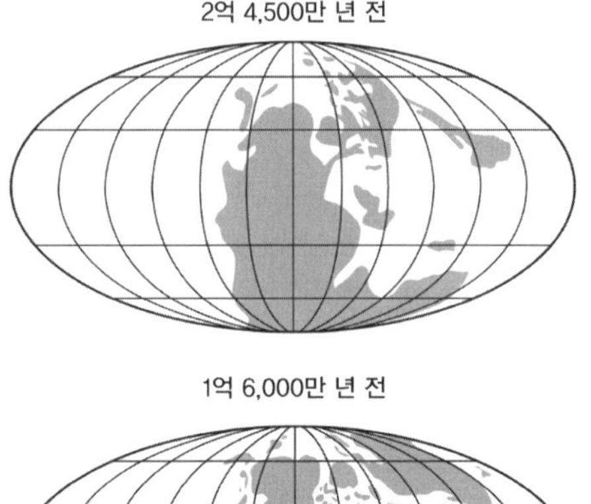

1억 6,000만 년 전

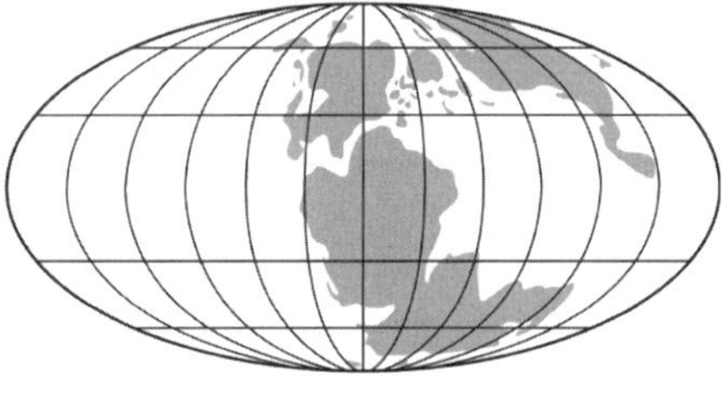

9,500만 년 전

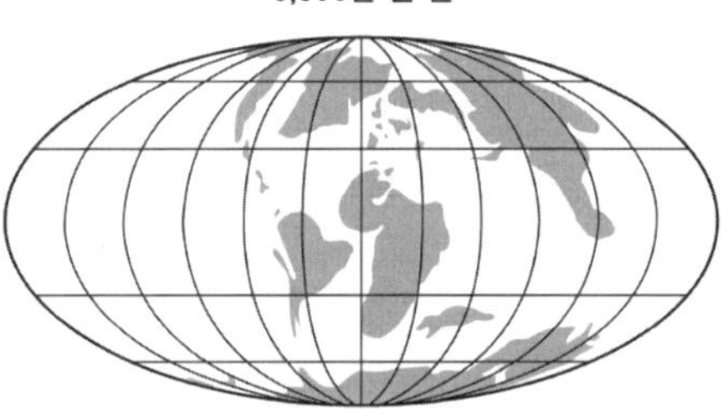

3,000만 년 전

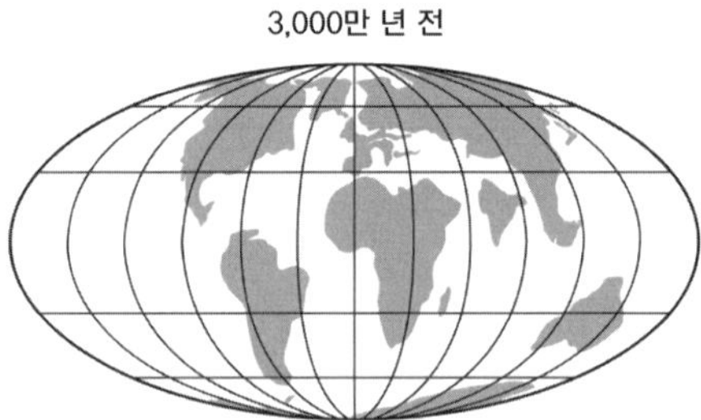

주: 트라이아스기 초기, 칼로비아 시기(Callovian age, 쥐라기 중엽), 세노마눔 시기(Cenomanian age, 백악기 말엽), 올리고세에 있었던 판게아의 분열을 보여주며, 모든 지도는 몰바이데(Mollweide) 정적도법을 사용했다.

자료: Smith et al.(1994).

라타게 만든다. 지질학자들은 현생영대顯生永代, Phanerozoic aeon 동안의 대륙의 상대적 이동에 대해서는 연구를 통해 높은 신뢰 수준의 이론을 정립해왔으나, 판게아 이전의 재구성 작업은 판게아 이후의 재구성 작업에 비해 신뢰도가 낮다. 그림 35는 판게아 대륙의 분산 과정을 보여준다.

▸ 더 읽어볼 자료: Johnson(2006), Oreskes(2003).

평형 EQUILIBRIUM

평형equilibrium은 '어느 정도 균형이 유지되는 조건'(Chorley and Kennedy, 1971: 348)이다. 이 개념은 자연지리학의 모든 분야에서 주역을 맡고 있는데, 이는 주로 시간에 따른 변화의 중요성 때문이다. 평형의 복잡성은 그 패턴의 다양성 때문이기도 하고, 체계의 모든 구성 요소가 동일한 시기에 균형 상태를 이룰 수 없기 때문이기도 하다.

그림 36은 여덟 가지 평형 조건(a~h)을 보여준다. 정적 평형static equilibrium은 어떤 물체가 어떤 힘을 받고 있지만 움직이지 않는 상태를 말하는데, 이는 힘들이 균형을 이루고 있기 때문이다. 사면에 의지해 남아 있는 거력들이 그러한 사례다. 열역학적 평형thermodynamic equilibrium은 열역학 제2법칙에 따라 최대 엔트로피로 나아가는 경향을 의미한다. 안정 평형stable equilibrium은 작은 교란들을 경험한 후에 처음의 안정된 상태로 회귀하려는 경향인데, 이는 포유류의 체온이 주변 환경의 온도에 맞추어 조절되는 것과 같다. 불안정 평형unstable equilibrium은 작은 교란이 **체계**의 이전 평형에서 멀어져 새로운 평형 상태로 옮겨가는 상태다. 이 평형은 자연 군집에서처럼 복수의 또는 대안적 안정 상태의 **체계**에서도 발생할 수 있다(Sutherland, 1974; Temperton et al., 2004). 준안정 평형metastable equilibrium은 체계가 **임계치threshold**를 넘어서 새로운 평형 상태로 들어가도록 유도하는 어떤 형태의 증분增分 변화에 의해 작동되는 안정된 평형을 의미한다. 예를 들면, 하천은 안정 상태에서 분리시키는 힘에 의한 변화에 적응한다. 물론 적응의 특성은 하천의 영역에 따라, 그리고 시기에 따라 달라진다. 미국 콜로라도 서부의 더글러스 하천은 '카우보이 시대'에 과도한 목축에 노출되어 있었는데, 1882년경 이후부터는

그림 36. 지형학의 평형 유형

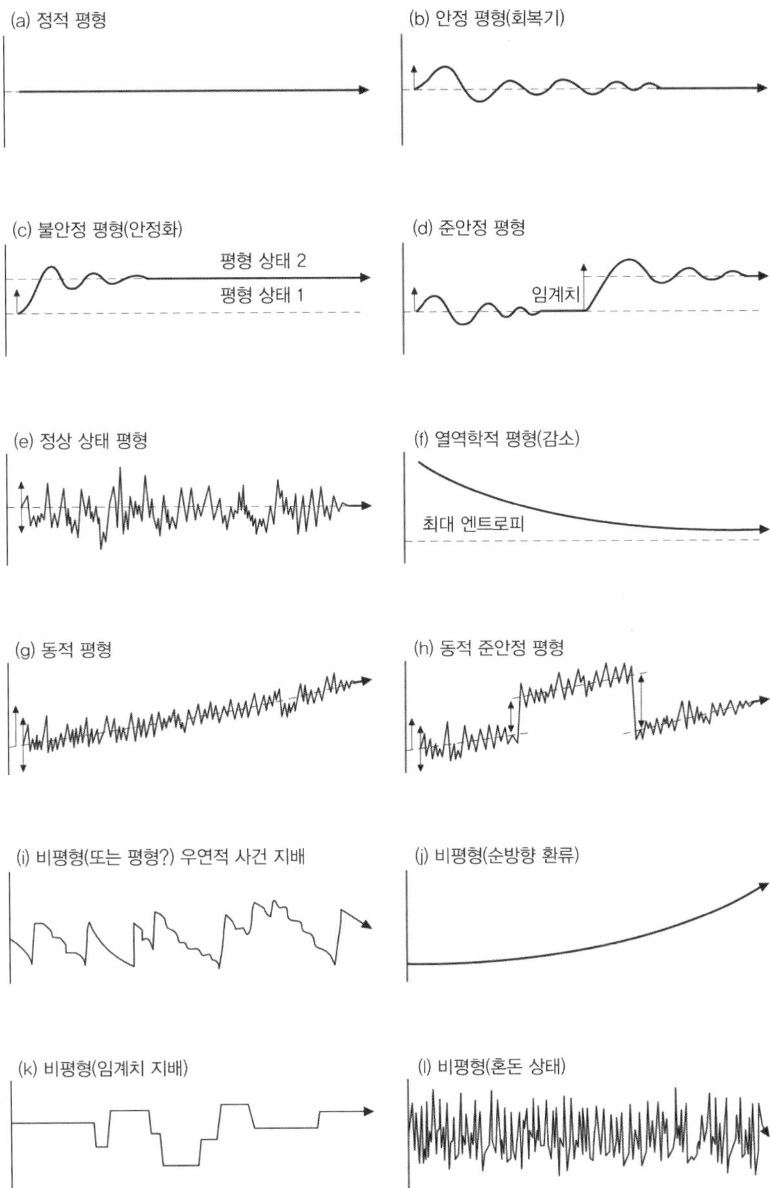

자료: Chorley and Kennedy(1971: 202), Renwick(1992).

하상까지 침식해 들어갔다(Womack and Schumm, 1977). 침식의 양식은 복잡한데, 불연속적 하방 침식 사건이 퇴적 단계에 의해 중단되어 침식·퇴적 연속 배열이 하천 단면들에서 다양하게 나타난다. 정상 상태 평형steady-state equilibrium은 수많은 소규모 변동이 평균적 안정 상태mean stable state 주위에서 나타날 때 발생한다. 정상 상태라는 용어는 자연지리학 분야에서 드물게 논의된 체계 개념 중 하나다. 모든 열린 체계는 결국에는 시간에 독립된 평형 상태(정상 상태)에 도달하게 되며, 최대 엔트로피와 최소 자유 **에너지** 속에서 체계와 그 구성 요소들은 변하지 않는다. 그런 정상 상태의 경우 체계는 전체적으로 남아 있거나 구성 요소 모두가 일정하게 남아 있지만, 물질 또는 에너지는 계속 이 체계를 통과한다. 대체로 정상 상태는 뒤집히지 않는다. 체계는 정상 상태에 도달하기 전에 과도기 상태transient state를 거친다(일종의 개시기start-up 또는 준비기warm-up). 예를 들면, 호수의 물은 정상을 유지하는데, 이는 물의 증가(하천수 유입과 강수)가 하천 유출, 지하수 침출, 증발을 통한 물의 감소와 균형을 이루기 때문이다. 만약 호수가 비워지거나 차오른다면 과도기 상태다. 동적 평형dynamic equilibrium에 대해서는 논란이 많다. 동적 준안정 평형dynamic metastable equilibrium은 동적 평형과 준안정 평형의 결합으로, 평균적 경향을 띠는, 소규모 변동상의 임계치를 넘어서는 대규모 급변이 끼어드는 것이다. 이러한 평형 유형 일부는 동적 준안정 평형에서처럼 평균 상태의 점진적 변화가 발생하는 실질적인 불평형disequilibrium의 형태들이다(Renwick, 1992). 그림 36은 네 가지 비평형non-equilibrium 유형(i~l)을 보여주며, 우연적 임계치 사건에 의해 한 상태에서 다른 상태로 기울어지는 체계에서부터 상태 변화의 완전한 혼돈 연속체까지의 다양한 모습을 보여준다.

동적 평형에 대해서는 더 많은 논의가 요구된다. 화학자들이 최초로 동적 평형이라는 표현을 사용했는데, 이는 고체에서의 용해 상실과 용해물에서의 침전 현상이 같은 속도로 유지되는 고체와 용해 물질 간의 평형 상태를 의미한다. 평형이라는 단어는 그런 균형 상태를 나타내며, 동적이라는 단어는 비록 평형 상태이지만 변화가 발생하고 있다는 개념이다. 달리 말하면, 상황은 정적 평형이 아닌 동적 평형인 것이다. 그로브 길버트Grove K. Gilbert(Gilbert, 1877)는 이 용어를 최초로 자연지리학적 배경에 적용한 학자다. 그는 모든 하천은 평형 상태graded condition로 나아가며, 흐르는 물의 순수 효과가 하상의 침식이나 퇴적 현상이 아닐 때 동적 평형 상태를 이루며, 이 경우 경관은 영력과 저항력 사이의 균형을 반영한 것으로 보았다. 동적 평형은 어떠한 지형에 적용되더라도 변화하는 상황에서의 균형 상태를 나타내게 된다. 그 예로, 사취spit는 변하지 않는 듯 보이지만 육지 쪽에서는 퇴적물을 공급받고 바다 쪽에서는 침식을 받는다. 존 해크John Hack(Hack, 1960)는 길버트의 개념을 발전시켜 경관은 정상 상태, 즉 지구조적 융기tectonic uplift에 의해 물질이 첨가되거나 지형형성 작용에 의해 물질이 제거되면서 지표면 형태가 변하지 않는 상태에 도달한다고 주장했다. 그는 침식 경관에서는 동적 평형이 지배적이기 때문에 모든 구릉의 사면과 하천 경사지는 서로 조정되며(Gilbert, 1877: 123~124; Hack, 1960: 81 참조), "형태와 작용은 균형이라는 정상 상태에 있고, 시간에 독립적이다"(Hack, 1960: 85)라고 주장했다. 하지만 실제로 이 동적 평형 개념은 의문스러우며(Ollier, 1968), 경관에 적용시키기는 더욱 어렵다. 결과적으로 지형학자들은 평형의 여러 유형을 발전시켰고, 그중 동적 준안정 평형이 비교적 유용한 것으로 받아들여진다. 또 다른 자연지리학자들에 따르면, 동적 평형은 "시간을 통해 반복되지 않는 상태의 궤적을 가지는, 항상 변화하는 체계의 조건에 대한 균형적 변동"을 의미하며(Chorley and Kennedy, 1971: 203), 이는 그 전의 앨프리드 로트카Alfred Lotka(Lotka, 1924)의 이동성 평형moving equilibrium 개념과 유사하다(Ollier, 1968, 1981: 302~304 참조). 현재로서는 자연지리학 분야에서의 동적 평형은 '정상 상태'와 같은 뜻이거나 체계가 평형을 이루고 있는 것으로 간주되지만, 실은 매우 느리게 변하는 상태와 유사하다. 따라서 평형은 평형 상태grade 또는 극상climax과 같은 개념으로 대체되고 있다. 이 개념의 문제는, 소규모의 물리적 현상에서부터 대규모의 자연지리 체계까지, 관찰된 변화가 배경의 이론적 추세와 분리되면서 적용에 어려움이 따른다는 것이다(Thorn and Welford, 1994). 모든 것을 고려해보면, 자연지리학자들은 동적 평형이라는 개념과 평형의 여러 다른 형태를 모두 버리고, 그 대신 비선형 역학nonlinear dynamics이라는 용어를 채택하는 것이 좋을 듯하다(**복잡성**complexity 참조).

▸ 더 읽어볼 자료: Bracken and Wainwright(2006).

피난지 REFUGIA

생물지리학 분야에서 피난지避難地, refugia(단수형은 refugium)는 한때 광범위하게 분포했던 동물과 식물의 개체군들이 고립되거나 잔존하는 장소들이다. 기후 변화, 또는 삼림 벌채, 과도한 수렵 활동 같은 인간 활동이 고립의 원인을 제공한다. 오늘날 피난종의 사례로는 산악 고릴라가 있는데, 이 종은 중앙아프리카의 특정 산지에 고립되어 있다. 또 오스트레일리아의 바다사자는 오스트레일리아 남부의 특정 해변 지역에서 번식을 유지하며 고립되어 있는데, 이는 인간의 과도한 수렵 활동 때문이다. 많은 경우 피난지에서의 고립은 일시적인 현상이지만, 피난지는 오랫동안 개체군으로 살아남은 많은 고유종에게 안식처를 제공한다.

피난지라는 개념은 지난 200만 년 동안의 지구 역사에서 약 5분의 4를 결정짓는 빙하기 이후의 온대 지역의 동물상과 식물상의 운명을 이해하는 데 도움을 준다. 불리한 환경을 견딜 수 있는 이 같은 피난지에서 생물종이 생존해왔다는 것이다. 이런 유리한 적소에 대한 정확한 입지 분석은 아직도 연구 중이다(Willis and Whittaker, 2000). 화분과 패류 분석을 병행한 목탄에 대한 현미경 분석 연구는, 적어도 7개의 수목종이 헝가리에서 탄소 동위원소 연대로 약 3만 2,500년 전과 1만 6,500년 전에 자랐음을 보여주었다(Willis et al., 2000). 그들은 한랭 기간 동안 유럽의 동식물들에게 적합한 환경의 피난지에서 생존해온 것이다. 사실상 온대 기후 종들을 위한 피난 지역은 유럽 대륙에서 현재의 **생물 다양성** 패턴에 큰 영향력을 행사해왔다. 예를 들면, 어치류, 고슴도치, 불곰, 서양생쥐, 혹쥐, 떡갈나무, 일반 너도밤나무, 검은 오리나무, 유럽 은빛 전나무 등 현재 개체군 내에서의 유전적 변이의 특이한 패턴은 스페인, 이탈리아 남부, 발칸 지역에서의 한랭 기간의 피난지 고립 현상과 연관된다(Willis and Whittaker, 2000). 요컨대 이런 종들의 한랭 기간의 피난지 고립 현상은 현생의 생물 다양성에 영향을 미쳤다(**분단분포** 참조).

열대 지역의 경우 아마존 분지의 피난지, 즉 사바나 저지대에 둘러싸인 열대우림의 격리된 소지역은 새로운 종을 생성하는 '종 펌프species pump' 기능을 해왔던 것으로 보이는데, 이런 모형은 여러 열대 지역에서 고유종들의 수가 대단위인 것에 대해 설명해준다. 위르겐 하퍼Jürgen Haffer(Haffer, 1969)는 최초로 이런 가설을 제안했는데, 아마존 하천 유역의 조류 개체군들의 높은 종의 다양성을 설명하기 위한 것이었다. 그는 후기 플라이스토세 동안 더욱 건조한 환경으로 바뀐 기후 변화가 열대우림의 분리된 조각patch 지역을 만들어 조류 개체군들이 생존할 수 있었다고 주장했다. 시간의 흐름에 따라 이소성 **종 분화**allopatric **speciation**가 이들 파편 지역 안에서 발생해 자매종sister species을 출현시켰다. 플라이스토세가 끝날 무렵 좀 더 습윤한 기후가 되돌아와 삼림은 확장되었고 격리되었던 피난지들은 다시 연결되었다.

피난지 가설은 중위도 지역의 종 다양성 패턴을 설명하는 데에는 점차 호응을 얻는 반면, 열대 지역의 종 다양성을 설명하는 데에는 지지를 잃고 있다. 화분에 의한 증거는 저지대의 열대 삼림이 사바나에 의해 광범위하게 교체되지 않았다는 것을 나타내주며, 삼림이 아마존 분지 저지대의 대부분을 차지하며 지속되었다는 것을 보여준다(Colinvaux et al., 1996). 간빙기에 발생한 100m 정도의 해수면 상승 현상은 아마존 지역에서 고유종들이 공간 패턴을 형성한 원인이었을 것이다(Nores, 1999). 이런 강도의 해수면 상승은 이 지역을 두 개의 거대한 섬과 몇 개의 작은 군도群島로 분리했고, 이 도서 지역의 개체군들은 간빙기에 고립되어 이소성 종 분화를 촉진했다는 것이다.

▸ 더 읽어볼 자료: Weiss and Ferrand(2007).

피드백 FEEDBACK

순방향 피드백positive feedback과 역방향 피드백negative feedback이라는 용어는 노버트 위너Norbert Wiener(Wiener, 1948)의 인공두뇌학에 관한 저서에서 넓은 적용 범위의 가능성이 인지되었으며, 자연지리학 분야에서도 흔히 사용되는 체계 역동성system dynamics에 대한 개념으로서 매력적이고 효율적이다. 역방향 피드백은 한 체계의 변화가 일련의 변화를 작동시켜 결과적으로는 초기 변화의 영향을 없애는 것으로, 체계를 안정화시킨다. **유역분지** 체계의 예를 보면, 하도 침식이 증가하면서 곡측 사면을 가파르게 하고 사면 침식을 가속화함으로써 하천 바닥의 하중荷重을 증가시켜 결국 하도 침식을 감소시킨다(그림 37). 하도 침식의 감소는 일련의 사건을 촉진하면서 체계를 안정시키고 초기 변화의 결과를 상쇄한다. **개체군** 생물학의 경우, 먹이 개체군 수의 증가는 포식자 개체군의 크기를 키우는 경향이 있으며, 증가된 포식자 수는 먹이 개체군을 줄인다. 정적 피드백은 초기의 체계 변화가 진행되면서 체계가 불안정해질 때 발생한다. 한 예로, 침식 사면상에서 침식에 의해 수분 침투력이 감소되면 지표류의 양이 증가하고, 이것은 사면 침식을 가속화시킨다(그림 37).

대부분의 환경 **체계**environmental **system**에서 순방향이든 역방향이든 일련의 체계 피드백 관계는 체계의 변화를 의미한다. 체계 전체적으로는 정상 상태를 보여줌으로써 역방향 피드백의 우세를 암시하기도 하며, 체계가 성장하거나 감소함으로써 순방향 피드백이 지배하고 있다는 것을 보여주기도 한다. 역방향 피드백 관계를 안정된 체계와 연관시키거나 순방향 피드백을 안정된 상태에서 멀어지는 체계와 무조건 연관시키는 것은 위험하다. 의심의

그림 37. 지형 체계에서의 피드백 관계

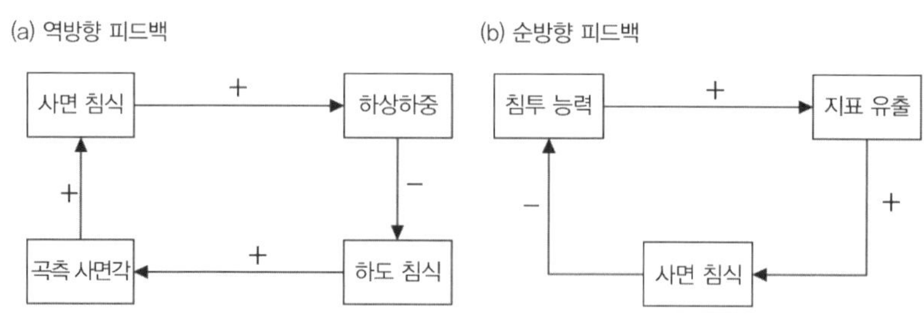

(a) 계곡 – 측사면 – 하천 체계 간의 역방향 피드백
(b) 침식 사면 체계의 순방향 피드백
자료: Huggett(2007a).

여지없이 모든 순방향 피드백을 악순환vicious circle이라는 개념과 동등하게 취급하는 것은 잘못이다. 침식 사면에 대한 순방향 피드백의 사례는 악순환적으로 불안정해진 체계로 계속 변화해간다는 것을 인정한다. 그러나 생물학과 생태학의 경우, 순방향 피드백은 모든 성장 과정에서 근본적인 작용이며 선순환virtuous circle을 창출한다.

역방향 피드백과 순방향 피드백은 가치가 높은 개념이다. 그러나 **복잡성complexity**의 개념 속에 내재된 체계 역동성system dynamics과 안정도stability에 대한 새로운 관점이 이 두 개의 피드백 개념을 어느 정도 보충해왔다.

항상성 HOMEOSTASIS / 항류성 HOMEORHESIS

항상성homeostasis과 항류성homeorhesis이라는 용어는 생물학에서 유래되었다(Waddington, 1957 참조). 항상성은 일단의 체계 안정화 관계이며, 역방향 **피드백**negative feedback이 그 특징이다. 항류성은 한 무리의 체계 안정화 관계이며, 순방향 피드백positive feedback 기능이 특징이다. 항상성은 한 체계가 존재하는 동안 그 체계를 정상 상태로 유지·보존하려고 작동하는 모든 관계를 포함한다. 항류성은 정상 상태가 아닌 개별 개체를 위해 상대적으로 고정된 궤도를 따르는 흐름의 경과를 보존하려고 작동하는 모든 관계를 말하며, 이는 성장이나 발달 과정에서 일반적인 현상이다. 항상성 변화는 체계의 패턴이 보존되는 정적 형태의 변화다morphostatic. 항류성 변화는 체계의 패턴이 바뀌면서 대개 더 이질적으로 복잡하게 변하는 역동적 형태의 변화다morphodynamic. 예를 들면, 한 유기체의 성장으로 이어지는 일련의 과정으로 알에서 성체로의 성장은 항상성과 더불어 작동하며 개체를 정상 상태로 유지시킨다. 정반대의 양면성을 가지는 항상성과 항류성 체계는 역설적이지만 상보적인 제어 방식으로, 체계가 환경의 변화와 도전에 적응할 수 있도록 한다.

해면 변동 EUSTASY

해면 변동eustasy이라는 용어는 동일하게 일어나는 전 세계적 **해수면 변화** sea-level change를 의미한다. 해양에 물이 더해지거나 물이 빼앗기는 현상(빙하성 해면 변동glacio-eustatic change)과 해양분지 체적의 변화(지구조적 해면 변동tectono-eustatic change)가 해면 변동을 주도한다(표 9). 여기에 더해 바닷물의 온도 변화나 밀도 변화와 연관된 바닷물 원자의 열적 팽창 변화steric change도 전 지구적 해수면 변동에 영향을 미친다. 금세기의 예측된 해수면 상승량은 이로 인한 바닷물의 열적 팽창에서 비롯된 것이다.

기후 변화는 빙하성 해면 변동의 주요 동인이다. 전 지구적으로 강수와 하천수 유입에 따른 증가는 증발에 따른 손실과 균형을 이룬다. 또 초생수에서의 획득과 유류수로의 손실이 균형을 이룬다. 그러나 기후 체계가 빙고冰庫, icehouse 상태로 전환하면 빙상과 빙하는 세계 수분량의 상당한 부분을 가둔다. 해수면은 빙하기에는 하강하고 간빙기에는 상승한다. 얼음으로의 변환 외의 다른 요인으로 인한 바다에 대한 물의 공급과 추출은 바닷물 부피에서의 소규모 변화를 가져온다.

지질적 작용은 지구조적 해면 변동을 가져온다. 물의 순환water cycle이 정상 상태라 하더라도, 즉 강수에 따른 증가와 증발에 따른 손실이 균형을 이룬다 하더라도 해분ocean basin 부피의 변화에 의해 해수면은 변한다. 해분의 부피 증가는 해수면의 하강을 가져오고, 해분의 부피 감소는 해수면의 상승을 일으킨다. 해저 퇴적, 중앙해령의 성장, 지구의 팽창은 (만일 일어난다면) 해분 부피의 감소를 유발하며, 중앙해령 형성의 비율 감소 또는 중지는 해분 부피의 증가를 가져온다.

표 9. 해면 변동의 원인

변화의 중심	변화 유형	추정 변화량	원인 작용
해양분지의 부피	지구조적 해면 변동	50~250m	조산 운동, 중앙해령 성장, 판구조 운동, 해저 침강, 여러 지구 운동
해양수의 부피	빙하성 해면 변동	100~200m	기후 변화
	수문적 해면 변동	소규모	액체상의 변화, 수권 저장(퇴적물, 호수, 구름 속의 수분), 초생수의 첨가, 유류수의 손실
해양 질량 분포와 해수면 '지형'	지오이드 해면 변동	18m까지	조수
		수 미터	황도 경사
		1,000분의 1초의 자전마다 1m	자전 속도
		5m까지	자전 차이
		2m(홀로세 동안)	지오이드 기복 변형
	기후 해면 변동	주요 해류에 대해서 5m까지	단기간 기상 변화, 수문 변화, 해양 변화

자료: Mörner(1987, 1994).

지오이드geoid 해면 변동은 지구 등위면equipotential surface 또는 지오이드의 변화에 의해 발생한다. 해양 지오이드의 기복(지오이드 해면geodetic sea level)은 상당한 규모다. 뉴기니의 지오이드 고지와 몰디브의 지오이드 함몰지는 경도상으로 불과 50~60° 떨어져 있지만 180m에 달하는 해수면 차이가 존재한다. 육지 아래에 있는 지오이드 역시 그러하다. 지오이드 배열 상태는 지구 중력과 자전 퍼텐셜potential의 상호작용에 의한 것이다. 지오이드 기복의 변화는 때때로 급속하게 일어나면서 빠른 해수면 변화를 유도한다.

작은 시간 규모에서 보면, 기상·수문·해양에서의 국지적 변화들은 상대적으로 소규모의 해수면 변동을 가져오며, 대형 해류에 의한 경우에는 5m까지 변동을 가져온다. 기상적·수문적 변화에 의한 해면 변동은 대형 해류의 절반 이하다.

▸ **더 읽어볼 자료: Dott(1992).**

해수면 변화 SEA-LEVEL CHANGE

해수면sea-level이 해양의 부피와 질량 분포의 변화에 따라 오랫동안 변하지 않는 것은 드문 일이다. 해양의 부피 변화에는 해수면 변화eustatic 또는 원자 입체 변화에 의한 열적 팽창steric 변화가 있다. 해수면 변화는 해양에서의 해수 증가 또는 감소(빙하성 해수면 변동)와 해양분지의 부피 변화(지구조적 해수면 변동)에서 기원한다. **지구조 운동**tectonics은 해수면을 궁극적으로 조정한다. 지구조적 **해수면 변동**tectono-**eustasy**의 경우 조정이 직접적이고, 빙하성 해수면 변동glacio-eustasy의 경우 조정이 간접적인데, 지구조 운동은 (다른 요인들과 함께) 기후를 변경하며 기후는 해수면을 변동시키기 때문이다. 열적 평창 해수면 변화steric change는 해수의 온도 또는 밀도 변화에서 기원한다. 현 세기의 해수면 상승에 대한 예측은 상당 부분 해수의 열적 팽창에 기인하는 것이며, 해수면 상승률은 1,000m당 약 20cm/℃다.

해수면은 모든 시간적 규모에서 변동한다. 중간 규모 또는 장기간 규모 시기의 변화는 퇴적암층에 기록되며 탄성파 층서 기법에 의해 밝혀지고 있다(Coe et al., 2003 참조). 퇴적암층은 현생영대顯生永代, Phanerozoic aeon 기간에 6개의 층서적 위계를 가진 주기적 해수면의 변화를 보이는데, 각각의 주기는 독특한 특징을 가지고 있다. 첫 번째 위계 또는 두 번째 위계 주기에서 기인한 해수면 변화는 250m까지다. 이런 최장 기간의 해수면 변화는 제4기 해수면 변화와 함께 현 세기의 해수면 변화를 예측하는 데 유용하다.

제4기 동안 해수면은 때때로 현 해수면보다 높았거나 어떤 때에는 낮았다. 해수의 고위면과 저위면은 경관상에 증거를 남겼는데, 해안 단구 지형은 고위면을 기록하고 있으며 침수된 경관은 저위면을 나타낸다. 빙하성 해수면의 변동 기제는 물이 얼음 속에 붙잡히는 빙하 환경 상태가 간빙기 환경 상태와 번갈아 일어남을 보여준다. 좀 더 구체적으로 보면, 융기된 해안선의 다양한 유형 — 잔류된 해안 퇴적물, 해양성 조개 껍질층, 고산호초, 단애 배후 사면을 가진 파식대 등 — 의 지형 증거들이 고위 해수면을 나타낸다. 과거 빙하 지역이 있던 주변 해안가에서는 고전적 사례가 나타났는데, 스코틀랜드, 스칸디나비아, 북미와 같은 빙하 지대가 있던 지역이 그러한 예다. 한 예는 남웨일스 가워 반도상의 융기된 삿갓조개Patella 해변이다(Bowen, 1973). 이곳에는 자갈 퇴적층이 지난 빙하의 진전과 관련된 빙력토冰礫土, till층과 주빙하성 퇴적층 아래에 존재한다. 이 역은 충분히 교결되어 있고, 암석 침식대상에 입지하며, 현 해변에서 3~5m 이상 떨어진 곳에 위치하고 있다. 이는 아마도 약 12만 년 전에 형성된 것으로, 지난 최후 간빙기 때이자 해수면이 현재보다 5m 높았을 때다. 현 해수면 위의 고산호초 또한 과거의 고위 해수면을 나타낸다. 에니위톡 산호초 지역, 플로리다 키스 지역, 바하마에는 일련의 고산호초들이 3번의 간빙기 고위 해수면과 대응하는데, 12만 년 전, 8만 년 전, 그리고 현재의 해수면이다(Broecker, 1965). 유사한 패턴으로 바베이도스의 세 단의 산호초 단구는 12만 5,000년 전, 10만 5,000년 전, 8만 2,000년 전에 발생했던 간빙기 시기와 일치한다(Broecker et al., 1968). 침수된 해안 지형들은 제4기 동안 낮아진 수준의 해수면을 기록하고 있다. 지형의 예는 침수된 하구(리아스식rias), 침수된 해안사구, 파식와波蝕窪, notch와 파식붕波蝕棚, bench이 끼어든 해저 사면 지형, 현재의 해수면 아래에 존재하는 삼림의 잔해 또는 토탄층土炭層 능이다. 당시에는 해수면의 저하가 매우 컸다. 리스 빙기Riss glaciation에 해수면은 137~159m까지 낮아졌으며, 지난 최후 빙기(뷔름 빙기Würm glaciation)에는 105~123m는 족히 낮아졌을 것이다. 지난 빙기 동안 100m 낮아진 해수면은 인접한 육지와 몇몇 섬을 연결하기에 충분했다. 유럽 대륙과 연결된 영국 섬, 영국에 연결된 아일랜드, 오스트레일리아와 연결

그림 38. 유럽 북서부 지역의 플랑드르 해진

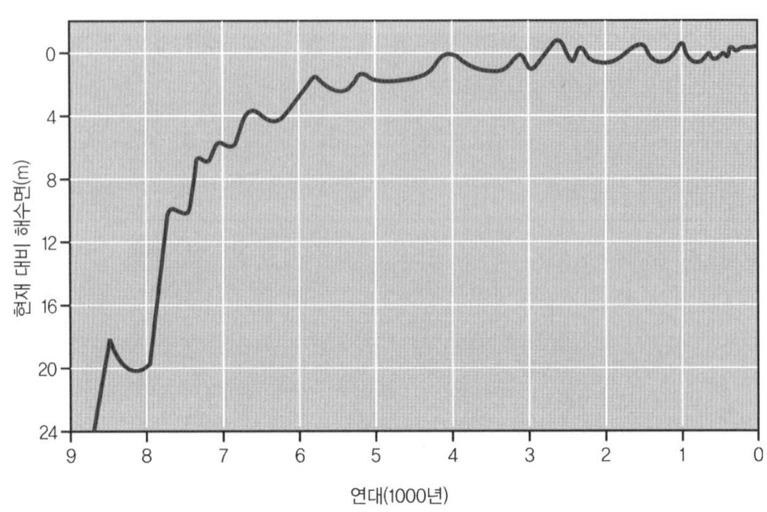

주: 9,000년 전과 7,000년 전 사이의 빠른 상승 현상에 주의하자. 해안 상승 높이는 약 20m이며, 한 세기당 평균 상승률은 1m다.
자료: Mörner(1980).

된 뉴기니, 중국과 연결된 일본 열도가 그러한 예다. 그리고 낮아진 해수면은 홍해와 페르시아 만의 바닥을 건조한 육지로 만들었다.

해수면은 약 1만 2,000년 전부터 얼음이 녹기 시작하면서 상승했다. 이런 해수면의 가파른 상승 현상이 현세 또는 플랑드르 해진海進, Flandrian transgression이다. 처음의 해진 속도는 약 7,000년 전까지 빨랐으나 그 뒤로는 안정되었다(그림 38). 계단상 지형의 형태는, 빠른 속도의 해진 현상이 휴지기에도 있었고, 심지어 작은 규모의 해퇴海退, regression 현상까지 전반적인 해수면 상승 시기에 있었음을 보여준다. 해진 기간에는 바다의 육지로의 확산이 빨랐다. 페르시아 만 지역의 경우 매년 100~120m 전진했으며, 영국의 데번과 콘월 지역의 경우 매년 8m 정도씩 해안선이 후퇴한 것으로 밝혀졌다.

지구 온난화global warming에 따른 현재의 해수면 상승 현상은 많은 연구들에서 중심 주제가 되고 있는데, 이런 연구에는 다양한 해양 지역에서의 상승

정도에 대한 것은 물론이고 해안 지역의 인구, **생태계**, 지형에 끼치는 영향 등이 있다. 현재의 지구적 평균 상승 속도는 비정상적으로 빨라 약 3mm/년이며, 빙하와 빙모冰帽, ice cap의 융해와 해수의 열적 팽창 때문에 해수면 상승은 지속될 것이다(아마도 조금 느린 1.8mm/년 정도). 이 같은 상승 현상에는 지역적 차이가 있으며, 최선의 예측 모형에서도 수백 년은 지속될 것으로 보인다.

▸ 더 읽어볼 자료: Douglas et al.(2001).

해양 대순환 GENERAL CIRCULATION OF THE OCEANS

해양수는 대기의 바람처럼 순환한다. 그 대부분은 해류ocean current다. 지구 표면의 탁월풍은 해양 상부의 거의 모든 해류 이동의 원동력이다. 해수면 순환의 주요 형태는 회전gyre 세트다(그림 39a). 이들은 서서히 이동하는 소용돌이로, 북반구와 남반구의 해양에서 발생한다. 해류는 북반구에서는 시계 방향으로, 남반구에서는 시계 반대 방향으로 선회하는데, 이는 해류가 아열대 고기압 세포 주위의 대기 흐름에 끌려가기 때문이다. 대규모의 회전 또는 극해류circumpolar current는 남극 대륙 주위를 따라 이동한다. 적도 근처의 해류는 서쪽으로 흐른다. 육지로 근접하면서 이 해류는 북과 남으로 각각 방향을 바꾸어 난류를 형성하며 해안을 따라 평행하게 흐른다. 태평양의 경우 해수 일부는 적도반류counter-current의 형태로 대체로 적도를 따라 동쪽으로 되돌아간다. 중위도 지역의 경우 난류는 서풍에 의해 동쪽으로 흐르게 된다. 이 해류는 해양을 건너 이동해 대륙의 서쪽 가장자리에 도달해서 겨울철 이 지역을 비교적 온난하게 유지시켜준다. 그런 이후 이 해류는 북극 순환 또는 남극 순환으로 합류하거나 다시 한류의 형태로 열대 지역으로 되돌아간다. 이 한류는 대륙 주변부에서 차가운 해수의 용승 작용과 종종 관련되는데, 페루와 칠레 해안을 흐르는 훔볼트 해류Humboldt Current가 그러한 사례다. 열대 지역 해수에서의 한류의 출현, 온대 지역과 냉대 지역 해수에서의 난류의 출현은 지역 기후에 영향을 끼치며, 심지어 지구 기후에도 영향을 미친다. 북대서양 난류North Atlantic Drift는 영국제도와 북서 유럽 지역의 겨울철 기온을 누그러뜨린다. 에콰도르, 페루, 칠레의 서안을 흐르는 훔볼트 한류는 기온을 낮추고 이들 국가, 특히 칠레의 기상 **건조도**aridity를 증가시킨다. 이 해류의

그림 39. 해류

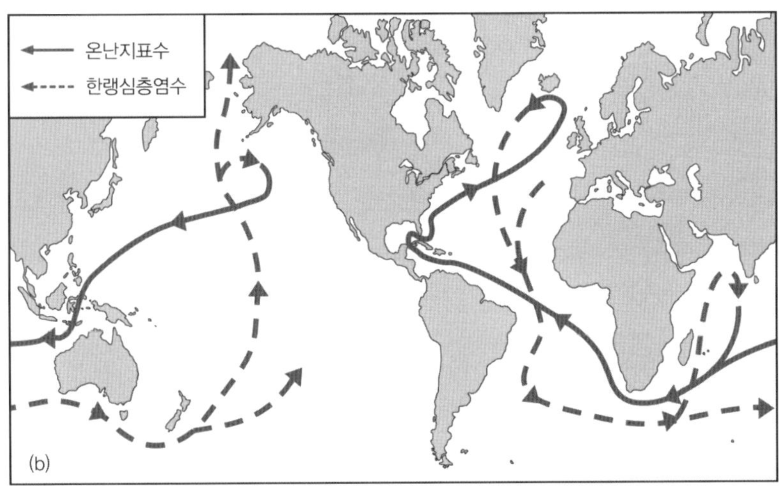

(a) 전 지구적 해양지표류
(b) 해양 간의 주요 심층해수와 지표해류

온도는 주기적으로 ENSO(엘니뇨 · 남방진동)의 방식으로 온난해지며, 전 세계의 기후에 영향을 줄 수 있다(**원격상관** 참조).

해양심층수 순환은 해양지표수의 순환과 약간 차이가 난다(그림 39b). 해양 심층 지역의 경우, 짙은 염류가 줄기처럼 전 세계의 해양분지를 흐른다(Broecker and Denton, 1990). 이 심층수는 북대서양에서 시작하는데, 이곳은 북향 이동 중인 온난하고 강염인 해수가 차가운 북극 대기와 증발 작용에 의해 차가워지는 것이다. 이런 현상 때문에 이미 상대적으로 고밀도인 해수가 해양 바닥으로 내려앉게 되는 것이며 북대서양과 남대서양을 관통하면서 남쪽 지역으로 흐르게 된다. 이 해류는 남극 대륙의 한랭 해수보다 따뜻하고 저밀도이기에 수면으로 오르게 되며, 남극 대륙에서 다시 냉각되어 해양 심층부로 하강하게 된다. 이 해류는 남아프리카와 남극 사이의 해역에서 동쪽 방향으로 흐르게 된다. 한 지류는 인도양으로 이동하며, 또 다른 지류는 동쪽으로 계속 흐르다가 오스트레일리아와 뉴질랜드를 통과해 태평양으로 북향 이동한다. 인도양과 태평양의 경우 한랭 심층해수의 북향 이동은 회전 형태의 해양지표수의 남향 이동에 의해 보충된다. 대서양의 따뜻한 지표해수의 역류는 속도가 빠르고 차가운 심층해수의 강력한 남방 이동류에 의해 만회된다. 이런 '전 지구적 연결 벨트global conveyor'가 붕괴되면 갑작스럽고도 혹독한 기후 변화가 일어날 수 있다(Broecker, 1995; Rahmstorf, 2003; Lenton et al., 2008).

환경 ENVIRONMENT

'환경environment'이라는 개념은 강력한 영향을 가지고 있으나 여전히 그 개념을 명확하게 확립하기 어렵다. 좁은 의미에서 어떤 체계의 환경은 그 체계 영역ambit 외곽을 말한다. 지구의 환경은 태양계와 우주이며, 식물 군집과 동물 군집의 환경은 그들이 살고 있는 기층substrate과 공기다. 더 넓은 의미에서 환경은 생물체의 생활에 영향을 미치는 다양한 생물적·물리적 요소의 총합이다. 사실 다양한 지리적 규모에서 발생하는 다수의 환경은 일반적으로 그 특성(수생 환경, 해양 환경, 육상 환경 등)에 따라 그룹으로 묶을 수 있다. 자연환경natural environment이라는 용어는, 오스트레일리아의 자연환경에서처럼, 지구 전체 또는 그 일부에서 나타나는 모든 생물과 무생물을 아우른다. 이는 취락이나 도시와 같이 인간이 만들고 지배하는 구조물 환경built environment이나 인문 환경human environment 같은 용어들과 대비된다. 야생wilderness은 남극과 같이 인간의 간섭이 전혀 또는 거의 없는 지역을 일컫는다.

▸ **더 읽어볼 자료:** Head(2007).

환경 변화 ENVIRONMENTAL CHANGE

환경 변화environmental change는 강력한 영향력을 가진 개념이다. 이는 광대한 범위의 다학문적인 연구의 주제이며, 수많은 저술과 논문의 대상이다. 그러나 놀랍게도 환경 변화라는 사실fact 자체를 정립하기란 그리 쉬운 일이 아니다. 문제는 환경 요인들의 자연적 변동에 있다. 기온을 예로 들어보자. 기온은 매일, 매월, 매 계절, 매년, 그리고 더 긴 기간 변동하며, 따라서 지속적인 기온 변화를 측정하기 위해서는 일, 월, 계절, 년, 그리고 더 장기간에 대한 기온 평균치와 같은 척도가 요구된다. 예를 들어, 연평균 기온 비교는 어떤 해의 연평균 기온이 전년도보다 더 높다는 것을 나타낸다. 여기서 평균치를 어떤 종류의 표준으로 다루는 데에는 위험성이 있다. 예를 들면, 30년 이상의 모든 대기 변이에 대한 평균치는 '기후적 정상치climatic normal'라는 잘못된 정의를 내리기도 한다. 그러나 기후적 정상 자체가 변하는 것이다. 기후는 항상 변하며 한 세대의 기후적 정상이 다른 세대에서는 극단이 되기도 한다. 이러한 논의의 취지는 모든 환경 요인에 적용된다. 즉, 변화가 정상이고, 불변은 예외인 것이다.

환경 변수는 세 가지 기본적인 변화 유형, 즉 불연속discontinuity, 추세trend, 변동fluctuation을 보여준다(그림 40). 불연속은 평균치에서의 급격하면서도 영구적인 변화를 의미한다. 추세는 평균치상에서 선형적일 필요가 없는 부드러운 증가나 감소를 의미한다. 변동은 최소한 2개의 최대치(또는 최소치)와 하나의 최소치(또는 최대치)로 특징지을 수 있는 규칙적이거나 불규칙적인 변화를 의미한다. 변동에는 몇 가지 종류가 있다. 진동oscillation은 최대치와 최소치 사이에서의 완만하면서도 점진적인 진행을 말한다. 주기성은 대략

그림 40. 환경 변화의 주요 유형

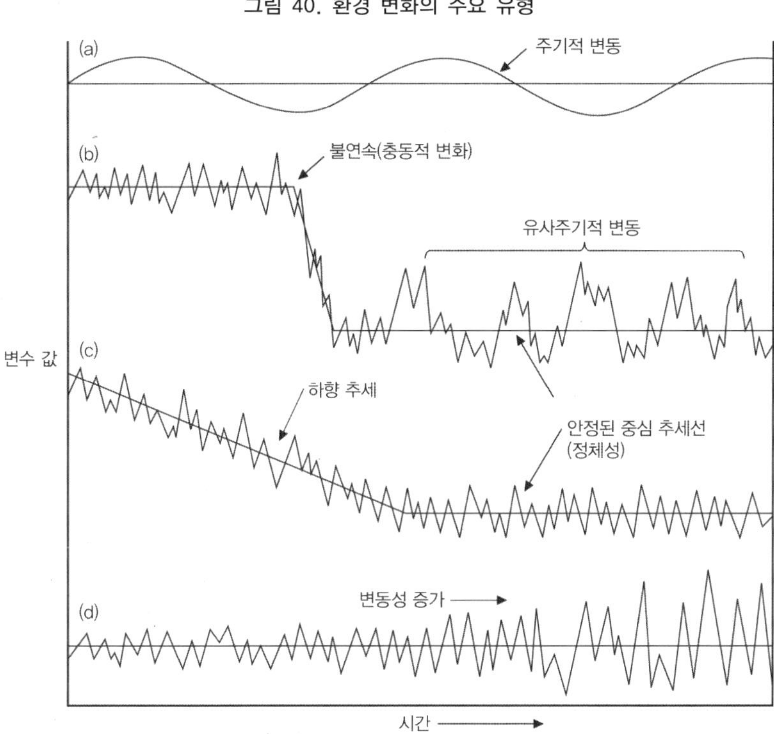

주: 이상적인 시계열(time series)은 시간적으로 연속적인 모든 변수에 적용된다. 온도와 압력이 그 예다.
자료: Hare(1996).

고정된 시간 간격을 따라 최소치와 최대치가 재발생하는 것을 말한다. 규칙적 주기성regular periodicity보다 못할 경우에는 유사주기성quasi-periodicity이 된다. 단편성episodicity은 최대치로 급격하게 일시적으로 전환되면서 지속적인 최소치(또는 '표준')가 방해를 받는 현상이나. 대규모 홍수나 산사태 같은 사건들이 그러하다. 재반복 사건은 무작위적으로 또는 유사주기적으로 일어날 수 있다. 감지하기 어려운 미묘한 변화의 또 다른 가능성은 평균치의 변동에 증감이 있으면서도 일정 시간 동안 평균치가 유지되는 경우다. 더 미묘한 것은 혼돈적 변화chaotic change다. 혼돈chaos은 변화의 원인을 알 수 없는 패턴을 말하며, 지나치게 규칙이 안 보이면 무작위성randomness으로 인식되기 쉽다. 이 모든 변화 유형은 단순해 보이지만, 자료 속에서 불연속, 추세, 진동, 혼돈 등을 발견하는 작업은 쉽지 않다.

추세 또는 방향성을 가진 변화directional change는 환경 변화의 중요한 측면이다. 두 가지 선택이 있다. **환경**이 어떤 주어진 방향으로 변화를 하거나, 아니면 동일한 상태를 계속 유지하는 것이다. 먼저 변화 중인 상태 또는 과도기 상태이며, 다음은 정상steady 상태다. 진동은 이러한 단순한 모습을 복잡하게 만든다. 정상 환경 변수와 변화 중인 환경 변수는 순환을 따를 수도 있다. 사실 모든 환경 변수는 어느 정도 순환적 변동을 보여준다(**순환성cyclicity** 참조).

환경 변화의 중요한 측면은 변화 발생의 속도다. 연평균 기온은 얼마나 빨리 증가하는가? 빙하 후퇴 속도는 얼마나 빠른가? 빙하 융해 후에 드러난 육지에서 식물이 얼마나 빨리 서식하는가? 이 같은 질문에 대해 기기 관측 시기instrumental period에는 상대적으로 답하기가 쉽다. 하지만 역사 시대나 지질 시대의 경우, 그 대답은 분명히 덜 확실하다. 사실 지질 연대 측정 방법이 나오기 전에는 지질적 변화 속도의 측정치가 기껏해야 1차 근사치first approximation였다. 운이 좋다면 지질 연대 측정기에 의한 절대 연대는 높은 수준의 신뢰도에서 지질적 변화 속도를 측정하는 데 도움을 준다(**지질연대학 geochronology** 참조).

환경 변화 속도는 느린 것에서부터 빠른 것까지 범위가 다양하다. 느린 변화 속도는 일반적으로 점진적인 환경 변화를 말한다. 빠른 변화 속도는 보통 격변적catastrophic 환경 변화로도 불리지만, 이 용어는 돌연성과 폭발성을 함축하고 있어서 상당수 환경학·지리학·지질학 과학자들이 기피하고 있다. 발작적 변화convulsive change는 좀 더 완곡한 표현이다. 그럼에도 격변적 변화는 자연계에서 보편적인 현상으로 발생하고 있으며, 이렇게 적절한 용어를 사용하지 못할 이유는 없다고 본다. 환경에서는 느린 극단과 빠른 극단 사이의 모든 변화 속도가 존재한다.

▸ 더 읽어볼 자료: Oldfield(2005), Huggett(1997a), Mannion(1997, 1999).

참고문헌

Aandahl, A. R. (1948) The characterization of slope positions and their influence on the total nitrogen content of a few virgin soils of western Iowa. *Soil Science Society of America Proceedings* 13, 449–54.

Akbari, H. (2009) *Urban Heat Islands*. Berlin and Heidelberg: Springer-Verlag.

Albritton, C. C., Jr (1989) *Catastrophic Episodes in Earth History*. London and New York: Chapman & Hall.

Allainé, D., Rodrigue, I., Le Berre, M., and Ramousse, R. (1994) Habitat preferences of alpine marmots, *Marmota marmota*. *Canadian Journal of Zoology* 72, 2193–98.

Allainé, D., Graziani, L., and Coulon, J. (1998) Postweaning mass gain in juvenile alpine marmots *Marmota marmota*. *Oecologia* 113, 370–76.

Amundson, R. and Jenny, H. (1991) The place of humans in the state factor theory of ecosystems and their soils. *Soil Science* 151, 99–109.

Anderson, D. L. (2005) Scoring hotspots: the plume and plate paradigms. In G. R. Foulger, J. H. Natland, D. C. Presnall, and D. L. Anderson (eds) *Plates, Plumes, and Paradigms* (Geological Society of America Special Paper 388), pp. 31–54. Boulder, CO: The Geological Society of America.

Arnold, E. N. (1994) Investigating the origins of performance advantage: adaptation, exaptation and lineage effects. In P. Eggleton and R. I. Vane-Wright (eds) *Phylogenetics and Ecology*, pp. 124–68. London: Academic Press.

Ashman, M. R. and Puri, G. (2002) *Essential Soil Science: A Clear and Concise Introduction to Soil Science*. Oxford: Blackwell.

Aubréville, A. (1949) *Climats, Forêts et Désertification de l'Afrique Tropicale*. Paris: Société d'Éditions Géographiques, Maritimes et Coloniales.

Baas, A. C. W. (2002) Chaos, fractals and self-organization in coastal geomorphology: simulating dune landscapes in vegetated environments. *Geomorphology* 48, 309–28.

Bailey, R. G. (1995) *Description of the Ecoregions of the United States*, 2nd edn, revised and enlarged (Miscellaneous Publication No. 1391). Washington, DC: United States Department of Agriculture, Forest Service.

—— (1996) *Ecosystem Geography*, With a foreword by Jack Ward Thomas, Chief, USDA Forest Service. New York: Springer.

—— (1997) *Ecoregions: The Ecosystem Geography of Oceans and Continents*. New York: Springer-Verlag.

—— (2002) *Ecoregion-based Design for Sustainability*. New York: Springer-Verlag.

Barrell, J. (1917) Rhythms and the measurement of geologic time. *Bulletin of the Geological Society of America* 28, 745–904.

Barrett, G. W., Van Dyne, G. M., and Odum, E. P. (1976) Stress ecology. *BioScience* 26, 192–94.
Barrow, C. J. (1991) *Land Degradation: Development and Breakdown of Terrestrial Environments*. Cambridge: Cambridge University Press.
Barry, R. G. and Chorley, R. J. (2003) *Atmosphere, Weather and Climate*, 8th edn. London: Routledge.
Baumgartner, A. and Reichel, E. (1975) *The World Water Balance*. Amsterdam and Oxford: Elsevier.
Beard, J. S. (2003) Paleodrainage and the geomorphic evolution of passive margins in southwestern Australia. *Zeitschrift für Geomorphologie* NF 47, 273–88.
Beasom, S. L., Wiggers, E. P., and Giardino, J. R. (1983) A technique for assessing land surface ruggedness. *Journal Wildlife Management* 47, 1163–66.
Belton, M. J. S., Morgan, T. H., Samarasinha, N. H., and Yeomans, D. K. (eds) (2004) *Mitigation of Hazardous Comets and Asteroids*. Cambridge: Cambridge University Press.
Benestad, R. E. (2002) *Solar Activity and Earth's Climate*. London, Berlin, Heidelberg, New York: Springer.
Benton, M. J. (2003) *When Life Nearly Died: The Greatest Mass Extinction of All Time*. London: Thames and Hudson.
Berry, P. M., Dawson, T. P., Harrison, P. A., and Pearson, R. G. (2002) Modelling potential impacts of climate change on the bioclimatic envelope of species in Britain and Ireland. *Global Ecology & Biogeography* 11, 453–62.
Berry, P. M., Dawson, T. P., Harrison, P. A., Pearson, R., and Butt, N. (2003) The sensitivity and vulnerability of terrestrial habitats and species in Britain and Ireland to climate change. *Journal for Nature Conservation* 11, 15–23.
Billings, W. D. (1990) The mountain forests of North America and their environments. In C. B. Osmond, L. F. Pitelka, and G. M. Hidy (eds) *Plant Biology of the Basin and Range* (Ecological Studies, vol. 80), pp. 47–86. Berlin: Springer-Verlag.
Birkeland, P. W. (1990) Soil–geomorphic research – a selective review. *Geomorphology* 3, 207–24.
Błazejczyk, K. and Grzybowski, J. (1993) Climatic significance of small aquatic surfaces and characteristics of the local climate of Suwałki Landscape Park (north-east Poland). *Ekologia Polska* 41, 105–21.
Blume, H.-P. and Schlichting, E. (1965) The relationships between historical and experimental pedology. In E. G. Hallsworth and D. V. Crawford (eds) *Experimental Pedology*, pp. 340–53. London: Butterworths.
Bobrowsky, P. T. and Rickman, H. (eds) (2006) *Comet/Asteroid Impacts and Human Society: An Interdisciplinary Approach*. Berlin and Heidelberg: Springer-Verlag.
Bogaert, J., Salvador-Van Eysenrode, D., Impens, I., and Van Hecke, P. (2001a) The interior-to-edge breakpoint distance as a guideline for nature conservation policy. *Environmental Management* 27, 493–500.
Bogaert, J., Salvador-Van Eysenrode, D., Van Hecke, P., Impens, I. (2001b) Geometrical considerations for evaluation of reserve design. *Web Ecology* 2, 65–70.
Bowen, D. Q. (1973) The Quaternary deposits of the Gower. *Proceedings of the Geologists' Association* 84, 249–72.
Bracken, L. J. and Wainwright, J. (2006) Geomorphological equilibrium: myth

and metaphor? *Transactions of the Institute of British Geographers*, New Series 31, 167–78.
Bradbury, R. H., Van Der Laan, J. D., and Green, D. G. (1996) The idea of complexity in ecology. *Senckenbergiana Maritima* 27, 89–96.
Brady, N. C. and Weil, R. R. (2007) *The Nature and Properties of Soils*, 14th edn. Upper Saddle River, NJ: Prentice Hall.
Braun, H., Christl, M., Rahmstorf, S., Ganopolski, A., Mangini, A., Kubatzki, C., Roth, K., and Kromer, B. (2005) Possible solar origin of the 1,470-year glacial climate cycle demonstrated in a coupled model. *Nature* 438, 208–11.
Bridges, E. M., Hanman, I. D., Oldeman, L. R., Penning de Vries, F. W. T., Scherr, S. J., and Sombatpanit, S. (eds) (2001) *Response to Land Degradation*. Enfield, NH: Science Publishers.
Broecker, W. S. (1965) Isotope geochemistry and the Pleistocene climatic record. In H. E. Wright Jr and D. G. Frey (eds) *The Quaternary of the United States*, pp. 737–53. Princeton, NJ: Princeton University Press.
—— (1995) Chaotic climate. *Scientific American* 273, 44–50.
Broecker, W. S. and Denton, G. H. (1990) What drives glacial cycles? *Scientific American* 262, 42–50.
Broecker, W. S., Thurber, D. L., Goddard, J., Ku, T., Matthews, R. K., and Mesolella, K. J. (1968) Milankovitch hypothesis supported by precise dating of coral reefs and deep-sea sediments. *Science* 159, 1–4.
Brown, D. J (2006) A historical perspective on soil–landscape modeling. In S. Grunwald (ed.) *Soil–landscape Modeling: Geographical Information Technologies and Pedometrics*, pp. 61–104. New York: CRC Press.
Brown, J. H. (1971) Mammals on mountaintops: nonequilibrium insular biogeography. *The American Naturalist* 105, 467–78.
Brown, J. H. and Lomolino, M V. (1998) *Biogeography*, 2nd edn. Sunderland, MA: Sinauer Associates.
Brown, J. H., Riddle, B. R., and Lomolino, M. V. (2005) *Biogeography*, 3rd edn. Sunderland, MA: Sinauer Associates.
Brunckhorst, D. (2000) *Bioregional Planning: Resource Management Beyond the New Millennium*. Sydney, Australia: Harwood Academic Publishers.
Brunsden, D. (2001) A critical assessment of the sensitivity concept in geomorphology. *Catena* 42, 99–123.
Brunsden, D. and Kesel, R. H. (1973) The evolution of the Mississippi River bluff in historic time. *Journal of Geology* 81, 576–97.
Büdel, J. (1957) Die 'Doppelten Einebnungsflächen' in den feuchten Tropen. *Zeitschrift für Geomorphologie* NF 1, 201–28.
—— (1982) *Climatic Geomorphology*. Translated by Lenore Fischer and Detlef Busche. Princeton, NJ: Princeton University Press.
Buol, S. W., Southard, R. J., Graham, R. C., and McDaniel, P. A. (2003) *Soil Genesis and Classification*, 5th edn. Ames, IA: Iowa State Press.
Burroughs, W. J. (2007) *Climate Change: A Multidisciplinary Approach*, 2nd edn. Cambridge: Cambridge University Press.
Burt, T. and Goudie, A. (1994) Timing shape and shaping time. *Geography Review* 8, 25–29.
Butler, D. R. (1992) The grizzly bear as an erosional agent in mountainous terrain. *Zeitschrift für Geomorphologie* NF 36, 179–89.
—— (1995) *Zoogeomorphology: Animals as Geomorphic Agents*. Cambridge: Cambridge University Press.

Calvert, A. M., Amirault, D. L., Shaffer, F., Elliot, R., Hanson, A., McKnight, J., and Taylor P. D. (2006) Population assessment of an endangered shorebird: the Piping Plover (*Charadrius melodus melodus*) in eastern Canada. *Avian Conservation and Ecology – Écologie et conservation des oiseaux* 1(3), Article 4. Online: www.ace-eco.org/vol1/iss3/art4

Campbell, D. E. (1998) Energy analysis of human carrying capacity and regional sustainability: an example using the State of Maine. *Environmental Monitoring and Assessment* 51, 531–69.

Carson, R. (1962) *Silent Spring*. Boston, MA: Houghton Mifflin.

Censky, E. J., Hodge, K., and Dudley, J. (1998) Over-water dispersal of lizards due to hurricanes. *Nature* 395, 556.

Chapman, C. R. (1996) Book review of *Rogue Asteroids and Doomsday Comets* by D. Steel. *Meteoritics and Planetary Science* 31, 313–14.

—— (2004) The hazard of near-Earth asteroid impacts on earth. *Earth and Planetary Science Letters* 222, 1–15.

Chase, J. M. and Leibold, M. A. (2003) *Ecological Niches: Linking Classical and Contemporary Approaches*. Chicago, IL and London: University of Chicago Press.

Chen, Z.-S., Hsieh, C.-Fu., Jiang, F.-Y., Hsieh, T.-H., Sun, I-F. (1997) Relations of soil properties to topography and vegetation in a subtropical rain forest in southern Taiwan. *Plant Ecology* 132, 229–41.

Chorley, R. J. (1962) *Geomorphology and General Systems Theory* (US Geological Survey Professional Paper 500-B). Washington, DC: United States Government Printing Office.

—— (1965) A re-evaluation of the geomorphic system of W. M. Davis. In R. J. Chorley and P. Haggett (eds) *Frontiers in Geographical Teaching*, pp. 21–38. London: Methuen.

—— (1969) The drainage basin as the fundamental geomorphic unit. In R. J. Chorley (ed.) *Water, Earth, and Man: A Synthesis of Hydrology, Geomorphology, and Socio-economic Geography*, pp. 77–99. London: Methuen.

Chorley, R. J., and Kennedy, B. A. (1971) *Physical Geography: A Systems Approach*. London: Prentice-Hall.

Chorley, R. J., Beckinsale, R. P., and Dunn A. J. (1973) *The History of the Study of Landforms: Volume 2, The Life and Work of William Morris Davis*. London: Methuen.

Church, M. and Mark, D. M. (1980) On size and scale in geomorphology. *Progress in Physical Geography* 4, 342–90.

Clausen, J. (1965) Population studies of alpine and subalpine races of conifers and willows in the California high Sierra Nevada. *Evolution* 19, 56–68.

Clements, F. E. (1916) *Plant Succession: An Analysis of the Development of Vegetation* (Carnegie Institute of Washington, Publication No. 242). Washington, DC: Carnegie Institute of Washington.

Cocks, L. R. M. and Parker, A. (1981) The evolution of sedimentary environments. In L. R. M. Cocks (ed.) *The Evolving Earth*, pp. 47–62. Cambridge: Cambridge University Press; London: British Museum (Natural History).

Coe, A. L., Bosence, D. W. J., Church, K. D., Flint, S. S., Howell, J. A., and Wilson, R. C. L. (2003) *The Sedimentary Record of Sea-Level Change*. Cambridge: Cambridge University Press.

Cohen, J. E. (1996) *How Many People Can the Earth Support?* New York and London: W. W. Norton.

Colinvaux, P. A., De Oliveira, P. E., Moreno, J. E., Miller, M. C., and Bush, M. B. (1996) A long pollen record from lowland Amazonia: forest and cooling in glacial times. *Science* 274, 85–88.
Colman, S. M. and Pierce, K. L. (2000) Classification of Quaternary geochronologic methods. In J. S. Noller, J. M. Sowers, and W. R. Lettis (eds) *Quaternary Geochronology: Methods and Applications* (AGU Reference Shelf 4), 2–5. Washington, DC: American Geophysical Union.
Coope, G. R. (1994) The response of insect faunas to glacial–interglacial climatic fluctuations. *Philosophical Transactions of the Royal Society of London* 344B, 19–26.
Cooper, W. S. (1923) The recent ecological history of Glacier Bay, Alaska. *Ecology* 6, 197.
Corstanje, R., Grunwald, S., Reddy, K. R., Osborne, T. Z., and Newman, S. (2006) Assessment of the spatial distribution of soil properties in a northern Everglades marsh. *Journal of Environmental Quality* 35, 938–49.
Cowie, J. (2007) *Climate Change: Biological and Human Aspects*. Cambridge: Cambridge University Press.
Cowie, R. H. and Holland, B. S. (2006) Dispersal is fundamental to biogeography and the evolution of biodiversity on oceanic islands. *Journal of Biogeography* 33, 193–98.
Cowles, H. C. (1899) The ecological relations of the vegetation on the sand dunes of Lake Michigan. *Botanical Gazette* 27: 95–117, 167–202, 281–308, 361–91.
Cox, G. W. (1999) *Alien Species in North America and Hawaii: Impacts on Natural Ecosystems*. Washington, DC: Island Press.
Coxson, D. S. and Marsh, J. (2001) Lichen chronosequences (postfire and postharvest) in lodgepole pine (*Pinus contorta*) forests of northern interior British Columbia. *Canadian Journal of Botany* 79, 1449–64.
Coyne, J. A. and Orr, H. A. (2004) *Speciation*. Sunderland, MA: Sinauer Associates.
Creemans, D. L., Brown, R. B., and Huddleston, J. H. (eds) (1994) *Whole Regolith Pedology* (Soil Science Society of America Special Publication 34). Madison, WI: Soil Science Society of America.
Crocker, R. L. and Major, J. (1955) Soil development in relation to vegetation and surface age at Glacier Bay, Alaska. *Journal of Ecology* 43, 427–48.
Croizat, L. (1958) *Pangeography*, 2 vols. Caracas: Published by the author.
—— (1964) *Space, Time, Form: The Biological Synthesis*. Caracas: Published by the author.
Croteau, M.-N., Luoma, S. N., and Stewart, A. R. (2005) Trophic transfer of metals along freshwater food webs: evidence of cadmium biomagnification in nature. *Limnology and Oceanography* 50, 1511–19.
Culling, W. E. H. (1987) Equifinality: modern approaches to dynamical systems and their potential for geographical thought. *Transactions of the Institute of British Geographers*, New Series 12, 57–72.
—— (1988) A new view of the landscape. *Transactions of the Institute of British Geographers*, New Series 13, 345–60.
Currie, R. G. (1984) Evidence for 18.6-year lunar nodal drought in western North America during the past millennium. *Journal of Geophysical Research* 89, 1295–308.
Dale, V. H., Joyce, L. A., McNulty, S., Neilson, R. P., Ayres, M. P., Flannigan,

M. D., Hanson, P. J., Irland, L. C., Lugo, A. E., Peterson, C. J., Simberloff, D., Swanson, F. J., Stocks, B. J., and Wotton, B. M. (2001) Climate change and forest disturbances. *BioScience* 51, 723–34.

Dale, V. H., Swanson, F. J., and Crisafulli, C. M. (2005) *Ecological Responses to the 1980 Eruption of Mount St. Helens*. New York: Springer.

Darwin, C. R. (1859) *The Origin of Species by Means of Natural Selection, or the Preservation of Favoured Races in the Struggle for Life*. London: John Murray.

—— (1881) *The Formation of Vegetable Mould through the Action of Worms, with Observations on Their Habits*. London: John Murray.

Davies, G. F. (1999) *Dynamic Earth: Plates, Plumes and Mantle Convection*. Cambridge: Cambridge University Press.

Davis, W. M. (1899) The geographical cycle. *Geographical Journal* 14, 481–504. (Also in *Geographical Essays*)

—— (1909) *Geographical Essays*. Boston, MA: Ginn.

Décamps, H. (2001) How a riparian landscape finds form and comes alive. *Landscape and Urban Planning* 57, 169–75.

Delcourt, H. R. and Delcourt, P. A. (1988) Quaternary landscape ecology: relevant scales in space and time. *Landscape Ecology* 2, 23–44.

—— (1994) Postglacial rise and decline of *Ostrya virginiana* (Mill.) K. Koch and *Carpinus caroliniana* Walt. in eastern North America: predictable responses of forest species to cyclic changes in seasonality of climate. *Journal of Biogeography* 21, 137–50.

Delong, D. C. Jr (1996) Defining biodiversity. *Wildlife Society Bulletin* 24, 738–49.

Desta, F., Colbert, J. J., Rentch, J. S., and Gottschalk, K. W. (2004) Aspect induced differences in vegetation, soil, and microclimatic characteristics of an Appalachian watershed. *Castanea* 69, 92–108.

Dickinson, G. and Murphy, K. (2007) *Ecosystems*, 2nd edn. London: Routledge.

Dieckmann, U. and Doebeli, M. (1999) On the origin of species by sympatric speciation. *Nature* 400, 354–57.

Dieckmann, U., Doebeli, M., Metz, J. A. J., and Tautz, D. (eds) (2004) *Adaptive Speciation*. Cambridge: Cambridge University Press.

Dietrich, W. E. and Perron, J. T. (2006) The search for a topographic signature of life. *Nature* 439, 411–18.

Dobzhansky, T. (1937) *Genetics and the Origin of Species*. New York: Columbia University Press.

Dott, R. H. (ed.) (1992) *Eustasy: The Historical Ups and Downs of a Major Geological Concept* (Geological Society of America Memoir 180). Boulder, CO: The Geological Society of America.

Douglas, B., Kearney, M. S., and Leatherman, S. P. (eds) (2001) *Sea Level Rise: History and Consequences* (International Geophysics Series, vol. 75). Foreword by John Knauss. San Diego, CA and London: Academic Press.

Drake, J. A. (1990) The mechanics of community assembly and succession. *Journal of Theoretical Biology* 147, 213–33.

Drury, W. H. and Nisbet, I. C. T. (1973) Succession. *Journal of the Arnold Arboretum* 54, 331–68.

Dunn, G. E. (1940) Cyclogenesis in the tropical Atlantic. *Bulletin of the American Meteorological Society* 21, 215–29.

Dury, G. H. (1969) Relation of morphometry to runoff frequency. In R. J. Chorley (ed.) *Water, Earth, and Man: A Synthesis of Hydrology, Geomorphology, and Socio-Economic Geography*, pp. 419–30. London: Methuen.

Eddy, J. A. (1977a) Anomalous solar radiation during the seventeenth century. *Science* 198, 824–29.

—— (1977b) The case of the missing sunspots. *Scientific American* 236, 80–92.

—— (1977c) Climate and the changing Sun. *Climatic Change* 1, 173–90.

—— (1983) The Maunder minimum: a reappraisal. *Solar Physics* 89, 195–207.

Eldredge, N. and Gould, S. J. (1972) Punctuated equilibria: an alternative to phyletic gradualism. In T. J. M. Schopf (ed.), *Models in Paleobiology*, pp. 82–115. San Francisco, CA: Freeman, Cooper.

Eliot, C. (2007) Method and metaphysics in Clements's and Gleason's ecological explanations. *Studies in History and Philosophy of Biological and Biomedical Sciences* 38, 85–109.

Elkibbi, M. and Rial, J. A. (2001) An outsider's review of the astronomical theory of the climate: is the eccentricity-driven insolation the main driver of the ice ages? *Earth-Science Reviews* 56, 161–77.

Elkins-Tanton, L. T. (2005) Continental magmatism caused by lithospheric delamination. In G. R. Foulger, J. H. Natland, D. C. Presnall, and D. L. Anderson (eds) *Plates, Plumes, and Paradigms* (Geological Society of America Special Paper 388), pp. 449–61. Boulder, CO: The Geological Society of America.

Elkins-Tanton, L. T. and Hager, B. H. (2005) Giant meteoroid impacts can cause volcanism. *Earth and Planetary Science Letters* 239, 219–32.

Elton, C. S. (1927) *Animal Ecology*. London: Sidgwick and Jackson.

—— (1958) *The Ecology of Invasions by Animals and Plants*. London: Chapman & Hall.

Emanuel, K. A. (1994) *Atmospheric Convection*. Oxford: Oxford University Press.

Engebretson, D. C., Kelley, K. P., Cashman, H. J., and Richards, M. A. (1992) 180 million years of subduction. *GSA–Today* 2, 93–95, and 100.

Erwin, D. H. (2006) *Extinction: How Life on Earth nearly ended 250 Million Years Ago*. Princeton, NJ: Princeton University Press.

Falkowski, P., Scholes, R. J., Boyle, E., Canadell, J., Canfield, D., Elser, J., Gruber, N., Hibbard, K., Högberg, P., Linder, S., Mackenzie, F. T., Moore III, B., Pedersen, T., Rosenthal, Y., Seitzinger, S., Smetacek, V., and Steffen, W. (2000) The global carbon cycle: a test of our knowledge of Earth as a system. *Science* 290, 291–96.

Fastie, C. L. (1995) Causes and ecosystem consequences of multiple pathways of ecosystem succession at Glacier Bay, Alaska. *Ecology* 76, 1899–1916.

Favis-Mortlock, D. and de Boer, D. (2003) Simple at heart? Landscape as a self-organizing complex system. In S. Trudgill, and A. Roy (eds) *Contemporary Meanings in Physical Geography: From What to Why?*, pp. 127–71. London: Arnold.

Fazey, I., Fischer, J., and Lindenmayer, D. B. (2005) What do conservation biologists publish? *Biological Conservation* 124, 63–73.

Fernández, M. H. and Peláez-Campomanes, P. (2003) The bioclimatic model: a method of palaeoclimatic qualitative inference based on mammal associations. *Global Ecology & Biogeography* 12, 507–17.

Fischer, J. and Lindenmayer, D. B. (2007) Landscape modification and habitat fragmentation: a synthesis. *Global Ecology & Biogeography* 16, 265–80.

Flannery, T. F., Rich, T. H., Turnbull, W. D., and Lundelius, E. L., Jr (1992) The Macropodoidea (Marsupialia) of the early Pliocene Hamilton local fauna,

Victoria, Australia. *Fieldiana: Geology*, New Series No. 25. Chicago, IL: Field Museum of Natural History.
Foukal, P., Fröhlich, C., Spruit, H., and Wigley, T. M. L. (2006) Variations in solar luminosity and their effect on the Earth's climate. *Nature* 443, 161–66.
Foulger, G. R. (2005) Mantle plumes: why the current skepticism? *Chinese Science Bulletin* 50, 1555–60.
Foulger, G. R., Natland, J. H., Presnall, D. C., and Anderson, D. L. (eds) (2005) *Plates, Plumes, and Paradigms* (Geological Society of America Special Paper 388). Boulder, CO: The Geological Society of America.
French, B. M. (1998) *Traces of Catastrophe: A Handbook of Shock-Metamorphic Effects in Terrestrial Meteorite Impact Structures* (LPI Contribution No. 954). Houston, TX: Lunar and Planetary Institute.
Fry, C. (2007) *The Impact of Climate Change: The World's Greatest Challenge in the Twenty-first Century*. London: New Holland Publishers.
Fukao, Y., Maruyama, S., Obayashi, M., and Inoue, H. (1994) Geologic implication of the whole mantle P-wave tomography. *Journal of the Geological Society of Japan* 100, 4–23.
Futuyma, D. J. (2005) *Evolution*. Sunderland, MA: Sinauer Associates.
Gamble, T., Bauer, A. M., Greenbaum, E., and Jackman, T. R. (2008) Evidence for Gondwanan vicariance in an ancient clade of gecko lizards. *Journal of Biogeography* 35, 88–104.
Gartland, L. (2008) *Heat Islands: Understanding and Mitigating Heat in Urban Areas*. London: Earthscan Publications.
Gasperini, L., Bonatti, E., and Longo, G. (2008) The Tunguska mystery: finding a piece of the elusive cosmic body that devastated a Siberian forest a century ago could help save the Earth in the centuries to come. *Scientific American* 298 (June), 80–87.
Gaston, K. J. and Spicer, J. I. (2004) *Biodiversity: An Introduction*, 2nd edn. Oxford: Blackwell Publishing.
Geeson, N. A., Brandt, C. J., and Thornes, J. B. (eds) (2002) *Mediterranean Desertification: A Mosaic of Processes and Responses*. Chichester: John Wiley & Sons.
Geist, H. (2005) *The Causes and Progression of Desertification*. Aldershot, Hampshire: Ashgate Publishing.
Gell-Mann, M. (1994) *The Quark and the Jaguar: Adventures in the Simple and the Complex*. New York: W. H. Freeman.
Gerday, C. and Glansdorff, N. (2007) *Physiology and Biochemistry of Extremophiles*. Washington, DC: AMS Press, American Society for Microbiology.
Gilbert, G. K. (1877) *Geology of the Henry Mountains (Utah)* (United States Geographical and Geological Survey of the Rocky Mountains Region). Washington, DC: United States Government Printing Office.
Gingerich, P. D. (2001) Rates of evolution on the time scale of the evolutionary process. *Genetica* 112/113, 127–44.
Givnish, T. J. and Sytsma, K. J. (eds) (1997) *Molecular Evolution and Adaptive Radiation*. Cambridge: Cambridge University Press.
Glantz, M. H. (2001) *Currents of Change: Impacts of El Niño and La Niña on Climate and Society*, 2nd edn. Cambridge: Cambridge University Press.
Glantz, M. H., Katz, R. W., Nicholl, N (eds) (1991) *Teleconnections Linking Worldwide Climate Anomalies: Scientific Basis and Societal Impact*. Cambridge: Cambridge University Press.

Gleason, H. A. (1926) The individualistic concept of the plant association. *Bulletin of the Torrey Botanical Club* 53, 7–26.

Godbout, J., Fazekas, A., Newton, C. H., Yeh, F. C., and Bousquet, J. (2008) Glacial vicariance in the Pacific Northwest: evidence from a lodgepole pine mitochondrial DNA minisatellite for multiple genetically distinct and widely separated refugia. *Molecular Ecology* 17, 2463–75.

Goudie, A. S. (2005) The drainage of Africa since the Cretaceous. *Geomorphology* 67, 437–56.

Gould, S. J. (1965) Is uniformitarianism necessary? *American Journal of Science* 263, 223–28.

—— (1977) Eternal metaphors in palaeontology. In A. Hallam (ed.) *Patterns in Evolution, as Illustrated by the Fossil Record* (Developments in Palaeontology and Stratigraphy 5), pp. 1–26. Amsterdam: Elsevier.

—— (1984) Toward the vindication of punctuational change. In W. A. Berggrenand and J. A. van Couvering (eds), *Catastrophes and Earth History: the New Uniformitarianism*, pp. 9–34. Princeton, NJ: Princeton University Press.

Graham, R. W. (1979) Paleoclimates and late Pleistocene faunal provinces in North America. In R. L. Humphrey and D. J. Stanford (eds) *Pre-Llano Cultures of the Americas: Paradoxes and Possibilities*, pp. 46–69. Washington, DC: Anthropological Society of Washington.

—— (2005) Quaternary mammal communities: relevance of the individualistic response and non-analogue faunas. *Paleontological Society Papers* 11, 141–58.

Grant, P. R. (1999) *Ecology and Evolution of Darwin's Finches*, 2nd edn. With a new Foreword by Jonathan Weiner. Princeton, NJ: Princeton University Press.

Grant, V. (1977) *Organismic Evolution*. San Francisco, CA: W. H. Freeman.

Gray, M. (2003) *Geodiversity: Valuing and Conserving Abiotic Nature*. Chichester: John Wiley & Sons.

Gregory, K. J. and Walling, D. E. (1976) *Drainage Basin Form and Process: A Geomorphological Approach*, new edition. London: Hodder Arnold.

Gribbin, J. (2004) *Deep Simplicity: Chaos, Complexity and the Emergence of Life*. London: Allen Lane.

Grinnell, J. (1917) The niche-relationships of the California thrasher. *The Auk* 34, 427–33.

Groffman, P., Baron, J., Blett, T., Gold, A., Goodman, I., Gunderson, L., Levinson, B., Palmer, M., Paerl, H., Peterson, G., Poff, N. L., Rejeski, D., Reynolds, J., Turner, M., Weathers, K., and Wiens, J. (2006) Ecological thresholds: the key to successful environmental management or an important concept with no practical application? *Ecosystems* 9, 1–13.

Grove, R. H. (1998) Global impact of the 1789–93 El Niño. *Nature* 393, 318–19.

Grunwald, S. and Reddy K. R. (2008) Spatial behavior of phosphorus and nitrogen in a subtropical wetland. *Soil Science Society of America, Journal* 72, 1174–83.

Gunderson, L. and Holling, C. (eds) (2002) *Panarchy: Understanding Transformations in Human and Natural Systems*. Washington, DC: Island Press.

Gunderson, L. H. and Pritchard, L. (2002) *Resilience and the Behaviour of Large-scale Systems*. Washington, DC: Island Press.

Gutiérrez, R. J. and Harrison, S. (1996) Applications of metapopulation theory to spotted owl management: a history and critique. In D. McCullough (ed.)

Metapopulations and Wildlife Conservation Management, pp. 167–185. Covelo, CA: Island Press.
Hack, J. T. (1960) Interpretation of erosional topography in humid temperate regions. *American Journal of Science* (Bradley Volume) 258-A, 80–97.
Hack, J. T. and Goodlett, J. C. (1960) *Geomorphology and Forest Eecology of a Mountain Region in the Central Appalachians* (US Geological Survey Professional Paper 347). Reston, VA: US Geological Survey.
Hackett, S. J., Kimball, R. T., Reddy, S., Bowie, R. C. K., Braun, E. L., Braun, M. J., Chojnowski, J. L., Cox, W. A., Han, K.-L., Harshman, J., Huddleston, C. J., Marks, B. D., Miglia, K. J., Moore, W. S., Sheldon, F. H., Steadman, D. W., Witt, C. C., and Yuri, T. (2008) A phylogenetic study of birds reveals their evolutionary history. *Science* 320, 1763–68.
Haffer, J. (1969) Speciation in Amazonian forest birds. *Science* 165, 131–37.
Haila, Y. (2002) A conceptual genealogy of fragmentation research: from island biogeography to landscape ecology. *Ecological Applications* 12, 321–34.
Haines-Young, R. H. and Petch, J. R. (1983) Multiple working hypotheses: equifinality and the study of landforms. *Transactions of the Institute of British Geographers*, New Series 8, 458–66.
Hairston, N. G., Jr, Ellner, S. P., Geber, M. A., Yoshida, T., and Fox, J. A. (2005) Rapid evolution and the convergence of ecological and evolutionary time. *Ecology Letters* 8, 1114–27.
Hall, A. M. (1991) Pre-Quaternary landscape evolution in the Scottish Highlands. *Transactions of the Royal Society of Edinburgh: Earth Sciences* 82, 1–26.
Hallam, A. (1973) *A Revolution if the Earth Sciences: From Continental Drift to Plate Tectonics*. Oxford: Clarendon Press.
Hancock, P. L. and Williams, G. D. (1986) Neotectonics. *Journal of the Geological Society, London* 143, 325–26.
Hanski, I. (1986) Population dynamics of shrews on small islands accord with the equilibrium model. *Biological Journal of the Linnean Society* 28, 23–36.
Hanksi, I. (1999) *Metapopulation Ecology*. Oxford: Oxford University Press.
Hanski, I., Pakkala, T., Kuussaari, M., and Guangchun Lei, (1995) Metapopulation persistence of an endangered butterfly in a fragmented landscape. *Oikos* 72, 21–28.
Hare, F. K. (1996) Climatic variation and global change. In I. Douglas, R. J. Huggett, and M. E. Robinson (eds) *Companion Encyclopedia of Geography*, pp. 482–507. London: Routledge.
Harrison, S. (2001) On reductionism and emergence in geomorphology. *Transactions of the Institute of British Geographers*, New Series 26, 327–39.
Harrison, S., Murphy, S. D., and Ehrlich, P. R. (1988) Distribution of the Bay checkerspot butterfly, *Euphydryas editha bayensis*: evidence for a metapopulation model. *American Naturalist* 132, 360–82.
Hays, J. D., Imbrie, J., and Shackelton, N. J. (1976) Variations in the Earth's orbit: pacemaker of the ice ages. *Science* 194, 1121–32.
Head, L. (2007) Evolving nature–culture relationships. In I. Douglas, R. Huggett, and C. Perkins (eds) *Companion Encyclopedia of Geography: From Local to Global*, 2nd edn, pp. 835–46. London and New York: Routledge.
Hergarten, S. and Neugebauer, H. J. (2001) Self-organized critical drainage. *Physical Review Letters* 86, 2689–92.
Hett, J. M. and O'Neill, R. V. (1974) Systems analysis of the Aleut ecosystem. *Arctic Anthropology* 11, 31–40.

Hilty, J. A., Lidicker, W. Z., and Merenlender, A. M. (2006) *Corridor Ecology: The Science and Practice of Linking Landscapes for Biodiversity Conservation*. New York: Island Press.

Hobbs, R. J., Arico, S., Aronson, J., Baron, J. S., Bridgewater, P., Cramer, V. A., Epstein, P. R., Ewel, J. J., Klink, C. A., Lugo, A. E., Norton, D., Ojima, D., Richardson, D. M., Sanderson, E. W., Valladares, F., Vilà, M., Zamora, R., and Zobel, M. (2006) Novel ecosystems: theoretical and management aspects of the new ecological world order. *Global Ecology and Biogeography* 15, 1–7.

Hodkinson, I. D., Coulson, S. J., Webb, N. R. (2004) Invertebrate community assembly along proglacial chronosequences in the high Arctic. *Journal of Animal Ecology* 73, 556–68.

Hole, F. D. (1961) A classification of pedoturbation and some other processes and factors of soil formation in relation to isotropism and anisotropism. *Soil Science* 91, 375–77.

Holling, C. S. (1973) Resilience and stability of ecological systems. *Annual Review of Ecology and Systematics* 4, 1–23.

Horn, H. S. (1981) Succession. In R. M. May (ed.) *Theoretical Ecology: Principles and Applications*, 2nd edn, pp. 253–71. Oxford: Blackwell Scientific Publications.

Houghton, J. T. (2004) *Global Warming: The Complete Briefing*, 3rd edn. Cambridge: Cambridge University Press.

Houghton, J. T., Ding, Y., Griggs, D. J., Noquet, M., van der Linden, J. P., Dai, X., Maskell, K., and Johnson, C. A. (eds) (2001) *Climate Change 2001: The Scientific Basis: Contribution of Working Group I to the Third Assessment Report of the Intergovernmental Panel on Climate Change: The Scientific Basis*. Cambridge: Cambridge University Press and the Intergovernmental Panel on Climate Change.

Huggett, A. (2005) The concept and utility of 'ecological thresholds' in biodiversity conservation. *Biological Conservation* 124, 301–10.

Huggett, R. J. (1973) *Soil Landscape Systems: Theory and Field Evidence*, unpublished PhD Thesis, University of London.

—— (1975) Soil landscape systems: a model of soil genesis. *Geoderma* 13, 1–22.

—— (1985) *Earth Surface Systems* (Springer Series in Physical Environment 1). Heidelberg: Springer-Verlag.

—— (1988) Dissipative system: implications for geomorphology. *Earth Surface Processes and Landforms* 13, 45–49.

—— (1989) *Cataclysms and Earth History: The Development of Diluvialism*. Oxford: Clarendon Press.

—— (1990) *Catastrophism: Systems of Earth History*. London: Edward Arnold.

—— (1991) *Climate, Earth Processes and Earth History*. Heidelberg: Springer.

—— (1995) *Geoecology: An Evolutionary Approach*. London: Routledge.

—— (1997a) *Environmental Change: The Evolving Ecosphere*. London: Routledge.

—— (1997b) *Catastrophism: Asteroid, Comets, and Other Dynamic Events in Earth History*. London: Verso.

—— (2004) *Fundamentals of Biogeography*, 2nd edn. London: Routledge.

—— (2006) *The Natural History of the Earth: Debating Long-term Change in the Geosphere and Biosphere*. Routledge: London.

—— (2007a) *Fundamentals of Geomorphology*, 2nd edn. London: Routledge.

—— (2007b) Drivers of global change. In I. Douglas, R. Huggett, and C. Perkins (eds) *Companion Encyclopedia of Geography: From Local to Global*, pp. 75–91. Abingdon: Routledge.

—— (2007c) Climate. In I. Douglas, R. Huggett, and C. Perkins (eds) *Companion Encyclopedia of Geography: From Local to Global*, pp. 109–28. Abingdon: Routledge.

Huggett, R. J. and Cheesman, J. E. (2002) *Topography and the Environment*. Harlow, Essex: Prentice Hall.

Humphries, C. J. (2000) Form, space and time; which come first? *Journal of Biogeography* 27, 11–15.

Hunt, W. G. and Selander, R. K. (1973) Biochemical genetics of hybridization in European house mice. *Heredity* 31, 11–33.

Hutchinson, G. E. (1957) Concluding remarks. *Cold Spring Harbor Symposia on Quantitative Biology* 22, 415–27.

Hutton, J. (1788) Theory of the Earth; or, an investigation of the laws observable in the composition, dissolution, and restoration of land upon the globe. *Transactions of the Royal Society of Edinburgh* 1, 209–304.

Huxley, J. (1942) *Evolution: The Modern Synthesis*. London: George Allen & Unwin.

Huxley, J. S. (1953) *Evolution in Action*. London: Chatto & Windus.

Hylander, L. D., Silva, E. C., Oliveira, L. J., Silva, S. A., Kuntze, E. K., and Silva, D. X. (1994) Mercury levels in Alto Pantanal: a screening study. *Ambio* 23, 478–84.

Illies, J. (1974) *Introduction to Zoogeography*. Translated by W. D. Williams. London: Macmillan.

Imbrie, J. and Imbrie, K. P. (1986) *Ice Ages: Solving the Mystery*. Cambridge, MA and London: Harvard University Press.

Ingham, D. S. and Samways, M. J. (1996) Application of fragmentation and variegation models to epigaeic invertebrates in South Africa. *Conservation Biology* 10, 1353–58.

Ivanov, B. A. and Melosh, H. J. (2003) Impacts do not initiate volcanic eruptions: eruptions close to the crater. *Geology* 31, 869–72.

Jacobson, M. C., Charlson, R. J., Rodhe, H., and Orians, G. H. (2000) *Earth System Science: From Biogeochemical Cycles to Global Changes*. London and San Diego, CA: Elsevier Academic Press.

Jenny, H. (1941) *Factors of Soil Formation: A System of Quantitative Pedology*. New York: McGraw-Hill.

—— (1961) Derivation of state factor equations of soil and ecosystems. *Soil Science Society of America Proceedings* 25, 385–88.

—— (1980) *The Soil Resource: Origin and Behaviour* (Ecological Studies, vol. 37). New York: Springer.

Johnson, D. L. (1990) Biomantle evolution and the redistribution of earth materials and artefacts. *Soil Science* 149, 84–102.

—— (1993a) Dynamic denudation evolution of tropical, subtropical and temperate landscapes with three tiered soils: toward a general theory of landscape evolution. *Quaternary International* 17, 67–78.

—— (1993b) Biomechanical processes and the Gaia paradigm in a unified pedo-geomorphic and pedo-archaeologic framework: dynamic denudation. In J. E. Foss, M. E. Timpson, and M. W. Morris (eds) *Proceedings of the First International Conference on Pedo-Archaeology* (University of Tennessee Agricultural Experimental Station, Special Paper 93–03), pp. 41–67. Knoxville, TN: University of Tennessee Agricultural Experimental Station.

—— (1994) Reassessment of early and modern soil horizon designation frameworks as associated pedogenetic processes: are midlatitude A E B–C horizons equivalent to tropical M S W horizons?' *Soil Science (Trends in Agricultural Science)* 2, 77–91.

—— (2002) Darwin would be proud: bioturbation, dynamic denudation, and the power of theory in science. *Geoarchaeology: An International Journal* 17, 7–40.

Johnson, D. L. and Hole, F. D. (1994) Soil formation theory: a summary of its principal impacts on geography, geomorphology, soil–geomorphology, Quaternary geology and paleopedology. In R. Amundson (ed.) *Factors of Soil Formation: A Fiftieth Anniversary Retrospective* (Soil Science Society of America Special Publication 33), pp. 111–26. Madison, WI: Soil Science Society of America.

Johnson, D. L., Domier, J. E. J., and Johnson, D. N. (2005) Animating the biodynamics of soil thickness using process analysis: a dynamic denudation approach to soil formation. *Geomorphology* 67, 23–46.

Johnson, E. A. and Miyanishi, K. (eds) (2007) *Plant Disturbance Ecology: the Process and the Response*. Burlington MA: Elsevier Academic Press.

Johnson, R. L. (2006) *Plate Tectonics*. Minneapolis, MN: Twenty-First Century Books.

Jones, D. K. C. (1999) Evolving models of the Tertiary evolutionary geomorphology of southern England, with special reference to the Chalklands. In B. J. Smith, W. B. Whalley, and P. A. Warke (eds) *Uplift, Erosion and Stability: Perspectives on Long-term Landscape Development* (Geological Society, London, Special Publication 162), pp. 1–23. London: The Geological Society.

Karanth, K. U. and Stith, B. M. (1999) Prey depletion as a critical determinant of tiger population viability. In J. Seidensticker, S. Christie, and P. Jackson (eds) *Riding the Tiger: Tiger Conservation in Human-dominated Landscapes*, pp. 100–113. London: The Zoological Society of London; Cambridge: Cambridge University Press.

Karlstrom, E. T. and Osborn, G. (1992) Genesis of buried paleosols and soils in Holocene and late Pleistocene tills, Bugaboo Glacier area, British Columbia, Canada. *Arctic and Alpine Research* 24, 108–23.

Kettlewell, H. B. D. (1973) *The Evolution of Melanism: The Study of a Recurring Necessity, with Special Reference to Industrial Melanism in Lepidoptera*. Oxford: Clarendon Press.

Kirchner, J. W. (1991) The Gaia hypotheses: are they testable? Are they useful? In S. H. Schneider and P. J. Boston (eds) *Scientists on Gaia*, pp. 38–46. Cambridge, MA and London: MIT Press.

Kitayama, K., Mueller-Dombois, D., and Vitousek, P. M. (1995) Primary succession of Hawaiian montane rain forest on a chronosequence of eight lava flows. *Journal of Vegetation Science* 6, 211–22.

Kleidon, A. (2002) Testing the effect of life on Earth's functioning: how Gaian is the Earth System? *Climatic Change* 52, 383–89.

—— (2004) Beyond Gaia: thermodynamics of life and Earth system functioning. *Climatic Change* 66, 271–319.

—— (2007) Thermodynamics and environmental constraints make the biosphere predictable – a response to Volk. *Climatic Change* 85, 259–66.

Koepfli, K.-P., Deere, K. A., Slater, G. J., Begg, C., Begg, K., Grassman, L., Lucherini, M., Veron, G., and Wayne, R. K. (2008) Multigene phylogeny of the Mustelidae: resolving relationships, tempo and biogeographic history of a mammalian adaptive radiation. *BMC Biology* 6, 10.

Kukla, G. and Gavin, J. (2004) Milankovitch climate reinforcements. *Global and Planetary Change* 40, 27–48.

Kumazawa, M. and Maruyama, S. (1994) Whole earth tectonics. *Journal of the Geological Society of Japan* 100, 81–102.

Kump. L. R., Kasting, J. F., and Crane, R. G. (2004) *The Earth System: An Introduction to Earth System Science*, 2nd edn. Upper Saddle River, NJ: Pearson Education.

Ladle, R. J. and Malhado, A. C. M. (2007) Responding to biodiversity loss. In I. Douglas, R. Huggett, and C. Perkins (eds) *Companion Encyclopedia of Geography: From Local to Global*, 2nd edn, pp. 821–34. London and New York: Routledge.

Laity, J. (2008) *Deserts and Desert Environments*. Chichester: John Wiley & Sons.

Larson, R. L. (1991) Latest pulse of the Earth: evidence for a mid-Cretaceous superplume. *Geology* 19, 547–50.

Lawton, J. H. and May, R. M. (eds) (1995) *Extinction Rates*. Oxford: Oxford University Press.

Laycock, A. H. (1987) The amount of Canadian water and its distribution. In M. C. Healey and R. R. Wallace (eds) *Canadian Aquatic Resources* (Canadian Bulletin of Fisheries and Aquatic Sciences 215), pp. 13–42. Ottawa: Department of Fisheries and Oceans.

Legrand, J. P., Le Goff, M., Mazaudier, C., and Schröder, W. (1992) Solar and auroral activities during the seventeenth century. In W. Schröder and J. P. Legrand (eds) *Solar–Terrestrial Variability and Global Change* (Selected Papers from the Symposia of the Interdivisional Commission on History of the IAGA during the IUGG/IAGA Assembly, held in Vienna, 1991), pp. 40–76. Bremen–Roennebeck, Germany: Interdivisional Commission on History of the International Association of Geomagnetism and Aeronomy (IAGA).

Lenton, T., Held, H., Kriegler, E., Hall, J., Lucht, W., Rahmstorf, S., and Schellnhuber, H. J. (2008) Tipping elements in the Earth's climate system. *Proceedings of the National Academy of Sciences* 105, 1786–93.

Lévêque, C. and Mounolou, J.-C. (2003) *Biodiversity*. Chichester: John Wiley & Sons.

Levins, R. (1969) Some demographic and genetic consequences of environmental heterogeneity for biological control. *Bulletin of the Entomological Society of America* 15, 237–40.

—— (1970) Extinction. In M. Gerstenhaber (ed.) *Some Mathematical Questions in Biology*, pp. 77–107. Providence, RI: American Mathematical Society.

Lidmar-Bergström, K., Ollier, C. D., and Sulebak, J. R. (2000) Landforms and uplift history of southern Norway. *Global and Planetary Change* 24, 211–31.

Liebig, J. (1840) *Organic Chemistry and its Application to Agriculture and Physiology*, English edn edited by L. Playfair and W. Gregory. London: Taylor & Walton.

Lindeman, R. L. (1942) The trophic–dynamic aspect of ecology. *Ecology* 23, 399–418.

Lindenmayer, D. B. and Fischer, J. (2006a) Tackling the habitat fragmentation panchreston. *Trends in Ecology and Evolution* 22, 127–32.

—— (2006b) *Habitat Fragmentation and Landscape Change: An Ecological and Conservation Synthesis*. Washington, DC: Island Press.

Linton, D. L. (1955) The problem of tors. *Geographical Journal* 121, 289–91.

Litaor, M. I., Barth, G., Zika, E. M., Litus, G., Moffitt, J. and Daniels, H. (1998)

The behavior of radionuclides in the soils of Rocky Flats, Colorado. *Journal of Environmental Radioactivity* 38, 17–46.
Lomborg, B. (2007) *Cool It: The Skeptical Environmentalist's Guide to Global Warming*. London: Cyan and Marshall Cavendish.
Lomolino, M. V. (1986) Mammalian community structure on islands: the importance of immigration, extinction and integrative effects. *Biological Journal of the Linnean Society* 28, 1–21.
—— (2000a) Ecology's most general, yet protean pattern: the species–area relationship. *Journal of Biogeography* 27, 17–26.
—— (2000b) A species-based theory of insular biogeography. *Global Ecology & Biogeography* 9, 39–58.
Lomolino, M. V. and Weiser, M. D. (2001) Towards a more general species–area relationship: diversity on all islands, great and small. *Journal of Biogeography* 28, 431–45.
Lorenz, E. N. (1963a) Deterministic nonperidic flow. *Journal of Atmospheric Sciences* 20, 130–41.
—— (1963b) Atmosphere models as dynamic systems. In M. F. Shlesinger, R. Cawley, A. W. Saenz, and W. Zachary (eds) *Perspectives in Nonlinear Dynamics*, pp. 1–17. Singapore: World Scientific Publishing Company.
Losos, J. B. and Glor, R. E. (2003) Phylogenetic comparative methods and the geography of speciation. *Trends in Ecology and Evolution* 18, 220–27.
Lotka A. J. (1924) *Elements of Physical Biology*. Baltimore, MD: Williams & Wilkins.
Loucks, O. (1962) A forest classification for the Maritime Provinces. *Proceedings of the Nova Scotian Institute of Science* 259(2), 85–167, with separate map at 1 inch equals 19 miles.
Lovejoy, T. E. and Hannah, L. (2006) *Climate Change and Biodiversity*. New Haven, CT: Yale University Press.
Lovelock, J. E. (1965) A physical basis for life detection experiments. *Nature* 207, 568–70.
—— (1972) Gaia as seen through the atmosphere. *Atmospheric Environment* 6, 579–80.
—— (1979) *Gaia: A New Look at Life on Earth*. Oxford and New York: Oxford University Press.
—— (1988) *The Ages of Gaia: A Biography of Our Living Earth*. Oxford: Oxford University Press.
—— (1991) Geophysiology – the science of Gaia. In S. H. Schneider and P. J. Boston (eds) *Scientists on Gaia*, pp. 3–10. Cambridge, MA: MIT Press.
—— (2000) *Homage to Gaia: the Life of an Independent Scientist*. Oxford: Oxford University Press.
—— (2003) The living Earth. *Nature* 426, 769–70.
Lovelock, J. E. and Margulis, L. (1974) Atmospheric homeostasis by and for the biosphere: the Gaia hypothesis. *Tellus* 26, 2–10.
Lundelius, E. L., Jr, Graham, R. W., Anderson, E., Guilday, J., Holman, J. A., Steadman, D., and Webb, S. D. (1983) Terrestrial vertebrate faunas. In S. C. Porter (ed.) *Late-Quaternary Environments of the United States. Vol. 1. The Late Pleistocene*, pp. 311–53. London: Longman.
Luo, Y., Wan, S., Hui, D., and Wallace, L. L. (2001) Acclimatization of soil respiration to warming in a tall grass prairie. *Nature* 413, 622–25.
Lyell, C. (1830–33) *Principles of Geology, Being an Attempt to Explain the Former*

Changes of the Earth's Surface, by Reference to Causes Now in Operation. 3 vols. London: John Murray.
—— (1830–33) *Principles of Geology. First Edition.* A facsimile edition, with a new introduction by Martin S. Rudwick. 3 vols. Chicago, IL and London: The University of Chicago Press.
Lyons, K, Smith, F. A., Wagner, P. J., White, E. P., and Brown, J. H. (2004). Was a 'hyperdisease' responsible for the late Pleistocene megafaunal extinction? *Ecology Letters* 7, 859–68.
MacArthur, R. H. and Wilson, E. O. (1963) An equilibrium theory of insular zoogeography. *Evolution* 17, 373–87.
—— (1967) *The Theory of Island Biogeography*. Princeton, NJ: Princeton University Press.
MacPhee, R. D. and Marx, P. A. (1997) The 40,000 year plague: humans, hyperdisease, and first-contact extinctions. In S. A. Goodman and B. D. Patterson (eds) *Natural Change and Human Impact in Madagascar*, pp. 169–217. Washington, DC: Smithsonian Institution Press.
Major, J. (1951) A functional factorial approach to plant ecology. *Ecology* 32, 392–412.
Mannion, A. M. (1997) *Global Environmental Change: A Natural and Cultural Environmental History*, 2nd edn. Harlow, Essex: Longman.
—— (1999) *Natural Environmental Change*. London: Routledge.
Marshall, P. and Schuttenberg, H. (2006) *A Reef Manager's Guide to Coral Bleaching*. Townsville, Australia: Great Barrier Reef Authority Marine Park.
Maruyama, S. (1994) Plume tectonics. *Journal of the Geological Society of Japan* 100, 24–49.
Maruyama, S., Kumazawa, M., and Kawakami, S. (1994) Towards a new paradigm on the Earth's dynamics. *Journal of the Geological Society of Japan* 100, 1–3.
Mason, H. L. (1954) Migration and evolution in plants. *Madroño* 12, 161–92.
Mayr, E. (1942) *Systematics and the Origin of Species*. New York: Columbia University Press.
—— (1970) *Population, Species, and Evolution* (An abridgement of *Animal Species and Evolution*). Cambridge, MA and London: The Belknap Press of Harvard University Press.
McGlone, M. S. (2005) Goodbye Gondwana. *Journal of Biogeography* 32, 739–40.
McIntyre, S. and Barrett, G. W. (1992) Habitat variegation, an alternative to fragmentation. *Conservation Biology* 6, 146–47.
McManus, J. W. and Polsenberg, J. F. (2004) Coral–algal phase shifts on coral reefs: ecological and environmental aspects. *Progress in Oceanography* 60, 263–79.
McSweeney, K., Slater, B. K., Hammer, R. D., Bell, J. C., Gessler, P. E., and Petersen, G. W. (1994) Towards a new framework for modeling the soil–landscape continuum. In R. Amundson, J. Harden, and M. Singer (eds) *Factors of Soil Formation: A Fiftieth Anniversary Retrospective* (Soil Science Society of America Special Publication Number 33), pp. 127–45. Madison, WI: Soil Science Society of America.
Meigs, P. (1953) World distribution of arid and semi-arid homoclimates. In *Review of Research on Arid Zone Hydrology, Arid Zone Programme 1*, pp. 203–10. Paris: UNESCO.
Middleton, N. J. and Thomas, D. S. G. (eds) (1997) *World Atlas of Desertification*, 2nd edn. London: Arnold.

—— (1997) *World Atlas of Desertification*, 2nd edn. London: Arnold.
Midgley, G. F., Hannah, L., Millar, D., Rutherford, M. C., and Powrie, L. W. (2002) Assessing the vulnerability of species richness to anthropogenic climate change in a biodiversity hotspot. *Global Ecology & Biogeography* 11, 445–51.
Millennium Ecosystem Assessment (2005) *Ecosystems and Human Well-being: Desertification Synthesis*. Washington, DC: World Resources Institute.
Milne, G. (1935a) Some suggested units of classification and mapping, particularly for East African soils. *Soil Research* 4, 183–98.
—— (1935b) Composite units for the mapping of complex soil associations. *Transactions of the Third International Congress of Soil Science, Oxford, England, 1935* 1, 345–47.
Milner, R. (1990) *The Encyclopedia of Evolution: Humanity's Search for Its Origins*. Foreword by Stephen Jay Gould. New York and Oxford: Facts on File.
Milton, S. J. (2003) 'Emerging ecosystems': a washing-stone for ecologists, economists, and sociologists? *South African Journal of Science* 99, 404–06.
Mock, K. E., Bentz, B. J., O'Neill, E. M., Chong, J. P., Orwin, J., and Pfrender, M. E. (2007) Landscape-scale genetic variation in a forest outbreak species, the mountain pine beetle (*Dendroctonus ponderosae*). *Molecular Ecology* 16, 553–68.
Mooney, H. A., Mack, R. N., McNeely, J. A., Neville, L. E., Schei. P. J., and Waage, J. (eds) (2005) *Invasive Alien Species: A New Synthesis*. Washington, DC: Island Press.
Moore, I. G., Grayson, R. B., and Ladson, A. R. (1991) Digital terrain modelling: a review of hydrological, geomorphological, and biological applications. *Hydrological Processes* 5, 3–30.
Morgan, W. J. (1971) Convection plumes in the lower mantle. *Nature* 230, 42–43.
Morison, C. G. T. (1949) The catena concept and the classification of tropical soils. In *Proceedings of the First Commonwealth Conference on Tropical and Sub-Tropical Soils, 1948* (Commonwealth Bureau of Soil Science, Technical Communication No. 46). Harpenden, England: Commonwealth Bureau of Soil Science.
Mörner, N.-A. (1980) The northwest European 'sea-level laboratory' and regional Holocene eustasy. *Palaeogeography, Palaeoclimatology, Palaeoecology* 29, 281–300.
—— (1987) Models of global sea-level changes. In M. J. Tooley and I. Shennan (eds) *Sea-Level Changes*, pp. 332–55. Oxford: Basil Blackwell.
—— (1994) Internal response to orbital forcing and external cyclic sedimentary sequences. In P. L. De Boer and D. G. Smith (eds) *Orbital Forcing and Cyclic Sequences* (Special Publication Number 19 of the International Association of Sedimentologists), pp. 25–33. Oxford: Blackwell Scientific Publications.
Morse, S. A. (2000) A double magmatic heat pump at the core–mantle boundary. *American Mineralogist* 85, 1589–94.
Muhs, D. R. (1982) The influence of topography on the spatial variability of soils in Mediterranean climates. In C. E. Thorn (ed.) *Space and Time In Geomorphology*, pp. 269–84. London: George Allen & Unwin.
—— (1984) Intrinsic thresholds in soil systems. *Physical Geography* 5, 99–110.
Naiman, R. J. and Décamps, H. (1997) The ecology of interfaces: riparian zones. *Annual Review of Ecology and Systematics* 28, 621–58.
Namias, J. (1950) The index cycle and its role in the general circulation. *Journal of Meteorology* 17, 130–39.

Napier, W. M. and Clube, S. V. M. (1979) A theory of terrestrial catastrophism. *Nature* 282, 455–59.
Naqvi, S. M., Howell, R. D., and Sholas, M. (1993) Cadmium and lead residues in field-collected red swamp crayfish (*Procambarus clarkii*) and uptake by alligator weed, *Alternanthera philoxiroides*. *Journal of Environmental Science and Health* B28, 473–85.
Naydenov, K., Senneville, S., Beaulieu, J., Tremblay, F., and Bousquet, J. (2007) Glacial vicariance in Eurasia: mitochondrial DNA evidence from Scots pine for a complex heritage involving genetically distinct refugia at mid-northern latitudes and in Asia Minor. *BMC Evolutionary Biology* 7, 233.
Neal, D. (2004) *Introduction to Population Biology*. Cambridge: Cambridge University Press.
Nelson, G. and Rosen, D. E. (eds) (1981) *Vicariance Biogeography: A Critique* (Symposium of the Systematics Discussion Group of the America Museum of Natural History May 2–4, 1979). New York: Columbia University Press.
Niemiller, M. L., Fitzpatrick, B. M., and Miller, B. T. (2008) Recent divergence with gene-flow in Tennessee cave salamanders (Plethodontidae: *Gyrinophilus*) inferred from gene genealogies. *Molecular Ecology* 17, 2258–75.
Nikiforoff, C. C. (1959) Reappraisal of the soil. *Science* 129, 186–96.
Noon, B. R. and Franklin, A. B. (2002) Scientific research and the spotted owl (*Strix occidentalis*): opportunities for major contributions to avian population ecology. *The Auk* 119, 311–20.
Nores, M. (1999) An alternative hypothesis for the origin of Amazonian bird diversity. *Journal of Biogeography* 26, 475–85.
Nosil, P. (2008) Speciation with gene flow could be common. *Molecular Ecology* 17, 2103–6.
Odum, H. T. (1994) *Ecological and General Systems: An Introduction to Systems Ecology*. Niwot, CO: University Press of Colorado.
Ohlemüller, R., Gritti, E. S., Sykes, M. T., and Thomas, C. D. (2006) Towards European climate risk surfaces: the extent and distribution of analogous and non-analogous climates 1931–2000. *Global Ecology and Biogeography* 15, 395–405.
Oke, T. R. (1982) The energetic basis of the urban heat island. *Quarterly Journal of the Royal Meteorological Society* 108, 1–24.
—— (1987) *Boundary Layer Climates*, 2nd edn. London: Routledge.
Oldfield, F. (2005) *Environmental Change: Key Issues and Alternative Approaches*. Cambridge: Cambridge University Press.
Ollier, C. D. (1959) A two-cycle theory of tropical pedology. *Journal of Soil Science* 10: 137–48.
—— (1960) The inselbergs of Uganda. *Zeitschrift für Geomorphologie* NF 4, 470–87.
—— (1967) Landform description without stage names. *Australian Geographical Studies* 5, 73–80.
—— (1968) Open systems and dynamic equilibrium in geomorphology. *Australian Geographical Studies* 6, 167–70.
—— (1981) *Tectonics and Landforms* (Geomorphology Texts 6). London and New York: Longman.
—— (1991) *Ancient Landforms*. London and New York: Belhaven Press.
—— (1992) Global change and long-term geomorphology. *Terra Nova* 4, 312–19.

—— (1995) Tectonics and landscape evolution in southeast Australia. *Geomorphology* 12, 37–44.
—— (1996) Planet Earth. In I. Douglas, R. J. Huggett, and M. E. Robinson (eds) *Companion Encylopedia of Geography*, pp. 15–43. London: Routledge.
—— (2004) The evolution of mountains on passive continental margins. In P. N. Owens and O. Slaymaker (eds) *Mountain Geomorphology*, pp. 59–88. London: Arnold.
—— (2005) A plate tectonic failure: the geological cycle and conservation of continents and oceans. *Annals of Geophysics (Annali di Geofisica)* 48 (Supplement), 961–70.
Ollier, C. D. and Pain, C. F. (1994) Landscape evolution and tectonics in southeastern Australia. *AGSO Journal of Australian Geology and Geophysics* 15, 335–45.
—— (1996) *Regolith, Soils and Landforms*. Chichester: John Wiley & Sons.
—— (1997) Equating the basal unconformity with the palaeoplain: a model for passive margins. *Geomorphology* 19, 1–15.
Oreskes, N. (ed.) (2003) *Plate Tectonics: An Insider's History of the Modern Theory of the Earth*. Boulder, CO: Westview Press.
Paine, A. D. M. (1985) 'Ergodic' reasoning in geomorphology: time for a review of the term? *Progress in Physical Geography* 9, 1–15.
Palumbi, S. R. (2001) *The Evolution Explosion: How Humans Cause Rapid Evolutionary Change*. New York: W.W. Norton.
Paton, T. R., Humphreys, G. S., and Mitchell, P. B. (1995) *Soils: A New Global View*. London: UCL Press.
Pavlides, S. B. (1989) Looking for a definition of neotectonics. *Terra Nova* 1, 233–35.
Penvenne, L. J. (1995) Turning up the heat. *New Scientist* 148 (no. 2008), 26–30.
Phillips, J. D. (1999a) Divergence, convergence, and self-organization in landscapes. *Annals of the Association of American Geographers* 89, 466–88.
—— (1999b) *Earth Surface Systems: Complexity, Order, and Scale*. Oxford: Blackwell.
—— (2001) The relative importance of intrinsic and extrinsic factors in pedodiversity. *Annals of the Association of American Geographers* 91, 609–21.
—— (2006a) Deterministic chaos and historical geomorphology: a review and look forward. *Geomorphology* 76, 109–21.
—— (2006b) Evolutionary geomorphology: thresholds and nonlinearity in landform response to environmental change. *Hydrology and Earth System Sciences* 10, 731–42.
—— (2007) The perfect landscape. *Geomorphology* 84, 159–69.
—— (2008) Goal functions in ecosystem and biosphere evolution. *Progress in Physical Geography* 32, 51–64.
Pitman, A. J. (2005) On the role of Geography in Earth System Science. *Geoforum* 36, 137–48.
Playfair, J. (1802) *Illustrations of the Huttonian Theory of the Earth*. London: Cadell & Davies; Edinburgh: William Creech.
—— (1964) *Illustrations of the Huttonian Theory of the Earth*. A facsimile edition, with an introduction by George W. White. New York: Dover Books.
Poincaré, H. (1881–86) Mémoire sur les courbes définies par une équation différentielle. *Journal des Mathématiques Pures et Appliquées* 3e série 7 (1881), 375–422; 3e série 8 (1882), 251–296; 4e série 1 (1885), 167–244; 4e série 4 (1886), 2, 151–217.

Preston, F. W. (1962) The canonical distribution of commonness and rarity. *Ecology* 43, 185–215, 410–32.
Price, N. J. (2001) *Major Impacts and Plate Tectonics: A Model for the Phanerozoic Evolution of the Earth's Lithosphere.* London: Routledge.
Prigogine, I. (1980) *From Being to Becoming: Time and Complexity in the Physical Sciences.* San Francisco, CA: W. H. Freeman.
Prokoph, A., Rampino, M. R., and El Bilali, H. (2004) Periodic components in the diversity of calcareous plankton and geological events over the past 230 Myr. *Palaeogeography, Palaeoclimatology, Palaeoecology* 207, 105–25.
Purdue, J. R. (1989) Changes during the Holocene in the size of the white-tailed deer (*Odocoileus virginianus*) from central Illinois. *Quaternary Research* 32, 307–16.
Puttker, T. (2008) *Effects of Habitat Fragmentation on Small Mammals of the Atlantic Forest, Brazil.* Saarbrücken: VDM Verlag Dr. Muller Aktiengesellschaft & Co. KG.
Queiroz, A. de (2005) The resurrection of oceanic dispersal in historical biogeography. *Trends in Ecology and Evolution* 20, 68–73.
Rahmstorf, S. (2003) The current climate. *Nature* 421, 699.
Rampino, M. R. (1989) Dinosaurs, comets and volcanoes. *New Scientist* 121, 54–58.
—— (2002) Role of the Galaxy in periodic impacts and mass extinctions on the Earth. In C. Koeberl and K. G. MacLeod (eds) *Catastrophic Events and Mass Extinctions: Impacts and Beyond* (Geological Society of America Special Paper 356), 667–78. Boulder, CO: The Geological Society of America.
Rathgeber, C. B. K., Misson, L., Nicault, A., and Guiot, J. (2005) Bioclimatic model of tree radial growth: application to the French Mediterranean Aleppo pine forests. *Tree – Structure and Function* 19, 162–76.
Raunkiaer, C. (1934) *The Life Forms of Plants and Statistical Plant Geography, Being the Collected Papers of C. Raunkiaer.* Translated by H. Gilbert-Carter and A. G. Tansley. Clarendon Press: Oxford.
Reading, H. G. (ed.) (1978) *Sedimentary Environments and Facies.* Oxford: Blackwell.
Rees, W. E. (1995) Achieving sustainability: reform or transformation? *Journal of Planning Literature* 9, 343–61.
Reid, W. V. and Miller, K. R. (1989) *Keeping Options Alive: The Scientific Basis for Conserving Biodiversity.* Washington, DC: World Resources Institute.
Renwick, W. H. (1992) Equilibrium, disequilibrium, and non-equilibrium landforms in the landscape. *Geomorphology* 5, 265–76.
Retallack, G. J. (1986) The fossil record of soils. In V. P. Wright (ed.) *Palaeosols: Their Recognition and Interpretation*, pp. 1–57 Oxford: Blackwell Scientific.
—— (1990) *Soils of the Past: An Introduction to Paleopedology*, 1st edn. Boston: Unwin Hyman.
—— (2001) *Soils of the Past: An Introduction to Paleopedology*, 2nd edn. Oxford: Blackwell.
—— (2003) Soils and global change in the carbon cycle over geological time. In J. I. Drever (ed.) and H. D. Holland and K. K. Turekian (executive eds) *Treatise on Geochemistry*, Vol. 5, pp. 581–605. Amsterdam: Elsevier.
Rhoads, B. L. (2006) The dynamic basis of geomorphology reenvisioned. *Annals of the Association of American Geographers* 96, 14–30.
Rhodes II, R. S. (1984) Paleoecological and regional paleoclimatic implications

of the Farmdalian Craigmile and Woodfordian Waubonsie mammalian local faunas, southwestern Iowa. *Illinois State Museum Report of Investigations* 40, 1–51.

Richards, A. E. (2002) Complexity in physical geography. *Geography* 87, 99–107.

Richardson, D. M. and van Wilgen, B. W. (1992) Ecosystem, community and species response to fire in mountain fynbos: conclusions from the Swartboskloof experiment. In B. W. van Wilgen, D. M. Richardson, F. J. Kruger, and H. J. van Hensbergen (eds) *Fire in South African Mountain Fynbos: Ecosystem, Community and Species Response at Swartboskloof* (Ecological Studies, vol. 93), pp. 273–84. New York: Springer.

Ridley, M. (2003) *Evolution*, 3rd edn. Oxford: Blackwell Science.

Riehl, H. (1954) *Tropical Meteorology*. New York and London: McGraw-Hill.

Rivas, V., Cendrero, A., Hurtado, M., Cabral, M., Giménez, J., Forte, L., del Río, L., Cantú, M., and Becker, A. (2006) Geomorphic consequences of urban development and mining activities; an analysis of study areas in Spain and Argentina. *Geomorphology* 73, 185–206.

Rohde, R. A. and Muller, R. A. (2005) Cycles in fossil diversity. *Nature* 434, 208–10.

Root, R. B. (1967) The niche exploitation pattern of the blue-gray gnatcatcher. *Ecological Monographs* 37, 317–50.

Rose, M. R. and Lauder, G. V. (eds) (1996) *Adaptation*. San Diego: Academic Press.

Roughgarden, J., May, R. M., and Levin, S. A. (eds) (1989) *Perspectives in Ecological Theory*. Princeton, NJ: Princeton University Press.

Roy, A. G., Jarvis, R. S., and Arnett, R. R. (1980) Soil-slope relationships within a drainage basin. *Annals of the Association of American Geographers* 70, 397–412.

Rudwick, M. J. S. (1992) Darwin and catastrophism. In J. Bourriau (ed.) *Understanding Catastrophe*, pp. 57–58. Cambridge: Cambridge University Press.

Rustad, L. E. (2001) Matter of time on the prairie. *Nature* 413, 578–79.

Rykiel, E. J., Jr, Coulson, R. N., Sharpe, P. J. H., Allen, T. F. H., and Flamm, R. O. (1988) Disturbance propagation by bark beetles as an episodic landscape phenomenon. *Landscape Ecology* 1, 129–39.

Ryrholm, N. (1988) An extralimital population in a warm climatic outpost: the case of the moth *Idaea dilutaria* in Scandinavia. *International Journal of Biometeorology* 32, 205–16.

Savigear, R. A. G. (1952) Some observations on slope development in South Wales. *Transactions of the Institute of British Geographers* 18, 31–52.

—— (1956) Technique and terminology in the investigations of slope forms. In *Premier Rapport de la Commission pour l'Étude des Versants*, pp. 66–75. Amsterdam: Union Géographique Internationale.

Savolainen, V., Anstett, M. C., Lexer, C., Hutton, I., Clarkson, J. J., Norup, M. V., Powell, M. P., Springate, D., Salamin, N., and Baker, W. J. (2006) Sympatric speciation in palms on an oceanic island. *Nature* 441: 210–13.

Sayre, N. F. (2008) The genesis, history, and limits of carrying capacity. *Annals of the Association of American Geographers* 98, 120–34.

Schaetzl, R. J. and Anderson, S. (2005) *Soils: Genesis and Geomorphology*. Cambridge: Cambridge University Press.

Scheidegger, A. E. (1979) The principle of antagonism in the Earth's evolution. *Tectonophysics* 55, T7–T10.

—— (1983) Instability principle in geomorphic equilibrium. *Zeitschrift für Geomorphologie* NF 27, 1–19.

—— (1986) The catena principle in geomorphology. *Zeitschrift für Geomorphologie*, NF 30, 257–73.
Schluter, D. (2000) *The Ecology of Adaptive Radiation*. Oxford: Oxford University Press.
Schumm, S. A. (1956) Evolution of drainage systems and slopes in badlands at Perth Amboy, New Jersey. *Bulletin of the Geological Society of America* 67, 597–646.
—— (1963) Sinuosity of alluvial rivers on the Great Plains. *Bulletin of the Geological Society of America* 74, 1089–100.
—— (1979) Geomorphic thresholds: the concept and its applications. *Transactions of the Institute of British Geographers* New Series 4, 485–515.
Schumm, S. A. and Lichty, R. W. (1965) Time, space and causality in geomorphology. *American Journal of Science* 263, 110–19.
Schwilk, D. and Ackerly, D. (2001) Flammability and serotiny as strategies: correlated evolution in pines. *Oikos* 94, 326–36.
Shafer, C. L. (1990) *Nature Reserves: Island Theory and Conservation Practice*. Washington, DC and London: Smithsonian Institution Press.
Shaw, H. R. (1994) *Craters, Cosmos, Chronicles: A New Theory of the Earth*. Stanford, CA: Stanford University Press.
Shelford, V. E. (1911) Physiological animal geography. *Journal of Morphology* 22, 551–618.
Shiklomanov, I. A. and Rodda, J. C. (eds) (2003) *World Water Resources at the Beginning of the Twenty-First Century (International Hydrology) (International Hydrology Series)*. Cambridge: Cambridge University Press.
Simpson, G. G. (1944) *Tempo and Mode in Evolution*. New York: Columbia University Press.
Sinsch, U. (1992) Structure and dynamic of a natterjack toad metapopulation (*Bufo calamita*). *Oecologia* 90, 489–99.
Sjögren, P. (1991) Extinction and isolation gradients in metapopulations: the case of the pool frog (*Rana lessonae*). *Biological Journal of the Linnean Society* 42, 135–47.
Skórka, P., Martyka, R., and Wójcik, J. D. (2006) Species richness of breeding birds at a landscape scale: which habitat type is the most important? *Acta Ornithologica* 41, 49–54.
Slobodkin, L. B. (1961) *The Growth and Regulation of Animal Populations*. New York, London: Holt, Rinehart and Winston.
Smith, A. G., Smith, D. G., and Funnell, B. M. (1994) *Atlas of Mesozoic and Cenozoic Coastlines*. Cambridge: Cambridge University Press.
Soil Survey Staff (1975) *Soil Taxonomy: A Basic System of Soil Classification for Making and Interpreting Soil Surveys* (US Department of Agriculture, Agricultural Handbook 436). Washington, DC: US Government Printing Office.
—— (1999) *Soil Taxonomy: A Basic System of Soil Classification for Making and Interpreting Soil Surveys*, 2nd edn (US Department of Agriculture, Natural Resources Conservation Service, Agricultural Handbook 436). Washington, DC: US Government Printing Office.
Soon, W. W.-H. and Yaskell, S. H. (2003) *The Maunder Minimum and the Variable Sun–Earth Connection*. River Edge, NJ: World Scientific Publishing.
Stablein, G. (1984) Geomorphic altitudinal zonation in the Arctic–alpine mountains of Greenland. *Mountain Research and Development* 4, 319–31.
Steel, D. I. (1991) Our asteroid-pelted planet. *Nature* 354, 265–67.

—— (1995) *Rogue Asteroids and Doomsday Comets: The Search for the Million Megaton Menace That Threatens Life on Earth*. Foreword by Arthur C. Clarke. New York: John Wiley & Sons.

Steel, D. I., Asher, D. J., Napier, W. M., and Clube, S. V. M. (1994) Are impacts correlated in time? In T. Gehrels (ed.), with the editorial assistance of M. S. Matthews and A. M. Schumann, *Hazards Due to Comets and Asteroids*, pp. 463–77. Tucson, AZ and London: The University of Arizona Press.

Steffen, W., Sanderson, A., Tyson, P. D., Jäger, J., Matson, P. A., Moore III, B., Oldfield, F., Richardson, K., Schellnhuber, H. J., Turner II, B. L., and Wasson, R. J. (eds) (2004) *Global Change and the Earth System: A Planet Under Pressure* (Global Change: the IGBP Series). Berlin, Heidelberg: Springer-Verlag.

Stewart, I. (1997) *Does God Play Dice? The New Mathematics of Chaos*, new edn. Harmondsworth: Penguin Books.

Strahler, A. N. (1952) Dynamic basis of geomorphology. *Bulletin of the Geological Society of America* 63, 923–38.

—— (1980) Systems theory in physical geography. *Physical Geography* 1, 1–27.

Summerfield, M. A. (1991) *Global Geomorphology: An Introduction to the Study of Landforms*. Harlow, Essex: Longman.

Sutherland, J. P. (1974) Multiple stable states in natural communities. *American Naturalist* 108, 859–73.

Sutherland, R. A., van Kessel, C., Farrell, R. E., and Pennock, D. J. (1993) Landscape-scale variations in soil nitrogen-15 natural abundance. *Soil Science Society of America Journal* 57, 169–78.

Swanson, D. K. (1985) Soil catenas on Pinedale and Bull Lake moraines, Willow Lake, Wind River Mountains, Wyoming. *Catena* 12, 329–42.

Tansley, A. G. (1935) The use and abuse of vegetational concepts and terms. *Ecology* 16, 284–307.

—— (1939) *The British Isles and Their Vegetation*. Cambridge: Cambridge University Press.

Tatsumi, Y. (2005) The subduction factory: how it operates in the evolving Earth. *GSA Today* 15(7), 4–10.

Taulman, J. F. and Robbins, L. W. (1996) Recent range expansion and distributional limits of the nine-banded armadillo (*Dasypus novemcinctus*) in the United Sates. *Journal of Biogeography* 23, 635–48.

Taylor, F. B. (1910) Bearing of the Tertiary mountain belt on the origin of the Earth's plan. *Bulletin of the Geological Society of America* 21, 179–226.

Temperton, V. M., Hobbs, R. J., Nuttle, T., and Halle, S. (2004) *Assembly Rules and Restoration Ecology*. Washington, DC: Island Press.

Terrill, C. (2007) *Unnatural Landscapes: Tracking Invasive Species* (Foreword by Gary Paul Nabhan). Tucson, AZ: University of Arizona Press.

Thomas, M. F. (1965) Some aspects of the geomorphology of tors and domes in Nigeria. *Zeitschrift für Geomorphologie* NF 9, 63–81.

Thompson, J. A. and Bell, J. C. (1998) Hydric conditions and hydromorphic properties within a Mollisol catena in southeastern Minnesota. *Soil Science Society of America Journal* 62, 1116–25.

Thompson, J. A., Bell, J. C., and Zanner, C. W. (1998) Hydrology and hydric soil extent within a Mollisol catena in southeastern Minnesota. *Soil Science Society of America Journal* 62, 1126–33.

Thompson, J. N. (1998) Rapid evolution as an ecological process. *Trends in Ecology and Evolution* 13, 329–32.

Thorn, C. E. and Welford, M. R. (1994) The equilibrium concept in geomorphology. *Annals of the Association of American Geographers* 84, 666–96.
Thornes, J. B. and Brunsden, D. (1977) *Geomorphology and Time*. London: Methuen.
Thuiller, W. (2003) BIOMOD – optimising predications of species distributions and projecting potential future shifts under global change. *Global Change Biology* 9, 1353–62.
Tobey, R. (1981) *Saving the Prairies: The Life Cycle of the Founding School of American Plant Ecology, 1895–1955*. Berkeley, CA: University of California Press.
Tooth, S. (2008) Arid geomorphology: recent progress from an Earth System Science perspective. *Progress in Physical Geography* 32, 81–101.
Travis, J. M. J. (2003) Climate change and habitat destruction: a deadly anthropogenic cocktail. *Proceedings of the Royal Society, London*, 270B, 467–73.
Troeh, F. R. (1964) Landform parameters correlated to soil drainage. *Soil Science Society of America Proceedings* 28, 808–12.
Twidale, C. R. (2002) The two-stage concept of landform and landscape development involving etching: origin, development and implications of an idea. *Earth-Science Reviews* 57, 37–74.
Vaughan, T. A. (1978) *Mammalogy*, 2nd edn. Philadelphia, PA: W. B. Saunders.
Verboom, J., Schotman, A., Opdam, P., and Metz, J. A. J. (1991) European nuthatch metapopulations in a fragmented agricultural landscape. *Oikos* 61, 149–56.
Verschuur, G. L. (1998) *Impact!: The Threat of Comets and Asteroids*. Oxford: Oxford University Press.
Via, S. (2001) Sympatric speciation in animals: the ugly duckling grows up. *Trends in Ecology and Evolution* 16, 381–90.
Volk, T. (2007) The properties of organisms are not tunable parameters selected because they create maximum entropy production on the biosphere scale. A byproduct framework in response to Kleidon. *Climatic Change* 85, 251–58.
Vreeken, W. J. (1973) Soil variability in small loess watersheds: clay and organic matter content. *Catena* 2, 321–36.
Waddington, C. H. (1957) *The Strategy of the Genes: A Discussion of Some Aspects of Theoretical Biology*. London: Macmillan.
Walker, L. R. and Moral, R. del (2003) *Primary Succession and Ecosystem Rehabilitation*. Cambridge: Cambridge University Press.
Walker, L. R., Walker, J., and Hobbs, R. J. (eds) (2007) *Linking Restoration and Ecological Succession*. New York: Springer.
Walter, H. and Lieth, H. (1960–67) *Klimadiagramm–Weltatlas*. Jena: Gustav Fischer.
Ward, P. D. (2007) *Under a Green Sky: Global Warming, the Mass Extinctions of the Past and What They Can Tell Us About Our Future*. New York: HarperCollins.
Watt, A. S. (1924) On the ecology of British beechwoods with special reference to their regeneration. II. The development and structure of beech communities on the Sussex Downs. *Journal of Ecology* 12, 145–204.
—— (1947) Pattern and process in the plant community. *Journal of Ecology* 35, 1–22.
Watts, A. B. (2001) *Isostasy and the Flexure of the Lithosphere*. Cambridge: Cambridge University Press.
WCED (1987) *Our Common Future*. Oxford: Oxford University Press for the UN World Commission on Economy and Environment.

Webb, N. R. and Thomas, J. A. (1994) Conserving insect habitats in heathland biotopes: a question of scale. In P. J. Edwards, R. M. May, and N. R. Webb (eds) *Large-Scale Ecology and Conservation Biology* (The 35th Symposium of the British Ecological Society with the Society for Conservation Biology, University of Southampton, 1993), pp. 129–51. Oxford: Blackwell Scientific Publications.

Wegener, A. L. (1912) Die Entstehung der Kontinente. *Petermanns Mitteilungen* 185–95, 253–56, 305–9.

—— (1915) *Die Entstehung der Kontinente und Ozeane*. Braunschweig: Friedrich Vieweg und Sohn.

—— (1966) *The Origin of Continents and Oceans*. Translated by J. Biram, with an introduction by B. C. King. London: Methuen.

Weiss, S. and Ferrand, N. (2007) *Phylogeography of Southern European Refugia: Evolutionary Perspectives on the Origins and Conservation of European Biodiversity*. Dordrecht, The Netherlands: Springer.

Whelan, R. J. (2008) *The Ecology of Fire*. Cambridge: Cambridge University Press.

Whewell, W. (1832) [Review of Lyell, 1830–33, vol. ii]. *Quarterly Review* 47, 103–32.

White, R. E. (2005) *Principles and Practice of Soil Science: The Soil as a Natural Resource*, 4th edn. Malden, MA: Blackwell.

Whitehead, A. N. (1925) *Science and the Modern World*. New York: The Free Press.

Whittaker, R. H. (1953) A consideration of climax theory: the climax as a population and pattern. *Ecological Monographs* 23, 41–78.

Whittaker, R. J. and Fernandez-Palacios, J. M. (2006) *Island Biogeography: Ecology, Evolution, and Conservation*, 2nd edn. Oxford: Oxford University Press.

Whittaker, R. J. and Jones, S. H. (1994) Structure in re-building insular ecosystems: an empirically derived model. *Oikos* 69, 524–30.

Whittaker, R. J., Bush, M. B., and Richards, K. (1989) Plant recolonization and vegetation succession on the Krakatau Islands, Indonesia. *Ecological Monographs* 59, 59–123.

Whittaker, R. J., Bush, M. B., Asquith, N. M., and Richards, K. (1992) Ecological aspects of plant colonisation of the Krakatau Islands. *GeoJournal* 28, 201–11.

WHO (World Health Organization) (1997) El Niño and its health impacts. *Journal of Communicable Diseases* 29, 375–77.

Wiener, N. (1948) *Cybernetics; or, Control and Communication in the Animal and the Machine*. Paris: Hermann et Cie; New York: The Technology Press.

Wiens, J. A., Moss, M. R., Turner, M. G., and Mladenoff, D. J. (eds) (2006) *Foundation Papers in Landscape Ecology*. New York: Columbia University Press.

Wigley, T. M. L. and Kelly, P. M. (1990) Holocene climatic change, ^{14}C wiggles and variations in solar irradiance. *Philosophical Transactions of the Royal Society of London* 330A, 547–60.

Willett, S. D., Hovius, N., Brandon, M. T., and Fisher, D. M. (eds) (2006) *Tectonics, Climate, and Landscape Evolution* (Geological Society of America Special Paper 398). Boulder, CO: The Geological Society of America.

Williams, G. C. (1992) *Natural Selection: Domains, Levels, and Challenges* (Oxford Series in Ecology and Evolution, Vol. 4). New York and Oxford: Oxford University Press.

Williams, J. W. and Jackson, S. T. (2007) Novel climates, no-analog communities, andecological surprises. *Frontiers in Ecology and the Environment* 5, 475–82.
Williams, J. W., Jackson, S. T., and Kutzbach, J. E. (2007) Projected distributions of novel and disappearing climates by 2100 AD. *Proceedings of the National Academy of Sciences USA* 104, 5, 738–42.
Williams, M. A. J. (1968) Termites and soil development near Brocks Creek, Northern Australia. *Australian Journal of Soil Science* 31, 153–54.
Willis, A. J. (1994) Arthur Roy Clapham, 1904–90. *Biographical Memoirs of Fellows of the Royal Society* 39, 73–90.
—— (1997) The ecosystem: an evolving concept viewed historically. *Functional Ecology* 11, 268–71.
Willis, K. J. and Whittaker, R. J. (2000) The refugial debate. *Science* 287, 1406–7.
Willis, K. J., Rudner, E., and Sümegi, P. (2000) The full-glacial forests of central and southeastern Europe. *Quaternary Rresearch* 53, 203–13.
Willmer, P., Stone, G., and Johnston, I. (2004) *Environmental Physiology of Animals*, 2nd edn. Oxford: Blackwell.
Wilson, E. O. (1988) *Biodiversity* (Papers From the First National Forum on BioDiversity (sic), September 1986, Washington, DC). Washington, DC: National Academy Press.
Wilson, E. O. and Forman, R. T. T. (2008) *Land Mosaics: The Ecology of Landscapes and Regions*. Cambridge: Cambridge University Press.
Wilson, J. T. (1963) A possible origin of the Hawaiian Islands. *Canadian Journal of Physics* 41, 8632–70.
Womack, W. R. and Schumm, S. A. (1977) Terraces of Douglas Creek, northwestern Colorado: an example of episodic erosion. *Geology* 5, 72–76.
Woodroffe, C. D. (2007) The natural resilience of coastal systems: primary concepts. In L. McFadden, R. J. Nicholls, and E. Penning-Rowsell (eds) *Managing Coastal Vulnerability*, pp. 45–60. Oxford and Amsterdam: Elsevier.
Woods, M. and Moriarty, P. V. (2001) Strangers in a strange land: the problem of exotic species. *Environmental Values* 10, 163–91.
Wunsch, C. (2004) Quantitative estimate of the Milankovitch-forced contribution to observed Quaternary climate change. *Quaternary Science Reviews* 23, 1001–12.
Xu, T., Moore, I. D., and Gallant, J. C. (1993) Fractals, fractal dimensions and landscapes – a review. *Geomorphology* 8, 245–62.
Yndestad, H. (2006) The influence of the lunar nodal cycle on Arctic climate. *ICES Journal of Marine Science* 63, 401–20.
Yuen, D. A., Maruyama, S., Karato, S.-I., and Windley, B. F. (2007) *Superplumes: Beyond Plate Tectonics*. Dordrecht, The Netherlands: Springer.

찾아보기

지은이

리처드 허깃(Richard Huggett)

영국 맨체스터 대학(University of Manchester) 자연지리학 교수로 재직하고 있다. 저서로는 『생물지리학의 기초(Fundamentals of Biogeography)』, 『지형학의 기초(Fundamentals of Geomorphology)』, 『지구 자연사(The Natural History of the Earth)』 등이 있다.

옮긴이

이민부

현재 한국교원대학교 지리교육과 교수 및 제2대학장을 맡고 있다. 서울대학교 지리교육과를 졸업하고, 서울대학교 환경대학원에서 석사, 미국 유타 대학교(University of Utah)에서 지리학 박사 학위를 취득했다. 대한지리학회장, 한국지형학회장을 역임했으며, 주요 저서로는 『지형분석』(공저, 1988), 『자연환경과 인간』(공저, 2000), 『백두대간의 자연과 인간』(공저, 2002), 『환경교육론』(공저, 2003), 『북한의 환경변화와 자연재해』(공저, 2006), 『이민부의 지리 블로그』(2009), 『이민부의 지리 교실』(2012) 등이 있고, 역서로는 『현대기후학』(공역, 2002), 『지구온난화』(공역, 2007) 등이 있다.

한주엽

현재 진주교육대학교에서 '세계지리'를 강의하고 있다. 한국교원대학교 지리교육과를 졸업하고, 같은 대학교 대학원에서 교육학 석사를 끝낸 후, 미국 유타 대학교에서 박사 학위를 받았다. 10여 년 동안 미국에 살면서 재미 동포들이 바라는 자아 정체성 확립 문제를 체험했고, 한국에 대한 미국인의 저인지도와 저위상에 관해 많은 고민을 했다. 현재는 세계화에 따른 한국인의 정신적 정체성 확립 방안, 국사의 지명들에 대한 공간 분석, 지리학 외의 학문에서 지리학적 개념을 다루는 방식에 내해 비판적 관심이 있디.

한울아카데미 1588

핵심 개념 자연지리학

지은이 | 리처드 허깃
옮긴이 | 이민부 · 한주엽
펴낸이 | 김종수
펴낸곳 | 도서출판 한울

편집책임 | 김경아
편집 | 이수동

초판 1쇄 인쇄 | 2013년 7월 30일
초판 1쇄 발행 | 2013년 8월 16일

주소 | 413-756 경기도 파주시 파주출판도시 광인사길 153(문발동 507-14) 한울시소빌딩 3층
전화 | 031-955-0655
팩스 | 031-955-0656
홈페이지 | www.hanulbooks.co.kr
등록번호 | 제406-2003-000051호

Printed in Korea.
ISBN 978-89-460-5588-9 93980 (양장)
978-89-460-4738-9 93980 (학생판)

* 책값은 겉표지에 표시되어 있습니다.
* 이 책은 강의를 위한 학생판 교재를 따로 준비했습니다.
강의 교재로 사용하실 때에는 본사로 연락해주십시오.